CMP BOOKS

机工IT

U0168721

计算机前沿技术丛书

全栈Monorepo 开发实战

Vue 3+Fastify+Deno+pnpm

孙浩　于丹 / 编著

机械工业出版社

CHINA MACHINE PRESS

Monorepo 是近年来较流行的组织代码仓库的方式。越来越多有影响力的 JavaScript/TypeScript 开源项目开始使用 Monorepo 架构管理代码，如 Vite、React、Vue 3、Babel、Next. js、Nuxt. js 等。每一个新开发的 Java Script/TypeScript 项目都应该考虑采用 Monorepo 架构来提高开发效率和代码质量。本书基于 pnpm 构建了一个完整的报名登记应用来实践这种代码仓库，实现 Vite + Vue + Tailwind 编写的前端应用、基于 Fastify 编写的后端应用、基于 Deno 的函数服务开发和以 Prisma 为 ORM 的数据模型设计。本书的应用涉及的 TypeScript 和 JavaScript 上下游工具链和框架较为广泛，但是选取的例子较为简单，容易上手，旨在帮助开发者更好地了解各技术栈的特点。

本书适用于前端开发入门者、计划在自己的项目中实践 Monorepo 项目的中级前端开发工程师，以及想实践 Monorepo 技术的计算机专业学生阅读。

图书在版编目（CIP）数据

全栈 Monorepo 开发实战：Vue 3+Fastify+Deno+pnpm/孙浩，于丹编著 . —北京：机械工业出版社，2023.8

（计算机前沿技术丛书）

ISBN 978-7-111-73359-1

Ⅰ.①全⋯　Ⅱ.①孙⋯②于⋯　Ⅲ.①网页制作工具–程序设计　Ⅳ.①TP392.092.2

中国国家版本馆 CIP 数据核字（2023）第 107372 号

机械工业出版社（北京市百万庄大街 22 号　邮政编码 100037）
策划编辑：李培培　　　　责任编辑：李培培
责任校对：张爱妮　张　征　责任印制：郜　敏
三河市宏达印刷有限公司印刷
2023 年 8 月第 1 版第 1 次印刷
184mm×240mm · 19.5 印张 · 491 千字
标准书号：ISBN 978-7-111-73359-1
定价：119.00 元

电话服务　　　　　　　网络服务
客服电话：010-88361066　机　工　官　网：www.cmpbook.com
　　　　　010-88379833　机　工　官　博：weibo.com/cmp1952
　　　　　010-68326294　金　书　网：www.golden-book.com
封底无防伪标均为盗版　机工教育服务网：www.cmpedu.com

前　言
PREFACE

本书适合对使用 TypeScript 实现 Monorepo 项目感兴趣的程序员阅读，全书涉及的 TypeScript 和 JavaScript 上下游工具链和框架较为广泛，但是选取的例子都相对简单，目的是写给前端开发入门者，以及计划在自己项目中实践 Monorepo 项目的中级前端开发工程师。

作为一本 Monorepo 入门的实践指南，全书涉及三种运行时：Node.js、Deno 和浏览器，较为系统地介绍了 Deno 这个比较新的 JavaScript/TypeScript 运行时。

内容结构

本书使用 Monorepo 整合了 Node.js、Deno 和浏览器三个运行时的代码，实现了报名登记应用。在一个相对完整的前后端全栈项目中，讲解 Monorepo 项目的实现路径。

全书共 12 章，以编写报名登记应用为主线，从零搭建一个基于 pnpm 的项目，以 TypeScript 4.9 版本为主，讲解必要的 TypeScript 知识。从 Deno 开始构建模拟的 FaaS 环境，构建简单的函数注册中心、文件函数服务、邮箱函数服务、计时器函数服务等 FaaS 服务。接着在 Node.js 环境中使用时下流行的 Prisma、Fastify 和 MySQL 构建后端服务程序。最后使用 Vue 3、Vite 和 Tailwind 构建报名登记应用的前端应用。在实战项目完成之后，探讨了一些和运维部署相关的话题。最后一章以 4 个现实中的 Monorepo 项目为例，讲解 Monorepo 架构常用的配置。

本书内容

第 1 章介绍了 Monorepo 与其他代码仓库技术的异同，JavaScript、TypeScript 的发展概况。

第 2 章介绍了本书管理 Monorepo 的软件 pnpm，较为详细地讲解了 pnpm 的核心机制，安装了实战项目的开发环境，包括 TypeScript、ESLint 和 Prettier，创建了全局类型收束项目。

第 3 章在项目中引入了 Deno 运行时，充分利用 Deno 的架构与技术特点开发了一个简单的函数注册中心。

第 4 章介绍了函数即服务。基于第 3 章的工作，开发了三个函数服务，分别是本地文件服务器、基于 HTTP 协议的计时器和邮箱服务。

第5章主要介绍了 Docker、MySQL 和 Prisma，重点介绍了使用 Docker 部署 MySQL，并使用 Prisma 完成报名登记应用的数据模型构建。

第6章介绍了 Node.js 生态最快的 Web 框架 Fastify，简要介绍了 Fastify 的插件系统和日志系统，引入 TypeBox 作为 JSON Schema 类型工具，确保同时获得 JSON Schema 和类型，完成服务端项目的初始化。

第7章使用 Fastify 开发报名登记应用的用户管理服务，编写 JWT 身份验证插件，融合 Prisma 和 Fastify，实现了发送验证码、用户注册、用户登录等 RESTFUL 风格的服务接口。

第8章使用 Fastify 开发报名登记应用的活动管理服务，实现了活动的发布、上线、结束、取消等服务接口。

第9章介绍了 Vue、Vite、Tailwind 等前端技术栈，创建前端应用的环境。

第10章编写报名登记应用的前端代码，完成报名登记应用整个业务流程，并介绍了不同的打包工具，如 Rollup、Vite 等在该项目中的定位。

第11章介绍了应用的部署、监控和高可用相关的内容，介绍了服务监控工具 Prometheus、Grafana，以及应用高可用性部署。

第12章讲解了使用 pnpm、TypeScript 技术栈的开源项目 Vue、Vite、Astro 和 Prisma 与 Monorepo 相关的设计。

本书约定

因为涉及的文件比较多，代码示例会以 // 开头写明具体的代码路径。

本书涉及的开源软件均提供了详细数据表格。

其中 GitHub Stars 和 npm 包月下载量数据截至 2023 年 3 月。

本书作者使用 macOS 系统开发，使用的各主要软件版本如下。

名　　称	版　　本
TypeScript	4.9.4
Deno	1.30.2
Vite	4.0.3
Fastify	4.12.0
Prisma	4.8.0
Node.js	18.13.0
pnpm	7.26.0

因为 Node.js 生态更新较快，不同版本的行为可能差异较大。

　　本书提供了免费配套资源，包括 TypeScript 类型系统、常用的 TypeScript 工具范性、Deno 基础以及完整的项目代码。

　　感谢机械工业出版社策划这样一本书。感谢编辑李培培在整个出版过程给予的支持和帮助。感谢家人在写书过程中的理解和支持。

作　者

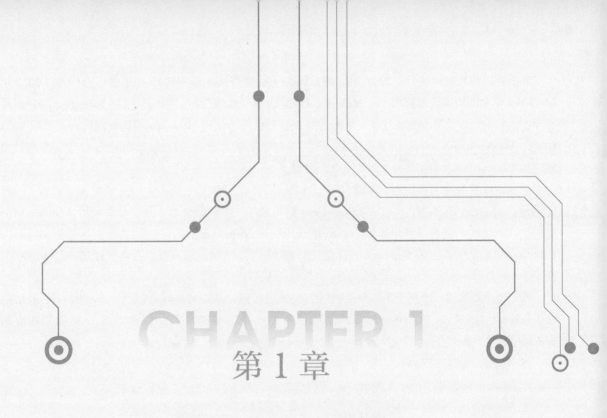

第 1 章

Monorepo架构

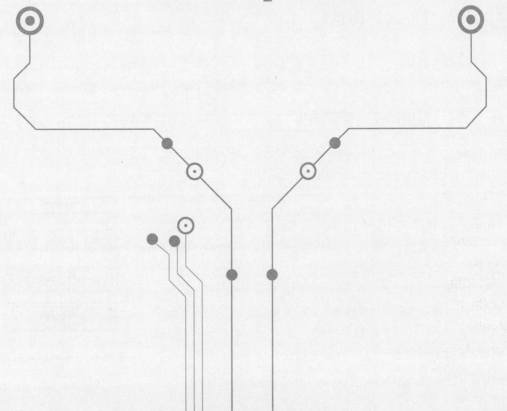

Monorepo 架构日趋流行。2017 年以前，Monorepo 这个词在业界还没有形成一个标准。2022 年 JavaScript 年度调研报告里首次出现 Monorepo 管理/构建工具排行榜，我们可以从 JavaScript GitHub 星星年度涨幅排行榜上看到越来越多有影响力的开源项目开始使用 Monorepo 架构管理代码，例如 Vite、React、Vue 3、Babel、Next.js、Nuxt.js 等。时下，每一个新开发的 JavaScript/TypeScript 项目都应该考虑采用 Monorepo 架构来提高开发效率和代码质量。

Monorepo 的诞生可以追溯到 2000 年初，mono 的意思是 single，即单；repo 就是 repository，即仓库。虽然 mono 是 single 的含义，但 Single-repo 更多是指一个代码仓库中只有一个项目，而 Monorepo 是一个代码仓库中管理了多个项目。谷歌是最早实现 Monorepo 架构的公司之一。谷歌的 Monorepo 代码仓库也是世界最大的 Monorepo 仓库之一，有 20 亿行代码，每天有数万名工程师进行 40000 次提交。

本书目标是构建一个基于 TypeScript 使用 pnpm 进行包管理的 Monorepo 项目，实现报名登记业务。在 JavaScript/TypeScript 语境中，Monorepo 通常指把一个完整的项目，合理地拆分成多个独立的 package.json 的 npm 包子项目。

本章主要介绍以下内容：

- Single-repo、Multirepo 和 Monorepo 的特点。
- Monorepo 的关键设计原则。
- JavaScript、TypeScript 的发展历程。

1.1　代码仓库发展历程

从零开始开发软件时，首先需要确定的是代码仓库的架构。对于 JavaScript/TypeScript 技术栈的项目，根据应用中项目代码组织的关系，一般来说有三种常用架构：Single-repo、Multirepo、Monorepo。

▶▶ 1.1.1　常用的代码组织架构

Single-repo、Multirepo、Monorepo 是三种常见的代码库组织方式，它们分别有不同的优缺点和适用场景。下面将分别介绍这三种代码库组织方式的优劣。

1. Single-repo

Single-repo 结构如图 1-1 所示，即一个应用的所有项目代码全部在一个代码仓库中管理，模块之间仅仅通过简单的划分或不划分来进行组织。

整个应用就像是一个独立的 npm 包，只在根目录有一个 package.json 文件，用于管理所有项目的版本和依赖关系。这种方法通常适用于 Monolith（巨石）应用，即整个应用作为一个整体进行开发和管理。例如 Vue 2 项目就是一个由 Yarn 管理的 Single-repo 项目，其目录结构如下所示。

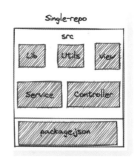

● 图 1-1　Single-repo 结构

```
1.   vue
2.   ├──  src
3.   │    ├── compiler
4.   │    ├── core
5.   │    ├── platforms
6.   │    ├── server
7.   │    ├── sfc
8.   │    ├── shared
9.   ...
10.  └── package.json
```

从目录结构上可以看出，Vue 2 核心应用所有相关模块都在 src 目录下，各模块做了一定的隔离，但是全局只有一个 package.json 文件。

2. Multirepo

Multirepo 结构如图 1-2 所示，即多代码仓库，是一种把应用内的各模块彻底隔离和封装的方法，每个模块都存放在一个独立的代码仓库中进行管理。

通常，每一个代码仓库有独立的版本号管理、依赖管理、CI/CD（Continuous Integration/Continuous Delivery，持续集成/持续部署）流程。例如 Node.js 后端框架 Fastify 就是一个由 npm 管理的 Multirepo 项目，其 4.13.0 版本的 package.json 文件如下所示。

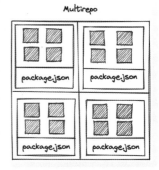

● 图 1-2　Multirepo 结构

```
1.   {
2.     "name": "fastify",
3.     "version": "4.13.0",
4.     ...
5.     "devDependencies": {
6.       "@fastify/pre-commit": "^2.0.2",
7.       "fastify-plugin": "^4.2.1",
8.       ...
9.     },
10.    "dependencies": {
11.      "@fastify/ajv-compiler": "^3.5.0",
12.      "@fastify/error": "^3.0.0",
13.      "@fastify/fast-json-stringify-compiler": "^4.1.0",
14.      ...
15.    },
16.  }
```

从上可以看到，每一个 Fastify 的子模块都有独立的版本号。实际上，每一个子模块都有一个独立的 GitHub 仓库链接地址，维护相对独立，也有独立的 package.json 文件管理。每一个子模块的目录结构如下。

```
1.   fastify/*
2.   ├── src
```

```
3.     ...
4.     └── package.json
```

3. Monorepo

Monorepo 结构如图 1-3 所示。Monorepo 的核心并没有特别神秘的地方，简单来说就是在一个代码仓库中组织多个相对隔离的模块代码，可以同时有一个或者多个应用。早期，这种类型的代码仓库更多被称为共享仓库（Shared Codebase），但现在 Monorepo 已经成为专门描述这种类型代码仓库的词汇。

虽然 Monorepo 和 Single-repo 都是把一个应用的所有代码放在一个仓库，但是两者有一个本质区别，即 Monorepo 项目中的各个子项目与 Multirepo 一样，要进行彻底的隔离和封装。对于一个特定的子项目来说，这个项目是一个完备的 npm 包，有独立且完整的 package.json 文件，可以像 Multirepo 一样进行独立的版本号管理、依赖管理和 CI/CD 流程。但是因为所有代码在一个仓库内，物理上在一个文件夹之下，可以很容易进行优化。例如 Vue 3 就是一个由 pnpm 管理的 Monorepo 项目，其目录结构如下所示。

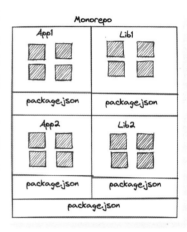

● 图 1-3 Monorepo 结构

```
1.   vuejs/core
2.   │ packages
3.   │   ├── compiler-core
4.   │   │   │...
5.   │   │   └── package.json
6.   │   ├── compiler-dom
7.   │   │   │...
8.   │   │   └── package.json
9.   │   ├── compiler-sfc
10.  │   │   │...
11.  │   │   └── package.json
12.  │   ├── vue
13.  │   │   │...
14.  │   │   └── package.json
15.  │   └── vue-compat
16.  │   │   │...
17.  │   │   └── package.json
18.  │   ...
19.  ├── package.json
20.  └── pnpm-workspace.yaml
```

packages 目录下的每一个目录都是一个完备的 npm 包，并且统一进行版本管理。通过比对 Vue 3 和 Vue 2 的目录结构，可以看出 Vue 3 在复杂度和解耦度方面比 Vue 2 有了很大提升。

当然一个项目的代码存储架构不是一成不变的，可以根据成长阶段，选用合适的代码存储架构，甚至可以多种架构组合使用。代码架构对比见表 1-1。

表 1-1 代码架构对比表

仓库架构	Single-repo	Multirepo	Monorepo
Repo 数量	一个	多个	一个
package.json 数量	一个	一个模块一个	工作空间目录一个，一个模块一个

近年来，各个编程语言都可以非常好地支持 Monorepo 架构。Go 语言在 1.18 版本增加了多模块工作空间；Java/Kotlin 可以使用 Maven multimodule 或者 Gradle 的 composite build；C#可以使用 Nuget，Nuget 在 6.2 版本加强了中央包管理功能；Rust 可以使用 Cargo workspace。越来越多的开源项目也开始采用 Monorepo 架构，相关的支持工具也日渐成熟。

▶▶ 1.1.2　Single-repo 与 Monolith

一般来说，Single-repo 是单个应用最朴素的开发方式，是初学者经常使用的仓库架构模式，构建步骤如下。

1）使用 npm init 命令初始化项目。

2）到 GitHub 或 npmjs.com 上寻找开发需要的依赖包。

3）通过 npm install 命令安装依赖。

4）在 src 目录里根据项目需要创建 service、controller、view、utils 文件夹，一步步迭代开发的项目。

随着软件的规模变大，软件的复杂度也开始增加。如果一个项目只需要几千行就可以完成，那么 Monorepo 这样的技术可能永远不会流行。然而事实是，只要稍微复杂的逻辑，仅几个月，代码就可能膨胀到几万行的量级。以一个 3 万行的代码为例，按一个文件有 300 行代码来计算，这个拥有 3 万行代码的项目共包含 100 个文件且一般会嵌套在 3~5 级目录下。文件数达百，代码行数达万时，一个初级项目开始慢慢演进为一个中级项目，此时一般会开始进行拆分。也许开发者会在网上学习到 Monolith 架构的短板，进行有意识的拆分和分层。这个阶段也许会持续几个月，代码行数和文件数并不会变化，开发者对自己开发的软件结构的调整会持续进行一些变化。

但因人的记忆是有限的，在重构的过程中，特别容易出现开发者做了新的工作规划，最终却只是修改了命名，逻辑和之前区别不大的问题。随着重构的进行，文件夹的命名和分层结构越来越清晰，开发者自认为的“模块”之间的关系也越来越清晰，但是此时项目仍然是在一个 Single-repo 架构里，在进行更细致的代码评审和讨论时，很可能出现除了命名和文件夹清晰，代码之间的关系仍混乱的问题。

当然，这样的情况并不一定会出现。开发者能力之间的差异是很大的。确实有记忆超群，脑力惊人的开发者可以在一个 Single-repo 中开发一个几十万行，甚至上千万行规模的项目。但是更多的情况是，因为无法做出更优秀的架构，在不断的遗忘和重复中，耗费了很多宝贵的时间。Single-repo 一般是一个 Monolith 应用，虽然开发者会自认为通过精心的解耦，已经解决了 Monolith 的问题，但是因为代码量大了以后，人的记忆是不可靠的，人为隔离通常都是失败的。根据 2021 年的 State of JS 调查，管理 JavaScript 依赖是开发者最为困扰的问题，其次是代码架构问题，如图 1-4 所示。

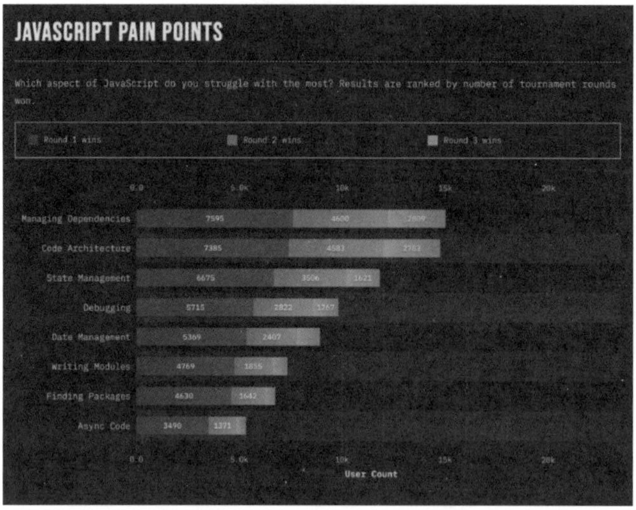

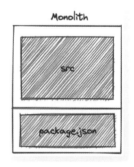

● 图 1-4　令 JavaScript 开发者痛苦的列表

　　package.json 文件可以是一个非常好的项目管理工具。开发 JavaScript 项目都会接触各种各样的 npm 包，有的非常大（可能是个数据库），有的很小（可能只是一个类型转换工具），不管是哪一种，package.json 文件都记录了非常完善的项目元信息。如果一个 Monorepo 项目中每个子项目使用单独的 package.json 文件进行元数据管理，同时禁止不同子项目直接跨过 package.json 文件引入代码，就可以很好地防止只是形式上的模块化。

　　近年来，GitHub 和 npmjs.com 上流行库的发展趋势证明了，在非常细分的领域可能出现高速演进。这种细分需要项目开发者清楚地思考业务模块与技术模块之间的关系。而使用 Monorepo 这种以 package.json 文件物理隔离的方式可以更容易地将这种思考落地。

　　总之，相较于 Monorepo/Multirepo 使用独立的 package.json 文件管理子项目的方式，使用 Single-repo 管理中高级难度的项目，可能会面临更大的挑战。

▶▶ 1.1.3　Monorepo ≠ Monolith

　　很多对 Monorepo 不熟悉的人会觉得 Monorepo 和 Monolith 是一个意思，但是恰恰相反，一个采用 Monorepo 架构的项目一般都不会是一个 Monolith 项目。Monolith 应用通常是指没有模块化的应用，即一个应用内包含了所有需要的功能，且不可分割，Monolith 应用结构如图 1-5 所示。与 Monolith 相对的是微服务架构。

　　将所有代码放在一个仓库中并不一定会使项目变成 Monolith，但 Monolith 项目一定会同时部署。实际上，代码仓库和开发架构是两件事。开发代码的地点和部署代码的时间可以是

● 图 1-5　Monolith 应用结构

独立的。谷歌的 Monorepo 项目支撑了数千个应用，但显然这些应用的部署是独立的。在执行 CI 过程时，要打包和存储制品，在 CD 阶段，将最终制品部署于生产环境。也就是 Monorepo 更关注于 CI 过程之前的事情，而部署应用时更多的是关注制品仓库。

如果把很多项目的代码单纯地放到一个仓库里面，只是实现了代码的集中管理，此时，项目其实是一个 Single-repo 或 Monolith 项目，模块和模块之间的关系并没有定义清楚。而流行的 Monorepo 解决方案大都基于 npm 包进行隔离，实际上把一个项目各个模块通过 npm 包进行了一定程度的解耦。例如当在开发 A 应用时抽象出一个模块 A 的 npm 包，在之后开发和 A 应用类似的 B 应用时，可以直接使用模块 A 进行开发，如图 1-6 所示。就像通过 GitHub 下载其他开源作者编写的项目一样。

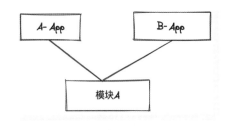

● 图 1-6　应用 A 和应用 B 共用模块 A

正如上面提到的 Monolith 的缺点，很多时候是由于在开发时缺乏一个想象。在编写代码时，如果没有"开发一个供他人使用的库"的想象，很容易写出"临时能运行"的代码。一般来说，在 Monolith 项目中，由于缺乏这样的想象，很容易写出高度耦合的代码，需要查看这段代码的上下游逻辑才能进行调试。但是在 Monorepo 项目中，由于使用 package.json 文件对每个子项目包进行物理隔离，基于这种想象写出的代码如果发布到 GitHub 上，就是一个可供其他开发者使用的开源项目，在这种结构下，一个项目自然而然就不会变成一个 Monolith 项目。

▶▶ 1.1.4　Monorepo 的优点

通常，我们将 Monorepo 与 Multirepo 进行对比，如图 1-7 所示。在 Multirepo 中，每个仓库都是一个具备完整功能的应用程序或库，例如一个 GitHub 用户下的所有仓库合起来就是一个典型的 Multirepo。相比之下，Monorepo 的隔离性要差一些，但是其优点和缺点都源于这种隔离性的差异。Monorepo 的优点如下。

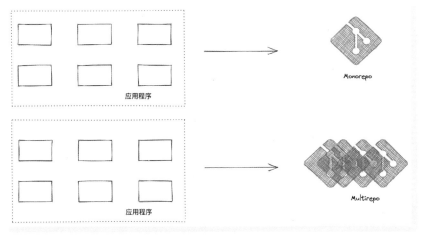

● 图 1-7　Monorepo 与 Multirepo

1. 有助于更好、更高效的工作流程

使用 Monorepo 架构管理的项目对整个团队来说都是可见的，这种可见性使开发者更容易地进行跨系统、应用程序、库的程序搜索、共享和重用代码。通常随着代码重用和可见性的提高，代码一致性也会提高。

2. 更容易管理应用内部之间的依赖关系

Monorepo 由多个应用程序和库组成，这种组织方式可以更好地检查包之间的关系，更容易地进行全局重构。例如将库 A 中的函数移动到库 B 中，或者将库 A 拆分成若干小库。这些操作只需要在 IDE 中移动目录，修改错误并调试即可完成。虽然这听起来很美好，但是缺点也很明显，即如何确保本次重构是在预期范围内进行的？这需要实施操作的开发者对重构项目涉及的所有方面有足够的了解，否则可能产生灾难性的后果。

3. 提供统一的 Git 提交视图

Monorepo 项目中，由于所有提交在同一个仓库中，因此更容易分析当前应用整体 Git 提交情况。但是要加强对 git commit 填写要求的管理，单次提交代码要注明影响包的范围，不同包的影响应该分开提交。

4. 便于统一 CI/CD、打包等自动化构建和测试流水线

Monorepo 的优势在于将所有代码放在一起，这样有利于进行测试自动化。随着项目复杂性增加，涉及的语言和框架也会增加，相应的自动化脚本也会变得更多。这并不是一个缺点，因为无论使用哪种代码仓库组织形式，都有相同的构建流水线需求。但是 Monorepo 更希望统一解决这些问题，复用构建测试流水线相关工作。Monorepo 给予开发者全局层面的视角，可以审视所有代码，并获得统一的规范。在构建良好的 Monorepo 项目中，基础设施是非常健壮的，可以很好地支持自有应用，并提高开发者对于维护构建基础设施的动力。由于代码、工具和配置都在一起，可以更容易地统一管理所有配置信息，比散落在多个仓库中的配置文件更容易维护。

5. 可以极大简化依赖的管理

当项目变复杂时，非常清晰的单一模块依赖已经变得不那么重要，更重要的是在全局上统一管理依赖关系。然而，这会带来面向依赖编写工具的需要。这种方式带来的问题是，几乎每个 Monorepo 都有自己的依赖关系规则和工具链体系，这需要相当多的时间来适应和学习，对于新人来说学习曲线会变高。

6. 降低多技术融合的成本

Monorepo 吸引人的一个重要原因是支持多种技术融合。技术界有句俗语："没有银弹"。在项目较小时，使用单一技术栈开发是正常的，随着业务变得复杂，引入其他的技术栈可能要简单很多。Monorepo 支持多种流行技术，并且可以很容易地进行融合，例如一个 pnpm 的项目中是可以集成 Rust workspace 或者 Go workspace 项目。使用 Rust 编写 CLI，再通过 pnpm 发布，其他项目使用起来会变得非常简单。

▶▶ 1.1.5 Monorepo 的缺点

有优点就会有缺点，Monorepo 的缺点如下。

1. 相关开发工具不成熟

Monorepo 是近年来流行起来的一种开发方式，相关工具链和 IDE 仍在适应和调整阶段。尽管 VS Code、JetBrains IDE 等主流开发工具对于 Monorepo 的支持已经有所提升，但仍存在一些问题，如 JetBrains 在大型 Monorepo 项目中重建索引需要耗费大量时间。同样，Git 在处理大型 Monorepo 项目时的性能也不尽如人意。配置生产环境所需的成本也相当高。但是，Monorepo 的发展势头不可阻挡，越来越多的项目正在解决相关问题，促进了整体公共工具的发展趋势。

2. CI/CD 流水线较为复杂

维护 Monorepo 项目是一项长期任务，这个过程可能会导致构建速度变慢。由于有太多相互依赖的包和模块，构建需要太多的步骤，可能导致迭代停滞不前。任何改动都需要重新构建整个 Monorepo 项目，而不是只构建应用程序的一部分。需要深入了解代码库之间的关系，并编写自动化流程。更重要的是，还需要长期维护这些流程。最终，开发者需要额外花费时间和精力创建和维护构建系统，随着代码库的复杂度增加，构建系统也会变得更加复杂。由于时间有限，流水线的技术债务很容易积累。

3. 测试复杂

测试是限制发布速度的一个重要因素，尤其在 Monorepo 项目中。测试和通常的构建/编译任务必须按照正确的顺序完成，才能确保所有依赖项从正确的来源构建并在正确的时间可用。与构建一样，测试整个代码库也需要时间。最理想的方案是小规模更改进行测试并重新部署。然而，随着代码复杂性的增加，测试整个库可能更加现实。要根本地解决这些问题，需要进行高维度的编排和依赖分析，但这超出了本书的范围。当项目发展到一定阶段时，就必须考虑这个问题。

4. 固有复杂性

管理 Monorepo 项目非常复杂，需要解决很多问题，而且容易出错。因为将适用于单个包或应用程序的内容映射到多个包和应用程序是一项非常复杂的任务，学习曲线非常陡峭，即使有很好的文档也不能解决这个问题。定制协调和自动化脚本也需要相当长的时间去学习使用。

5. 隔离性差

维护文件的所有权具有更大的挑战性，因为如 Git 或 Mercurial 等系统缺少内置目录权限。通常需要在一个目录下面维护一个 Markdown 文档来指明负责人。而 Multirepo 的隔离性带来的一个好处是可以责任到人，不同的开发者负责不同的 repo。但是带来的坏处，自然也是责任到人，库和责任的隔离带来交流的不便，潜在地增加了重复造轮子的可能性。通常，一个复杂的 Monorepo 项目也会为子项目设置几个负责人，但是因为代码仍然在一起，其变化和沟通成本要低于 Multirepo。

▶▶ 1.1.6　Monorepo 在现实中的应用

许多公司，如谷歌、微软和 Airbnb 等，已经长期实践了 Monorepo 架构。许多开源项目也已经成功地使用了 Monorepo，如 Babel、谷歌的 Angular、Facebook 的 React、Vue 等前端框架。如今，越来越多的小型团队也开始使用 Monorepo。

1. 谷歌

在谷歌，几乎所有的代码都存在于一个大型的 Monorepo 中，几乎所有的工程师都能在其中查看几乎所有的代码。超过 2 万名工程师使用该 Monorepo，包含超过 20 亿行代码。整个 Monorepo 中使用共享的构建系统、通用测试基础设施、代码浏览工具、代码审查工具，以及自定义源代码控制系统。尽管工程师可以查看和编辑几乎整个代码库，但所有的代码只有在得到代码所有者的批准后才能提交。代码所有权是基于路径的，目录所有者隐式地拥有所有子目录的所有权。

2. 微软

微软的 Windows 代码库存储在一个 Monorepo 中，拥有 350 多万个文件，大小超过 270 GB，这导致了使用 Git 来管理这样的项目变得困难。在这样的代码库上运行 git checkout 需要 3h，git status 需要 10min，git clone 需要 12h。为了解决这个问题，微软开发了 GVFS（Git Virtual File System）。通过这个系统，开发者在使用时会觉得所有文件都在本地，但实际上只有在文件第一次打开时才会进行下载。GVFS 还积极管理 Git 在 checkout 和状态操作中需要考虑多少 repo，因为任何未变化的文件都可以安全地被忽略。GVFS 是在文件系统级别进行这些操作的，因此 IDE 和构建工具并不需要更改。使用 GVFS 管理庞大的代码库后，除了第一次构建比较慢之外，之后的 git clone 只需要几 min，checkout 只需要几十秒，status 只需要几秒。

3. Airbnb

Airbnb 最初的版本被称为"the monorail"，是一个完整的 Ruby on Rails 应用程序。当 Airbnb 的业务开始指数级增长时，代码库也随之增长。为了维护代码库的可维护性，Airbnb 实施了一项名为"民主发布"的新颖发布政策。但随着业务的继续扩大，这项政策受到了挑战。最终，Airbnb 的工程师们决定将应用程序拆分为微服务，并创建了两个 Monorepo：一个用于前端，一个用于后端。这样做的优点是可以通过一次提交，在两个微服务之间进行更改，并且可以围绕一个存储库构建所有的工具。Airbnb 的基础设施工程师 Jens Vanderhaeghe 表示："我们不想处理所有这些微服务之间的版本依赖关系。使用 Monorepo，您可以通过一次提交，在两个微服务之间进行更改。可以围绕一个存储库构建所有的工具。最大的卖点是，您可以同时对多个微服务进行更改。我们运行一个脚本，检测 Monorepo 中的哪些应用程序受到影响，然后部署这些应用程序。我们的主要好处是源代码控制。"

4. Uber

Uber 使用 Go 语言编写大部分后端服务，并于 2018 年引入了 Go Monorepo，发现构建效率立即提高。随着 Go Monorepo 的成熟，Uber 将越来越多的项目转移到该仓库中，使用量迅速扩大。截止到 2020 年，Go Monorepo 上有 70000 个文件，月提交数量达 10000，活跃开发者 900 人。Uber 的 Go Monorepo 可能是在 Bazel 上运行的最大的 Go 存储库之一。

Uber 的前端项目经历了从 Monorepo 到 Multirepo 再到 Monorepo 的过程。项目最初采用 Monorepo 存储架构，但随着业务的发展，Monorepo 出现了问题，如 IDE 阻塞、Git 速度变慢、master 崩溃等。当业务达到中等规模时，团队决定采用 Multirepo 架构，这解决了许多问题。然而，随着 Uber 业务的进一步发展，Multirepo 架构开始显示出它的弱点，这不仅是关于技术问题，而且是更多关于开发者如何合作。管理数千个存储库的开销消耗了大量宝贵的时间，每个小组都有自己的编码风格、框架和测试实践，管理依赖关系也变得更加困难，最终很难将所有内容整合到一个产品中。最终，Uber 的工程师们重新集结起来，决定再给 Monorepo 一次机会。

1.2 全栈 Monorepo 的关键设计原则

在使用 JavaScript/TypeScript 进行全栈开发时，采用 Monorepo 架构会有一些需要特别注意的原则。这些原则是笔者在实际开发中常常使用的，下面进行简要介绍。

1. 从 Single-repo 逐渐演进到 Monorepo

1.1.4 节中介绍了 Monorepo 的优势，以及 Single-repo 和 Multirepo 存在的问题。然而，这些问题并非绝对的，很多时候需要根据具体场景来考虑。在经验不足的情况下，直接使用 Monorepo 可能会遇到很多困难。开发者只有实际地开发一个项目，经历代码量从几百行到几万行的过程，才能更好地理解 Monorepo 与其他代码管理模式之间的优劣。此外，在某些情况下，调整 Monorepo 项目的成本可能较高，使用 Single-repo 架构进行发布也是可以理解的。例如开源项目作者将所有项目整合到一个 GitHub repo 中，可能会使用户感到困难。相反，一个小而简洁的 Single-repo 项目可能会更容易被早期用户接受。对于私有的项目，笔者坚定地认为，值得使用 Monorepo 架构。

由于同时维护多个 Monorepo 并不容易，因此应该尽量减少维护的 Monorepo 的数量。根据笔者的经验，项目初始阶段可以采用 Monorepo，但是当项目规模变大时，可能需要将其拆分。然而，在维护一段时间之后，可能会发现很多工作重复，因此又会考虑合并或者使用 GitHub 的工作区（workspace）功能将其集成到另一个 Monorepo 中。从外部看，Monorepo 就像一个独立的文件夹，可以与 Multirepo 一起使用，因此两者并不冲突。读者应该根据自己的实际情况，在不同阶段尝试不同的组织方式，最终找到适合自己的方式。

2. 明确划分不同技术栈的定位

使用 Monorepo 架构最具吸引力的地方之一是可以非常简单地引入多种技术栈。但是，随着项目的进展，协调多种技术栈的定位变得非常重要。每个 Monorepo 维护架构师的重要职责就是划分各个技术栈的定位。例如，如果计划引入 Deno 作为 CLI 的运行，是否整个 Monorepo 的所有 CLI 程序都需要使用 Deno 开发？如果计划引用 Go 作为后端服务器的核心语言，这种引入是否有意义？如果引入 Deno 和 Go 不能加快开发效率，反而成为一种拖累，那么容易引入新技术的优点就变成了缺点。

3. 应用层类型协议与 JSON Schema

使用 TypeScript 作为核心技术栈可以为前后端在开发时提供类型，JSON Schema 可以作为运行时的约束。同时提供运行时和编译时约束，可以提高前后端代码的健壮性和可维护性。

4. 最小配置、统一尽可能严格的标准

维护 Monorepo 中一个非常耗费精力的工作是配置管理，越少的配置，维护的成本越低。通过创建一个 npm 包来管理统一配置，并建立严格的代码检查规则（lint）来约束整个代码库，可以有效降低维护成本。在构建良好的 Monorepo 项目中，随着基础设施的完善，团队的开发效率会不断提高，严格的标准有助于管理日益庞大的代码库。

在开发初期，通常会使用可选的组件进行开发，但是随着时间的推移，应该逐渐放弃这种方式。

需要自由的地方给予自由，但是不该有自由的地方应该完全不自由。越多不自由的东西，维护成本就越低。不自由代表模板化、标准化。在后续成员加入时，Monorepo 的维护成本应该是新成员的学习成本，而不是颠覆性的。Monorepo 的目的是共享已经解决的问题的解决方案。

5. 每一个子项目都视为独立的项目

在 Monorepo 项目中，每个子项目都被视为一个独立的项目，这意味着它可以被其他项目直接使用。这一条原则更像是一种期望，就像在函数式编程里希望所有函数没有副作用一样。当 Monorepo 项目较为简单时，任意一个子项目也许可以直接拉到另一个代码库中直接使用。但是当项目较为复杂后，可能很难保证这一点。例如 A 项目依赖 B 项目，B 项目依赖 C 项目，虽然这三个项目都是通过 package.json 文件分隔的独立项目，有一定的物理隔离性。但是实际上，这三部分代码要一起移动才可以使用。

虽然整个 Monorepo 项目里有统一的流水线构建工具，每个子项目仍可以拥有独立且完整的构建流水线。当项目变得复杂后，通常会采用基于依赖图的构建工具，提高构建速度。

6. 任何非官方工具，准备至少两种解决方案

选择 Monorepo 作为开发模式，意味着开发者需要面对大量与编译和打包相关的问题。JavaScript/TypeScript 的大部分工具都是由社区提供的。一方面这些社区工具都有其生命周期，如果作者不维护了，可能就需要替换；另一方面，这些社区工具之间本身也有依赖的上下游关系，上游项目出了问题，下游项目就需要等待，这样也会延长解决问题的时间。因此准备多种解决方案是必要的。

幸运的是，JavaScript/TypeScript 社区足够庞大，几乎所有的方案都可以找到几种替代方案。因此在 Monorepo 项目中，最好使用至少两个不同的工具来替代除自己开发的工具外的其他工具，以确保在出现问题时有及时、可行的解决方案。

1.3 全栈开发语言 JavaScript 和 TypeScript

在 JetBrains 2022 年度开发者生态报告中，JavaScript 被评为最广泛使用的编程语言，而 TypeScript 是增长最快的编程语言。报告中另一个值得关注的数据是整个开发社区 75% 与 Web 应用相关。JavaScript 的广泛应用使其拥有繁荣的生态系统和强大的生命力。截至 2023 年 4 月底，npmjs.com 上已经有 319 万个 npm 包，每周下载量达到 519 亿次，每月下载量达到 2094 亿次。

▶▶ 1.3.1 JavaScript 的发展历程

根据 MDN 官方文档，JavaScript 是一个涵盖性术语，在浏览器环境下，由两个部分组成，一个是核心语言，即 ECMAScript；另一个是一系列 Web 接口的合集，包括 DOM（文档对象模型）等。

1995 年，Brendan Eich 在 Netscape 公司发明了 JavaScript 语言。JavaScript 是 Sun 公司的注册商标，后来被甲骨文公司收购。1997 年，由于商标问题，Netscape 公司将 JavaScript 语言提交给 ECMA 标准组织，成了 ECMA 标准，ECMA-262 是这个标准的官方名称，并在同年发布了 ECMAScript 1。负责 ECMA-262 的委员会名为 TC39。现代所有的 JavaScript 引擎（如 V8）都实现了

ECMAScript 标准。

随着 Web 的发展，越来越多的浏览器开始支持 JavaScript，但是实际上在那个时候，JavaScript 还没有被定位为像今天这样严肃的编程语言。由于开发时间短，早期 JavaScript 存在着许多性能问题和安全问题。然而，如果开发者想在浏览器中进行逻辑操作，只能选择 JavaScript，因此，JavaScript 仍然得到了广泛的使用和发展。此外，硬件的不断发展也很好地弥补了 JavaScript 造成的性能问题。尽管性能一直不是这门语言设计的首要目标，但是 2008 年谷歌推出的 Chrome 的 V8 引擎极大地改善了这一问题。

2009 年 5 月，Ryan Dahl 发布了 Node.js 第一个版本，提供了通过 JavaScript 构建服务器应用的能力，初始版本只支持 Linux 和 macOS 平台。同一年，JavaScript 发布了 ECMAScript 5，提供了严格模式 Array/Object 操作方法等功能。

2010 年 1 月，一个为 Node.js 环境提供包管理的工具 npm 诞生了。

2012 年 11 月，TypeScript 发布了第一个公开预览版本 0.8.1。

2013 年 6 月，Nicholas C.Zakas 发布了 ESLint 的初始版本。

2013 年 12 月，尤雨溪发布了 Vue 的初始版本。

2015 年 6 月，ECMAScript 的第 6 个版本发布，也被称为 ES6。ES6 是一次非常大的版本变更，类似于 Python 2 和 Python 3 之间的关系。由于 ES5 和 ES6 之间的差异非常大，社区创造了一个专门用于转换这两者的工具 Babel。

每年，TC39 会组织多次会议，讨论 JavaScript 的新特性，并推出 ECMAScript 的新版本。如果一个新特性有 TC39 的支持者，它就会进入 Stage 0。如果在 TC39 组织的会议中经过评议并成熟，它就会进入 Stage 1。为了进入这个阶段，该提议一定会有一个官方的拥护者来负责这个提案相关的工作。通常到了 Stage 1，提议就会有完整的文档，包括使用用例、高层级的 API、潜在问题以及去实现的挑战。JavaScript 社区会在 GitHub 或 TC39 的论坛上对这些问题进行讨论。进一步成熟后，通过 TC39 的下一次评议，就会进入 Stage 2。一个议题到了 Stage 2 通常会有非常详尽的关于新功能的文档，所有相关问题已经讨论得差不多，并且后续的更改也不应该是大范围的更改了，在进一步收集反馈和讨论后，一个功能就可能进入 Stage 3。进入 Stage 3，基本表示这个功能已经是最终要实现的功能了，这时浏览器厂商、JavaScript 上下游工具就会开始实现对这些新功能的支持，比如 TypeScript 对 JavaScript 标准装饰器的支持就是在 JavaScript 的装饰器到了 Stage 3 之后引入的。最后就是 Stage 4，相关测试已经完善，TC39 的成员对于这一功能已经很熟悉，相关标准的文档也已经完善。每年 ECMAScript 的新版本包括的新特性都是到了 Stage 4 的特性。

▶▶ 1.3.2　TypeScript：从 21% 到 69%

2012 年，微软内部的一个团队找到 Anders Hejlsberg，询问是否可以把 C# 的代码编译为 JavaScript。这样，C# 的作者就可以把一些 C# 的库移植到 JavaScript 环境中。当时微软内部已经意识到 JavaScript 是真正的跨平台语言，其方便性使得内部已经有很多很复杂的 JavaScript 应用。当时，JavaScript 的开发环境还不像现在这样成熟，而 C# 有完善的开发工具链，所以开发这样的工具是非常合理的需求。随着微软内部对于 JavaScript 大型应用的编写尝试，他们深刻认识到，使用 JavaScript 维护大型应用是一项非常困难的任务。在 2012 年，由于缺乏类型定义和相应的工具链，即便是像微软这样有着众多技术精英的公司，也几乎不可能重构一个规模较大的 JavaScript 代码。Anders 意识到了 JavaScript 的价值，同时也看到了它存在的问题。因此，他开始思考如何解决这个问题，这也是 TypeScript 产生的初衷。

正如前面提到的，TypeScript 是成长速度最快的语言。从图 1-8 中不难发现，TypeScript 几乎是 2017—2022 年间唯一有这样增长速度的编程语言。

Wakatime 是一个记录 IDE 使用时间的插件，已有 40 万注册用户在各种编程语言上的实际投入时间被记录下来。根据 2022 年发布的统计报告显示，TypeScript 首次超越 JavaScript，成为 Wakatime 用户投入时间最多的编程语言，详见图 1-9。

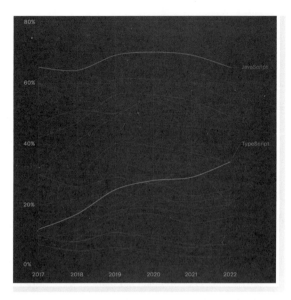

● 图 1-8　JetBrains 2022 年开发者生态报告中
编程语言使用趋势

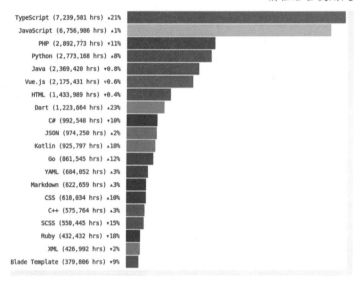

● 图 1-9　Wakatime 2022 年度用户使用时长统计

在 TypeScript 诞生之时，很多人对它持怀疑态度，认为将静态类型引入 JavaScript 这样的"玩具"语言似乎是一个玩笑。然而，随着 VS Code 的推出，开发者逐渐习惯了代码补全、导航和重构等功能，并逐渐习惯了有类型的开发方式。

TypeScript 应该是少有的，从建立开始就不是以颠覆前辈编程语言为目的，而是甘愿作为辅助，与 JavaScript 共同发展的编程语言。从某种角度来说，TypeScript 只是 JavaScript 的静态代码检查器的 DSL，因为 TypeScript 的核心设计理念是：

- 不施加运行时开销。
- 与当前和未来的 ECMAScript 建议保持一致。
- 保留所有 JavaScript 代码的运行时行为。
- 避免添加表达式级语法。
- 使用一致的、完全可擦除的结构类型系统。

使用 TypeScript 相较于单纯编写 JavaScript 会多出很多代码，而这些多出来的代码几乎都不会在最终运行时中存在，而是为开发者提供服务。深度使用 TypeScript 的用户会定期与 TypeScript 官方进行互动。每当 TypeScript 发布新版本时，Google/Bloomberg 都会发来反馈。谷歌有专门的团队负责 TypeScript 的使用，并开发了便利的工具，能对所有代码同时进行新版本的编译检测。由于 TypeScript 几乎不影响运行时，它是少有的升级成本相对较低的编程语言。

如果 TypeScript 想要增加运行时的特性，他们会积极与 TC39 进行沟通，在 JavaScript 的标准中增加。TypeScript 并不期望替代任何工具，而是期望与 JavaScript 发展浪潮中产生的任何组件/工具很好地集成。TypeScript 官方和 JavaScript 生态工具作者的合作是非常紧密的，无论是线上线下的活动，还是 GitHub 的 issue 区，都可以看到这种紧密的联系。esbuild 作者 Evan Wallace 在 TypeScript 的 GitHub 的 issue 区提出的问题质量都非常高。

本质上，TypeScript 的使用和 JavaScript 的使用是交织在一起的，每个 TypeScript 开发者也是 JavaScript 开发者。在 JavaScript 年度调研报告首次发布时，TypeScript 仅有 21% 的使用率，但到了 2021 年，TypeScript 的使用率已经增长到了 69%。TypeScript 的成功超出了所有人的预期，这门语言的成功要归功于 TypeScript 的贡献者、社区组织者、花时间解答和教授新人的专家、学习和在社区提问题的新用户。他们对 TypeScript 倾注了心血，证明了这门语言有着广阔的前景。

▶▶ 1.3.3　从框架到框架无关

Web 世界的变化非常迅速。起初，网页服务只是把静态文档托管在服务器上，任何人都可以通过互联网访问。随着人们对页面的需求不断增加，逐渐出现了一些专门为 Web 而生的技术，如 PHP。PHP 可以在 HTML 中直接访问后端代码，从而实现动态内容，并将变化的内容存储到后端数据库中。随着动态内容需求的不断增加，如 Flash 等技术也应运而生。随后，JavaScript 的应用开始显现，著名的 jQuery 得到了广泛的应用。页面被做得越来越复杂，开发者开始探索 MVC、MVVM 等架构，同时也在不断探索更为复杂的应用场景。

随着单页面应用（Single-page application，SPA）慢慢成为主流，复杂且庞大的单页面应用需要许多小组件之间实现数据同步，复杂性导致 Bug 层出不穷。为解决这个问题，Facebook 的软件工程师 Jordan Walke 在 2011 年编写了 FaxJS，后来改名为 React。React 的出现解决了页面状态和页面渲染之间的同步问题，将页面渲染放在 DOM 上，而将页面状态处理放在 JavaScript 中。

2013 年，还在谷歌工作的尤雨溪做了一个非常庞大的 UI 界面，因为这个界面非常复杂，且有很多重复的 HTML，他开始寻找一些工具来帮助完成这项工作。然而，他发现没有现成的工具、库或者框架能满足他的需求。因此他决定开发一个工具来帮助自己，这就是 Vue.js 的前身。

随着 React、Vue 等工具的诞生和广泛使用，开发者可以编写越来越复杂的前端应用，这些工具采用声明式编程风格的内核也催生了开发者们对组件式开发的推崇。与此同时，前端开发界对工具的需求也变得越来越强烈，Webpack、Rollup、ESLint、Prettier 等优秀的前端工具也应运而生。每个框架都形成了自己的生态系统，开发一个应用程序需要选择一个框架，再从该框架的路由、状态、hooks 库及 UI 库中挑选。这导致了一个问题，即框架绑定和隔离。在一个框架中创建的库通常不能在另一个框架中使用。

近年来，这个问题得到了一些改善，TanStack 在 2022 年开始做框架无关化改造，其 Query 项目前身是 React Query，目前经过改造，已经可以同时支持 React、Vue、Solid 和 Svelte。实际上，这些年前端框架之间相互学习借鉴，响应式核心的实现都有相似的地方，这为实现类似 TanStack 项目提供了可能性。在前端开发中，不熟悉 CSS 的开发者会选择使用对应框架的 UI 库，这样可以提高开发效率，但是在深入使用后可能需要修改样式。通常 UI 库为了提供简便的用户接口，会对 CSS/SASS 进行深度封装。因此，如果要修改 UI 库的样式，就需要理解其封装的代码逻辑，这样的成本较高。Tailwind 的诞生解决了这个问题。站在使用 UI 库的角度看，Tailwind 提供了标准的样式基础协议，解耦了 CSS 和 JavaScript 之间的关系，Tailwind 社区发展非常健康，出现了如 DaisyUI 这样的框架。DaisyUI 是封装在 Tailwind 之上的框架，只提供了 CSS 相关的封装，这样如果想要修改其中的逻辑，也只需要处理样式相关的代码即可，降低了二次开发的成本。还有很多优秀的项目都在尝试框架无关化，如 Volar。Volar 最初诞生于为 Vue 提供 VS Code 的语言服务，现在正在孵化 Volar.js，期望对所有框架提供语言服务。

随着框架的不断涌现，出现了许多优秀的项目。这些项目不断发展壮大，逐渐与原始框架解耦，形成了框架无关的新项目。或许在不久的将来，前端开发将不再像 2022 年那样，需要学习如此多相似的技术，而是只需要掌握像 TypeScript 这样的几个项目即可。开发者不再疲于奔命地学习新技术，而是可以更聚焦在自己的业务上。

CHAPTER 2

第 2 章

基于pnpm和TypeScript
构建Monorepo项目

自 Isaac Z.Schlueter 着手解决模块管理问题以来，已经过去了十多年时间，npmjs.com 已成为了世界上最大的软件注册表。截至 2023 年 4 月底，npmjs.com 上已注册超过了 319 万个模块，每周下载 519 亿次，每月下载 2094 亿次。随着 JavaScript 及其生态的繁荣，npmjs.com 已经成为 1400 万 JavaScript 开发者日常不可或缺的资源。

随着 npm 的不断发展壮大，开发者们也在寻找各种方法利用 npm 的资源去挑战更加复杂的项目。通过传统的一个代码仓库或者简单的多个代码仓库维护一个相对复杂的项目的方式已经逐渐过时了，像 pnpm、Yarn 2 等专门针对 Monorepo 的工具应运而生。

本章主要介绍以下内容：

- pnpm 及其核心概念。
- Monorepo 项目的工作空间。
- 配置 Monorepo 项目的代码风格检查工具和代码格式化工具。
- 如何在 Monorepo 项目中管理 TypeScript 的类型。

2.1　pnpm 简介

由于 npm 包管理算法存在一些缺陷，这些缺陷在项目转向 Monorepo 架构时可能会造成更大的困扰。但是 pnpm 通过其独特的算法，解决了这些问题，更适合维护大型的 Monorepo 项目。随着众多顶级开源项目如 Vue、Prisma 转向使用 pnpm，越来越多的新项目也选择将其作为首选的包管理工具。谈到包管理就必须提一下 JavaScript 的模块系统。JavaScript 直到 ECMAScript 2015 版本才有了官方的 ECMAScript Modules，简称 ESM。这个方案标准化了使用 import 和 export 关键字来进行导入导出的语法，如下面例子所示。现在 ESM 已经成为 JavaScript 的事实标准，本书将按照此模块系统开发。

```
1.    import { value } from "./file";
2.    export const addTwo = value + 2;
```

2.1.1　高性能的 npm

pnpm 是新一代的 npm 包管理工具，由 Rico Sta.Cruz 于 2016 年创建，目前 Zoltan Kochan 是其主力维护者，其名称来源于 "performant npm"，旨在提高 npm 的性能。pnpm 详情如表 2-1 所示。

表 2-1　pnpm 详情

GitHub	https://github.com/pnpm/pnpm	官网	https://pnpm.io/zh/	标志	
Stars	22300	上线时间	2016 年 1 月	主力维护者	Zoltan Kochan
npm 包月下载量	1130 万次	协议	MIT	语言	TypeScript

npm（Node Package Manager）是 Node.js 的默认包管理工具，安装 Node.js 就会同时安装上这个工具。使用 npm 可以很方便地安装来自公共 npmjs.com 软件注册表上的包。

pnpm 和 npm 都是 Node.js 的包管理工具，包（package）在 Node.js 中指：

1）一个文件夹包含着程序或者资源文件，这些文件用 package.json 文件来定义。

2）一个 gzip 格式的压缩包包含 1）。

3）一个 URL 可以解析为 2）。

4）把 3）发布在软件注册表中，并起名为 <name>@ <version>。

5）使用包管理工具安装时，指向 4）的 <name>@ <tag>。

6）使用包管理工具默认填写 <name>，实际解析为<name>@ latest 指向 5）。

7）一个 Git URL，解析以后，实际包含 1）。

以上所指的都是在 Node.js 语境下的一个包。项目中引入的外部代码都统称为包。包的大小是由功能决定的，这些功能可能是支撑整个项目的框架或只是一个简单的按钮。实际上，只要有 git 的连接，就可以把这个连接当作一个包来使用。

```
1.    git://github.com/user/project.git#commit-ish
2.    git+ssh://user@hostname:project.git#commit-ish
3.    git+http://user@hostname/project/blah.git#commit-ish
4.    git+https://user@hostname/project/blah.git#commit-ish
```

另一个重要的概念是模块（Module），一个包里可能有多个模块。模块指在代码中，通过 require 或者 import 导入的内容，具体指：

1）一个包含 package.json 的文件夹，且 package.json 有 main 字段。

2）一个文件夹，有一个 index.js 文件（写 Node.js 时可以 import 一个文件夹）。

3）一个 JavaScript 文件（写 Node.js 时可以 require 或者 import 一个 JavaScript 文件）。

需要注意包和模块的概念不同，具体关系如图 2-1 所示。

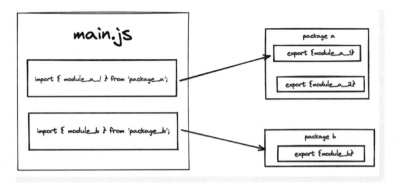

图 2-1　包和模块关系示意图

- 包不一定有模块，任何一个文件夹都可以被称之为包，这个文件下可以有任意的文件，换句话说，npm 可以被当作文件管理软件来使用。

- 包不一定只包含 JavaScript 代码，npm 也可用于管理 Go 编写的代码。
- CLI 类型的包可以只包含一个命令行执行文件，这个执行文件可以是任意语言编写或者编译好的东西。

当使用 npm 或 pnpm 安装包时，会在根目录下自动创建 node_modules 文件夹，这些工具会将找到的 Node.js 包下载到该文件夹中，以便在执行 Node.js 程序时提供所需的模块。注意，浏览器并不支持 CommonJS（以下简称 CJS）的语法，因此 require 语句无法在浏览器里直接运行，但是较新的浏览器支持 ESM 标准，即 import 可以在较新的浏览器环境中使用。大部分 JavaScript/TypeScript 项目实际是在 Node.js 环境里编写，然后通过打包工具转译成浏览器可以识别的格式。

pnpm 作为包管理工具，其最主要的功能是管理上述包和 Node.js 之间的关系。pnpm 作为最新一代包管理工具，项目诞生是为了解决上一代 npm、Yarn 等包管理工具的不足。npm、Yarn 等包管理工具早期的缺点（部分在新版本已经解决或者部分解决）：

- 依赖重复下载，项目依赖了多少遍，就会下载多少遍。
- 使用了非扁平化的 node_modules 包管理算法，具体区别将在 2.1.2 节详细说明。

为了解决依赖重复下载的问题，pnpm 创建了一个全局的包仓库，默认位于 ${os.homedir}/.pnpm-store/。所有使用 pnpm 管理的项目的依赖包都存储在该目录下，每个版本只有一份。在单个项目的 node_modules/.pnpm 中的包通过硬链接的方式引入。这种机制可以节省大量磁盘空间，并且在很多场景下能提高开发效率。

根据其官方统计，作为对 Monorepo 支持最好的包管理工具，pnpm 在 2022 年的下载量约为 2021 年的 5 倍，如图 2-2 所示。

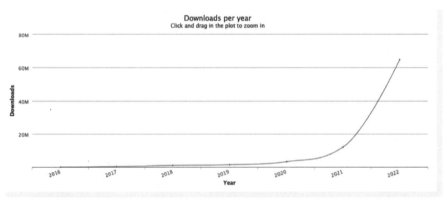

- 图 2-2 pnpm 历年下载量

在 JavaScript 2022 年度调研报告中，pnpm 在 Monorepo 工具中排名第一，如图 2-3 所示。

▶▶ 2.1.2 npm、pnpm 包管理算法区别

本节将通过一个例子说明 npm 和 pnpm 包管理算法的区别，依赖关系如图 2-4 所示。假设项目中需要安装 2.0 版本的 dependence_A：

- 这个包依赖 1.1 版本的 dependence_A_a、1.3 版本的 dependence_A_b、2.5 版本的 dependence_A_c。

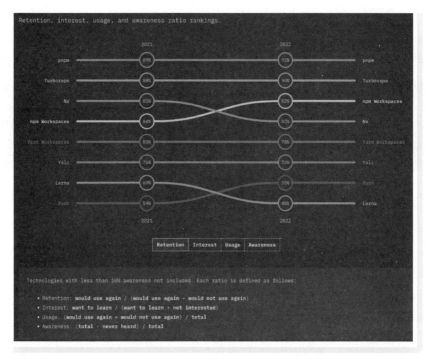

• 图 2-3　2022 年度 Monorepo 工具排名

• dependence_A_a 和 dependence_A_b 都依赖 1.5 版本的 dependence_A_c。

依据 npm V2.0 的包管理算法，node_modules 的结构是直接把这些依赖按照依赖关系建立文件夹，如图 2-5 所示。

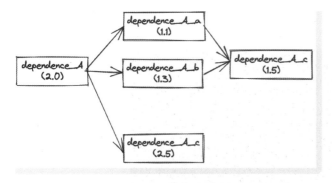

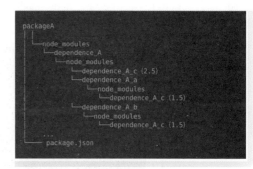

• 图 2-4　依赖示意图

• 图 2-5　npm V2.0 包管理算法生成的
node_modules 目录结构

但是这种结构存在问题，当依赖关系过深，文件路径会变得非常长。并且因为 dependence_A_a 和 dependence_A_b 都依赖 1.5 版本的 dependence_A_c，在各自的 node_modules 里都会保存一个 dependence_A_c，无法实现共享，导致磁盘空间浪费。

为了解决 V2.0 算法的问题，npm V3.0 包管理算法改进后生成的 node_modules 目录结构如图 2-6 所示。

● 图 2-6　npm V3.0 包管理算法生成的 node_modules 目录结构（两种可能）

可以看到，所有不重复的依赖是放在 node_modules 里，重复的依赖会在各自的项目下继续建子 node_modules 目录。因为只有重复依赖会继续让文件夹深度变深，解决了文件夹的嵌套问题。并且 dependence_A_a、dependence_A_b、2.5 版本的 dependence_A_c 都在主项目的 node_modules 目录里，因此不需要再安装它们，主项目可以直接使用它们。这个"功能"有时可以当作"提升"的功能，也被称为"幻影依赖"。

需要注意，node_modules 目录是由包管理工具生成的，Node.js 不知道包具体的存储位置。当 Node.js 执行代码需要寻找第三方库时，它的查找逻辑如下：

1）在代码执行的目录下寻找 node_modules 目录下的包。

2）若当前层未找到，则在上一层的 node_modules 文件夹中继续寻找。如果运行的项目所在的文件夹上方没有 node_modules 文件夹，则说明该包不存在。

因为 Node.js 会向上寻找包，所以强烈建议在开发环境的上层目录不设置 node_modules 文件夹。Node.js 会机械地按照算法遍历 node_modules 目录，寻找代码所需的依赖，并执行找到的代码，如图 2-7 所示。如果找到的代码版本不正确或不存在，Node.js 会输出错误结果。

```
packageA
└─node_modules
  └─.pnpm
    └─dependence_A_a@1.1
      └─node_modules
        └─dependence_A_c (符号连接 -> ../../dependence_c@1.5/node_modules/dependence_A_c)
        └─dependence_A_a (硬连接 -> <pnpm_store>/dependence_A_a@1.1)
    └─dependence_A_b@1.2
      └─node_modules
        └─dependence_A_c (符号连接 -> ../../dependence_c@1.5/node_modules/dependence_A_c)
        └─dependence_A_b (硬连接 -> <pnpm_store>/dependence_A_b@1.2)
    └─dependence_A_c@1.5
      └─node_modules
        └─dependence_A_c (硬连接 -> <pnpm_store>/dependence_A_c@1.5)
    └─dependence_A_c@2.5
      └─node_modules
        └─dependence_A_c (硬连接 -> <pnpm_store>/dependence_A_c@2.5)
    └─dependence_A@2.0
      └─node_modules
        └─dependence_A_a (符号连接 -> ../../dependence_A_a@1.1/node_modules/dependence_A_a)
        └─dependence_A_b (符号连接 -> ../../dependence_A_b@1.2/node_modules/dependence_A_b)
        └─dependence_A_c (符号连接 -> ../../dependence_A_c@2.5/node_modules/dependence_A_c)
        └─dependence_A (硬连接 -> <pnpm_store>/dependence_A@2.0)
    └─.modules.yaml
    └─.shrinkwrap.yaml
  └─dependence_A (符号连接 -> ./.pnpm/dependence_A@2.0/node_modules/dependence_A)
  ...
└─package.json
```

● 图 2-7　pnpm 生成的 node_modules 目录结构

同样上述依赖关系，pnpm 算法生成的 node_modules 目录如图 2-7 所示，node_modules 文件夹中所有的包已经消失，主项目安装的唯一依赖 dependence_A 也变成了一个符号连接。真正的 dependence_A 实际指向的地址.pnpm/dependence_A@ 2.0/node_modules/dependence_A 在这里的结构实际是.pnpm/< name>@ <version>/node_modules/<name>。这种结构可以避免 npm V2.0 算法导致的嵌套的 node_ modules 问题，并且向后兼容。

从上面这个目录结构可以看到，dependence_A 实际的依赖并不在自己的目录（.pnpm/dependence_ A@ 2.0/node_modules/dependence_A）里，而在.pnpm/dependence_A@ 2.0/node_modules 目录里。dependence_A 并不是直接访问这些依赖，而是通过.pnpm 目录下的符号连接来访问这些依赖，这有效防止了循环符号连接的问题。

Node.js 在解析依赖时，会首先去 node_modules 目录中寻找 dependence_A。当找到 dependence_A 的符号连接时，Node.js 会访问.pnpm/dependence_A@ 2.0/node_modules/dependence_A 中的文件。dependence_A 包需要依赖 dependence_A_a 和 dependence_A_b，根据 Node.js 的解析规则，继续向上一层文件夹寻找，找到了 dependence_A_a 和 dependence_A_b 的符号连接，然后去对应的.pnpm/<name>@ < version>/node_modules/<name>结构中寻找，从而完成整个依赖的寻找过程。

这样"幻影依赖"问题就解决了，主项目的 node_modules 仅仅包含了 dependence_A 一个依赖，不能使用没有显式安装的依赖。当运行主项目代码时，只会有 dependence_A 被使用，直到解析到 dependence_A 的依赖时，才会去寻找并加载它的依赖项。

这个算法很巧妙，主要体现在以下几点：

1）pnpm 严格控制了 Node.js 解析依赖的过程。每一次需要依赖时，都能"恰好"找到需要的依赖。

2）很好地解决了不同依赖的版本问题，因为每个依赖都和自己依赖的版本放在一起，在解析单个依赖时，这个包只能"看见"自己依赖的包。

3）解决了"幻影依赖"的问题，主项目无法使用没有显式安装的依赖。

4）每一个版本的包的真实存储地址只有一份，其他都是通过符号连接指向。

这里讲解的是极大简化了的版本，实际上的问题要复杂得多，主要体现在以下方面：

1）并不是所有软件包都使用 Node.js 的解析规则，很多开发者通过 fs 命令去循环遍历文件夹，来获取依赖。这就导致单纯使用 pnpm 的这种方式是行不通的，还需要有和 npm 旧模式兼容的模式。

2）有些包在安装前会执行一些脚本，如额外依赖的下载、环境的准备等，这些改变可能会和包管理工具解析的过程冲突，导致一些问题。

3）通过不同标准编写的项目遇到的问题也会不同，如使用 CJS 编写的项目和使用 ESM 编写的项目。当然现在只建议使用 ESM 编写新项目。

4）并没有考虑 peerDependencies 的情况。

因此在复杂的 Monorepo 项目中使用 pnpm 是很有必要的。因为 pnpm 提供了一个半封闭可控制的包管理方式，能解决几乎所有碰到的依赖问题。pnpm 的社区也非常活跃，通常可以在 GitHub 问题讨论区中找到解决方案。

▶▶ 2.1.3 pnpm 的核心概念

本节介绍 pnpm 的一些概念，包括工作空间、工作空间协议、配置文件.npmrc、钩子函数.pnpmfile.cjs 等。

1. 工作空间

pnpm 内置了对 Monorepo 的支持，在项目根目录创建 workspace 配置文件 pnpm-workspace.yaml，并声明工作空间包含/排除的目录，一个典型的 pnpm-workspace.yaml 配置如下。

```
1.   packages:
2.       # 所有在 packages/ 和 components/ 子目录下的 package
3.       -'packages/**'
4.       -'components/**'
5.       # 不包括在 test 文件夹下的 package
6.       -'! **/test/**'
```

当定义好配置文件，所有的 packages 和 components 文件夹内的 package.json 所在的文件夹将被视为工作空间的一个子包。该子包的名称即为 package.json 文件中的 name 属性。例如，/packages/a-package 目录下的 package.json 文件配置如下，则工作空间存在 a-package 包，且版本为 1.0.0。用户可以在 pnpm 的工作空间的任一子项目以及工作空间项目安装 a-package。

```
1.   {
2.       "name": "a-package",
3.       "version": "1.0.0",
4.   }
```

在子项目 b-package 里安装 a-package，使用如下命令。

```
1.   pnpm install a-package --filter b-package
```

在根工作空间安装 a-package，使用如下命令。

```
1.   pnpm install a-package -w
```

安装在工作空间根目录的包可以被所有子项目访问。通常将全局的开发环境或想要控制的全局依赖放在根目录进行管理。例如，可以在全局安装 TypeScript，并在所有项目中使用它。

2. 工作空间协议

在使用 pnpm 管理的 Monorepo 项目中，所有子项目都能通过工作空间协议引用。这个协议就是在 package.json 里的版本信息，如 "a-package":"^1.0.0"。pnpm 会按照和 npm 一样的解析方式，在本地注册的 npm registry 中寻找符合版本的 a-package 包。但如果改为工作空间协议，则为 "a-package"："workspace：^1.0.0"，pnpm 就会在本地的子项目中寻找名为 a-package 版本为 1.0.0 的包。建议在初次搭建 Monorepo 项目时，统一管理版本，并使用通配符引用内部包，即配置为 "a-package":"workspace：*"，以通配符的形式引用内部包，pnpm 会忽略版本检查，直接将当前的 a-package 包作为需求的包，并安装到对应的项目中。

3. 配置文件 .npmrc

pnpm 能从命令行、环境变量以及.npmrc 文件中获取配置信息。通过执行 pnpm config 命令，可以对用户和全局的.npmrc 进行更新和编辑。为了方便管理，建议每个 Monorepo 项目都独立维护自己的.npmrc文件。

pnpm 会在子项目、工作区、用户家目录和全局 4 个级别上搜索.npmrc 配置。建议仅配置子项目和工作区的.npmrc，并将其纳入 Git 管理。这样，每个项目的具体配置情况都可以从该项目的.npmrc 文件中找到。实际上，除非有必要的原因，否则不建议设置子项目的.npmrc 配置。随着 Monorepo 的发展，子项目数量很容易增加到数十个或数百个，此时进行细粒度管理是不现实的。

4. 钩子函数.pnpmfile.cjs

pnpm 提供了两个钩子函数 readPackage、afterAllResolved。钩子函数都定义在.pnpmfile.cjs 文件。默认情况下，该文件应与锁文件位于同一目录。更多的细节可以参考官网的文档 https://pnpm.io/zh/pnpmfile。

▶▶ 2.1.4 package.json 的配置

package.json 是 Node.js 生态里非常核心的文件，记录了一个软件包里的模块、依赖、版本、协议等元信息。在一个典型的 Monorepo 项目里，每一个子项目都通过一个 package.json 文件来描述，主要关注的属性有以下几个。

- name：子项目包名称。
- version：版本。
- script：可执行脚本。
- dependencies、devdependencies：依赖包信息。
- main、module、type、exports：子项目包导出格式。

1. 子项目包名称

每一个 package.json 文件都必须包含 name 字段且唯一。name 的格式为@ <scope>/<package-name>，通常 scope 的名称会与文件夹名保持一致。例如，/pacages/utils/core/package.json 包的名称建议为 @ utils/core。

在 Monorepo 项目中，在目标子项目包安装一个子项目包的命令如下。

```
1.    pnpm i 子项目包名 --filter 目标子项目包
```

2. 版本

version 字段和普通项目的 version 一样，通常以"主版本.次版本.补丁版本"格式表示。为了方便管理 Monorepo 中的多个子项目，建议用统一的版本控制系统来管理所有子项目，或者选择不管理子项目版本。不管理子项目版本的方法是，在安装子项目后，在 package.json 文件中的 workspace 后面添加 *，如下所示。

```
1.    {
2.        "devDependencies": {
3.            "@utils/core": "workspace: * ",
4.            }
5.    }
```

3. 可执行脚本

可以在根工作目录中安装常用的命令行工具，这样任何子项目的脚本都可以使用这些工具。因为 pnpm 有整个项目的依赖图信息，所以 pnpm build -r 可以按照项目的依赖顺序保证正确的构建和测试。每一个需要构建的子项目的 script，要有可以正常运行的 build 命令、test 命令。

4. 依赖包信息

在 Monorepo 中，子项目的 dependencies 和 devDependencies 与一般项目相同。但因为根目录的依赖可在任意子项目中访问，所以建议将通用的开发依赖移动到根目录。根目录的 package.json 文件可以进行一些规划，例如，在 devDependencies 中管理通用、不影响项目的开发依赖（如 ls-lint、git-lint、Prettier），在 dependencies 中管理对项目有影响但复杂的开发依赖（如 TypeScript、Vite、Vue）。但是当某些子项目需要特定的依赖，例如，可能某个功能需要某个特定版本的 Vite，这时就需要针对对应的包进行一些调整。

5. 子项目包导出格式

正如 2.1.1 节所述，package.json 锚定的文件夹即为一个包，一个包里的任意一个 JavaScript/Type-Script 即为一个模块。这里的模块是语言层面的模块。Node.js 自从 2009 年开始发展，社区里诞生了多种模块规范，如 AMD、CMD、UMD、CJS。但是这些都不是 JavaScript 官方的模块标准。直到 ES6 诞生时，JavaScript 终于有了自己的官方模块规范 ESM。ESM 吸收了很多模块规范的优点，并且已经慢慢成为唯一的标准。虽然近几年 Node.js 对 ESM 的支持提升很多，但实际上，目前，在 Node.js 的领域，ESM 仍然是一种趋势，还不是占主导地位的模块规范。

本书使用 ESM 规范编写所有代码。使用 ESM 开发的程序，根据 package.json 的不同配置打包生成 CJS 或 ESM 的包。Vite 官方推荐的导出 package.json 文件内容如下所示。

```
1.    {
2.        "name": "my-lib",
3.        "files": ["dist"],
4.        "main": "./dist/index.umd.js",
5.        "module": "./dist/index.es.js",
6.        "exports": {
7.            ".": {
8.                "import": "./dist/index.es.js",
9.                "require": "./dist/index.umd.js"
10.           }
11.       }
12.   }
```

如果是使用 tsup 打包出的结果，package.json 文件内容如下。

```
1.    {
2.        "name": "my-lib",
3.        "files": ["dist"],
4.        "main": "./dist/index.js",
5.        "module": "./dist/index.mjs",
6.        "exports": {
7.          ".": {
8.            "import": "./dist/index.mjs",
9.            "require": "./dist/index.js"
10.          }
11.        }
12.    }
```

这里简单介绍 type 字段。在 Monorepo 项目中，type 字段看似简单但却可能在某些情形下造成麻烦。该设置的目的是告诉 Node.js 以.js 结尾的文件是按照 CJS 解析还是 ESM 解析。如果 package.json 不加 type：module 字段，Node.js 会把.js 和.cjs 结尾的文件按照 CJS 解析，把.mjs 结尾的文件按照 ESM 来解析。但是如果没有把 ESM 的文件命名为.mjs，可以通过设置 type：module 字段，Node.js 会把.js 结尾的文件默认用 ESM 来解析。但是这带来一个问题，即如果下游依赖并未提供 ESM 格式，可能导致调试问题。此外，由于所有包间存在依赖关系，有时候一些包设置了 type：module，而另一些包没有设置，可能导致问题，是否开启此字段要在 Monorepo 项目中应该形成统一规范。

2.2 初始化 Monorepo 的工作空间

本节讲解如何初始化项目环境。

1. 安装 Node.js

可以在 Node.js 的官网根据开发平台的操作系统下载不同的安装包，如图 2-8 所示。

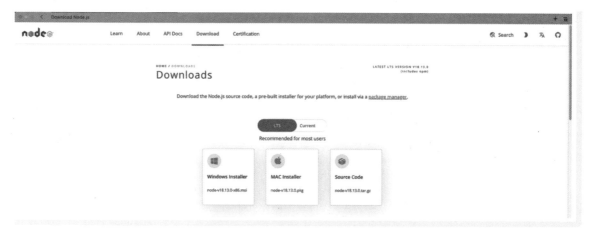

● 图 2-8 Node.js 官网下载安装包

安装完成后，执行 node -v 命令，返回 Node.js 的版本。

```
1.    $node -v
2.    v18.13.0
```

2. 安装 VS Code

Visual Studio Code（简称 VS Code）是一款开源的轻量级代码编辑器，支持多种编程语言，包括 JavaScript、TypeScript、CSS 和 HTML。VS Code 是由微软开发的，被广泛应用于前端开发、后端开发、数据科学等领域。用户可以在官网根据开发平台的操作系统下载不同的安装包，如图 2-9 所示。

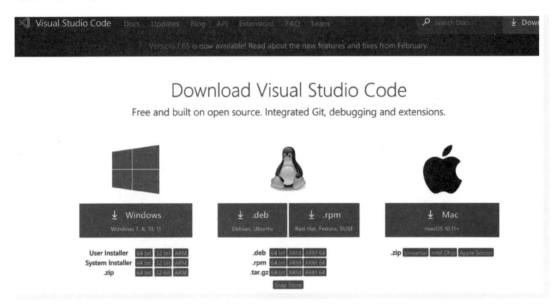

● 图 2-9　VS Code 官网下载界面

安装完成后，打开 VS Code，使用快捷键<Command +Shift+P>（Windows 下使用<Ctrl + Shift + P>），搜索 code，选择安装 install 'code' command in path。这样就可以在命令行中运行 code +［path］使用 VS Code 打开文件目录。

3. 安装 pnpm

安装完 Node.js 后，在 Linux 或 macOS 平台下执行如下命令，安装 pnpm。

```
1.    curl -fsSL https://get.pnpm.io/install.sh | sh -
```

在 Windows 平台下需要执行如下命令。

```
1.    iwr https://get.pnpm.io/install.ps1 -useb | iex
```

或通过 npm 安装（安装好 Node.js 会自带 npm），命令如下。

```
1.    npm install -g pnpm
```

一旦安装了 pnpm，无需再使用其他软件包管理器。在升级软件包时不需要再使用其他工具，可以直接用 pnpm 升级。

```
1.    pnpm add -g pnpm
```

4. 使用 pnpm 初始化项目

创建项目根目录 monorepo-combat，并在项目根目录下打开 VS Code。

```
1.    mkdir monorepo-combat
2.    cd monorepo-combat
3.    code.
4.    pnpm init
```

使用 pnpm init 命令初始化一个 pnpm 项目，并在当前目录生成了 package.json 文件，目录结构如下。

```
1.    monorepo-combat
2.            └── package.json
```

package.json 文件内容如下。

```
1.    // package.json
2.    {
3.      "name": "monorepo-combat",
4.      "version": "1.0.0",
5.      "description": "",
6.      "main": "index.js",
7.      "scripts": {
8.      "test": "echo \"Error: no test specified\" && exit 1"
9.      },
10.     "keywords": [],
11.     "author": "",
12.     "license": "ISC"
13.    }
```

在 monorepo-combat 目录下执行如下命令，用于初始化项目目录。

```
1.    // 因为 Git 不能 push 空文件夹
2.    // scripts 放置从命令行执行的 node 脚本
3.    // 设置一个空的.gitkeep 作为占位文件。
4.    mkdir scripts && touch scripts/.gitkeep
5.    // packages 目录放置所有项目共用的 npm 包
6.    mkdir packages && touch packages/.gitkeep
7.    // faas 目录放置函数服务项目
8.    mkdir faas && touch faas/.gitkeep
9.    // baas 目录放置所有后端域服务项目
```

```
10.    mkdir baas && touch baas/.gitkeep
11.    // web 目录放置所有前端域项目
12.    mkdir web && touch web/.gitkeep
```

执行完后，项目的目录结构如下。

```
1.    monorepo-combat
2.         ├── baas
3.         ├── faas
4.         ├── package.json
5.         ├── packages
6.         ├── scripts
7.         └── web
```

现在完成了 Monorepo 项目工作空间的初始化，开始进行项目的第一次 Git 操作。

```
1.    git init
2.    // 增加 gitignore 文件
3.    touch .gitignore
```

.gitignore 文件内容可参考 https://github.com/github/gitignore/blob/main/Node.gitignore。运行如下代码，执行第一次提交。

```
1.    git add .
2.    git commit -m '第一次 commit'
```

在项目根目录新建 pnpm 的 workspace 文件 pnpm-workspace.yaml，启动 pnpm 的 workspace 功能，内容如下。

```
1.    // pnpm-workspace.yaml
2.    packages:
3.      -'packages/**'
4.      -'scripts/**'
5.      -'faas/**'
6.      -'baas/**'
7.      -'web/**'
8.      # 不包括在 test 文件夹下的 package
9.      -'! **/test/**'
10.     -'! **/tests/**'
11.     -'! **/dist/**'
```

2.3 以 TypeScript 为核心的 Monorepo 设计

JavaScript 是一门容易学但难以精通的语言，初学时会觉得非常简单，但是要实现复杂的程序又需要相当的知识和经验。由于 JavaScript 语言丰富的表现力，在熟练后，可以非常有生产力的编写代码。但由于 JavaScript 本身是一门动态语言，即便是经验丰富的开发者，回头看自己的 JavaScript 代码时，也会常常觉得无从下手。为此，诞生了很多改善这个问题的工具，其中最著名和目前最流行的就是 TypeScript。有较好标注类型的 TypeScript 项目有较低的维护成本。

使用 TypeScript 可以在保持 JavaScript 灵活性的前提下，解决这些问题。TypeScript 由微软公司于 2010 年初创建，创始人为 Anders Hejlsberg（同时也是 C#和 Turbo Pascal 的创始人）。TypeScript 起源于使用 C#生成 JavaScript 的尝试性项目，并于 2012 年进行开源。TypeScript 的主要目的是作为 JavaScript 的超集或者有类型的 JavaScript。TypeScript 官方有一个在线编辑器可以体验 https://www.typescriptlang.org/play。以 TypeScript 为核心的 Monorepo 设计本质是用类型作为协议连接和约束子项目，这和后端领域驱动开发的领域层的协议层设计有着异曲同工的效果。

▶▶ 2.3.1　TypeScript 简介

TypeScript 是目前最流行的编程语言之一，详情如表 2-2 所示。

- 在 GitHub Octoverse 编程语言排名第 4，2021—2022 年 GitHub 中使用 TypeScript 的项目数增长了 37.8%，如图 2-10 所示。
- StackOverflow 2022 年开发者调研中，最受欢迎的开发语言排名第 5。
- WakaTime 的 2022 年度统计中，TypeScript 成为开发者用户使用时间最多的语言，首次超过了 JavaScript。

表 2-2　TypeScript 详情

GitHub	https://github.com/microsoft/TypeScript	官网	https://www.typescriptlang.org/	标志	TS
Stars	89000	上线时间	2010 年初	创建者	Anders Hejlsberg
npm 包月下载量	15000 万次	协议	Apache-2.0 license	语言	TypeScript

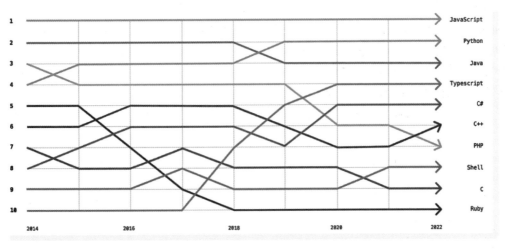

● 图 2-10　GitHub Octoverse 的编程语言排名

截至 2023 年，很多流行的 JavaScript 库（如 Vue、zx）已开始或完成了 TypeScript 改造。很多流行的 JavaScript 库也形成了自己完备的基于 TypeScript 的类型系统，如 Fastify。新兴的 JavaScript 运行时 Deno，原生第一公民支持 TypeScript。React Native 在 2022 年把默认模板迁移为 TypeScript，React 相关的项目是 TypeScript 的竞争对手 flow 最主要的应用方之一。

▶▶ 2.3.2　安装 TypeScript

为保证整个项目的子项目共享同一版本 TypeScript，在 Monorepo 项目根目录安装 TypeScript。

```
1.    // 安装 TypeScript
2.    pnpm i typescript -wD
```

执行后，TypeScript 会安装在根目录的 devDependencies 里。根据 Node.js 寻找依赖的规则，所有子项目会优先寻找自己的依赖中是否有 TypeScript，然后一直往上寻找，即在默认情况下，如果所有子项目都没有安装自己的 TypeScript，它们都会使用根目录的 TypeScript，这样就统一了整个项目对于 TypeScript 版本的依赖。在 Monorepo 项目中，随着项目的发展，整个项目的核心依赖可能会超过百个，而间接依赖可能会超过万个，因此整理依赖是一项持续的工作。

```
1.    // package.json
2.    "devDependencies": {
3.        "typescript": "^4.9.4"
4.    }
```

为了统一全局的 TypeScript 配置，并强化对 TypeScript 的理解，本书准备了一份较为严格 tsconfig：@ skimhugo/tsconfig。这份配置是根据@ sindresorhus/tsconfig 修改而来。在项目根目录执行如下命令，@ skimhugo/tsconfig 将作为开发依赖安装在 devDependencies。

```
1.    pnpm i @skimhugo/tsconfig -wD
```

在 Monorepo 项目中，项目根目录一般只用于项目管理和依赖管理，通常不会在项目的根目录中放置 tsconfig.json 文件。目前主流的 IDE（如 VS Code 和 WebStorm）内置了对 Typescript Monorepo 的支持。IDE 会将任意一个有 tsconfig.json 文件的文件夹视为一个 TypeScript 工程，并根据 tsconfig.json 的配置进行类型检查。增加 VS Code 的配置文件.vscode/settings.json，当打开一个项目时，VS Code 会自动查找该项目的根目录下是否存在.vscode 目录，如果存在，则会加载.vscode 目录中的配置文件，并将其应用于当前项目。VS Code 就会使用项目安装的 TypeScript，而不是使用 VS Code 内部打包的 TypeScript。

```
1.    // .vscode/settings.json
2.    {
3.
4.    // TypeScript 配置
5.        "typescript.tsdk": "node_modules/typescript/lib",
6.
7.    }
```

2.4 安装 ESLint 和 Prettier

在软件开发过程中，随着项目规模的增大，代码的复杂度和维护难度也会相应增加。这会导致以下问题：

- 代码难以理解和维护。由于没有规范的格式化，代码中可能会有大量的缩进、空格和换行符等杂乱的格式，使得代码难以理解和修改。
- 代码可能存在潜在的运行错误和逻辑错误。由于没有检查语法错误和不规范的用法，代码中可能会存在未声明的变量、未使用的函数等问题。这可能会导致程序在运行时出现错误。
- 代码的开发效率会变得低下。由于代码中存在大量的错误和不规范的用法，开发者需要花费大量的时间来查找和修复这些问题，这会浪费开发者的时间和精力。

为了解决上述问题，提高代码的质量和可读性，代码风格检查工具和代码格式化工具应运而生。

▶▶ 2.4.1 使用 ESLint 检查代码质量

对于现代编程语言，一般都有代码风格检查工具，例如，Go 的 Staticcheck、Rust 的 Clippy、Kotlin 的 Ktlint、Swift 的 SwiftLint。JavaScript/TypeScript 最流行的代码风格检查工具是 ESLint。ESLint 是一个用于检查 JavaScript/TypeScript 代码风格和语法错误的开源项目，于 2013 年发布，经过数年的发展，已经成为 JavaScript/TypeScript 代码风格检查工具的标准。ESLint 可以帮助开发者遵守指定的规范检查代码错误和不规范用法，从而提高代码的质量和可维护性，每个月 ESLint 在 npm 仓库的下载量高达 1 亿次。ESLint 的创始人 Nicholas C.Zakas 是 JavaScript 社区非常有影响力的开发者之一，他写了很多关于 JavaScript 的著作，《JavaScript 高级程序设计》前三版都是由他创作。想深入了解 JavaScript 的读者，非常建议去阅读一些 Zakas 的书，他在 2022 年发表的 "Understanding JavaScript Promises"，对于深入了解 Promise 有帮助。ESLint 详情如表 2-3 所示。

表 2-3　ESLint 详情

GitHub	https://github.com/eslint/eslint	官网	https://eslint.org/	标志	
Stars	22300	上线时间	2013 年 6 月	创建者	Nicholas C.Zakas
npm 包月下载量	13200 万次	协议	MIT	语言	JavaScript

在 ESLint 发布前，大部分 JavaScript 的代码风格检查工具都是使用正则匹配表达式实现的。ESLint 是比较早使用抽象语法树（Abstract Syntax Tree，AST）实现的 JavaScript 的代码风格检查工具。配置一个完整的 ESLint 较为烦琐，本书准备了一份配置 @ skimhugo/eslint-config 放在 npm 仓库供读者使用。

在项目根目录安装 ESLint。

```
1.    // 安装 ESLint 以及配置
2.    pnpm i eslint @skimhugo/eslint-config -wD
```

执行后，会发现在 package.json 文件新增：

```
1.    // package.json
2.    "devDependencies": {
3.        "@skimhugo/eslint-config": "^0.2.5",
4.        "eslint": "^8.29.0",
5.        ...
6.      }
```

在项目根目录新建 ESLint 配置文件.eslintignore，用于指定不需要检查的文件或文件夹。当执行 ESLint 检查时，ESLint 会按照指定的规则检查项目中所有的 JavaScript/TypeScript 文件。如果项目中有一些文件或文件夹不需要检查，可以在.eslintignore 文件中指定这些文件或文件夹，这样 ESLint 就不会检查它们。一个典型的.eslintignore 文件配置如下。

```
1.    # .eslintignore
2.    node_modules
3.    dist
4.    coverage
5.
6.    *.sh
7.    *.md
8.    *.woff
9.    *.ttf
10.   .vscode
11.   .idea
12.   /public
13.   /docs
14.   .husky
15.   .local
16.   /bin
17.   Dockerfile
18.
19.   # 不对 Deno 项目进行 lint 检查
20.   /faas
```

现在已经完成 ESLint 安装。因为整个项目是使用 VS Code 开发，还需要安装 ESLint VS Code 扩展，将 ESLint 的检查结果在 IDE 中展示。在 VS Code 扩展菜单栏搜索 ESLint，选择发布者是微软（Microsoft）的扩展，单击"安装"按钮进行安装，如图 2-11 所示。

• 图 2-11　ESLint VS Code 插件

在 settings.json 中添加如下配置。

```
1.    // .vscode/settings.json
2.    {
3.    ...
4.        // ESLint 配置
5.        // 为 ESLint 指定项目中使用的包管理器
6.        "eslint.packageManager": "pnpm",
7.        // 为 ESLint 指定哪些文件需要进行检查
8.        "eslint.validate": ["typescript", "typescriptreact"],
9.        // 为 ESLint 配置检查规则的相关选项
10.       "eslint.options": {
11.           // 用于指定 ESLint 检查的文件扩展名
12.           // 这里表示 ESLint 只会检查以.js、.vue 和.ts 为扩展名的文件
13.           // 如果项目中有其他扩展名的文件
14.           // 如.json 或.css,则 ESLint 将不会检查这些文件
15.           "extensions": [".js", ".vue", ".ts"]
16.       }
17.    }
```

ESLint 根据.eslintrc.json 文件配置的检查规则对程序进行检查。因为本书的项目是个 Monorepo 项目，会涉及 Deno、Vue 和纯 TypeScript 项目，其中 Deno 项目使用自带的代码风格检查工具，Vue 项目除了要添加 TypeScript 规则外，还需要配置 Vue 特有的规则。所以每个模块会配置单独的.eslintrc.json 文件，以便进行个性化的配置，在后续使用时会详细讲解。

▶▶ 2.4.2 使用 Prettier 自动格式化代码

代码格式化工具可以保持代码格式风格的一致性。Prettier 是一款开源的 JavaScript/TypeScript 的代码格式化工具。虽然 ESLint 也支持一些代码格式化，但是在实际应用中通常会把代码格式化和风格检查隔离开。本书提供的 @ skimhugo/eslint-config 借鉴了 https://github.com/AlloyTeam/eslint-config-alloy 的理念，即 ESLint 完全关闭格式化功能，格式完全交由 Prettier 来处理。因为代码格式化配置一般固定下来以后，通常对代码影响较小，可以在 IDE 设置保存自动格式化。但是代码风格因为影响较大，很多时候也会用 eslint-disable 语法禁用一些限制，所以通常不会使用代码风格格式化自动设置。另一个区别是，ESLint 因为影响的语法部分比较多，如影响全局变量，通常会以 Monorepo 子项目作为配置单位，即有多少子项目，就有多少 ESLint 的配置文件，而 Prettier 的自定义空间很小，通常只在根工作目录放一个配置文件.prettierrc，影响全局即可。

Prettier 的设计理念是 "约定大于配置"，为了实现这个理念，Prettier 坚持具备很少的配置项，这样做的好处是减少在代码风格上的争论，让开发者更专注于代码的功能实现。Prettier 详情如表 2-4 所示。

表 2-4　Prettier 详情

GitHub	https://github.com/prettier/prettier	官网	https://prettier.io/	标志	
Stars	45000	上线时间	2016 年 10 月	创建者	James Long
npm 包月下载量	12300 万次	协议	MIT	语言	JavaScript、TypeScript

在项目根目录命令行终端执行 Prettier 安装命令。

```
1.    pnpm i prettier -wD
```

执行后，package.json 中会新增 Prettier 依赖。

```
1.    "devDependencies": {
2.        ...
3.        "prettier": "^2.8.1"
4.    }
```

在项目根工作目录新建 Prettier 配置文件.prettierrc.cjs，用于配置具体格式化规则，内容如下。

```
1.    // .prettierrc.cjs
2.    module.exports = {
3.        // 一行最多 100 字符
4.        printWidth: 100,
5.        // 使用两个空格缩进
6.        tabWidth: 2,
7.        // 不使用缩进符，而使用空格
8.        useTabs: false,
9.        // 行尾需要有分号
10.       semi: true,
11.       // 使用单引号
12.       singleQuote: true,
13.       // 对象的 key 仅在必要时用引号
14.       quoteProps: 'as-needed',
15.       // jsx 不使用单引号，而使用双引号
16.       jsxSingleQuote: false,
17.       // 末尾需要逗号
18.       trailingComma: 'all',
19.       // 大括号内的首尾需要空格
20.       bracketSpacing: true,
21.       // jsx 标签的反尖括号需要换行
22.       jsxBracketSameLine: false,
23.       // 箭头函数，只有一个参数时也需要括号
24.       arrowParens: 'always',
25.       // 每个文件格式化的范围是文件的全部内容
26.       rangeStart: 0,
```

```
27.        rangeEnd: Infinity,
28.        // 不需要(false)写文件开头的@prettier
29.        requirePragma: false,
30.        // 不需要(false)自动在文件开头插入@prettier
31.        insertPragma: false,
32.        // 使用默认的折行标准
33.        proseWrap: 'preserve',
34.        // 根据显示样式决定 HTML 要不要折行
35.        htmlWhitespaceSensitivity: 'css',
36.        // 换行符使用 lf
37.        endOfLine: 'lf',
38.        // vue 文件 script 和 style 标签缩进
39.        vueIndentScriptAndStyle: false,
40.        // 被引号包裹的代码不进行格式化
41.        embeddedLanguageFormatting: 'off',
42.    };
```

新建.prettierignore 文件，用于设置 Prettier 忽略的文件列表，内容如下。

```
1.    # .prettierignore
2.    /node_modules
3.    /pnpm-lock.yaml
4.    /dist
```

最后安装 VS Code 的 Prettier 插件，打开 VS Code 扩展菜单栏搜索 Prettier，选择发布者是 Prettier 的扩展，单击"安装"按钮进行安装，如图 2-12 所示。

● 图 2-12　Prettier VS Code 插件安装

开发者可以通过设置 settings.json 文件，在 VS Code 保存文件时自动使用 Prettier 来格式化代码。在 Monorepo 项目根目录的.vscode/settings.json 中添加如下配置，这个设定只会影响该项目。

```
1.    // .vscode/settings.json
2.    {
3.        ...
4.        // Prettier 配置
5.        "prettier.requireConfig": true,
6.        "prettier.useEditorConfig": false,
7.        "[vue]": {
```

```
8.        "editor.defaultFormatter": "esbenp.prettier-vscode",
9.        "editor.formatOnSave": true,
10.    },
11.    "[html]": {
12.        "editor.defaultFormatter": "esbenp.prettier-vscode",
13.        "editor.formatOnSave": true,
14.    },
15.    "[javascript]": {
16.        "editor.defaultFormatter": "esbenp.prettier-vscode",
17.        "editor.formatOnSave": true,
18.    },
19.     "[typescript]": {
20.        "editor.defaultFormatter": "esbenp.prettier-vscode",
21.        "editor.formatOnSave": true,
22.    }
23.  }
```

2.5 创建全局类型收束项目

在 Monorepo 项目中，通常仅通过子项目共享一个或少数几个 tsconfig.json 模板。实现方式类似于使用 TypeScript 包，通过"extends"字段在 tsconfig.json 中实现，仅导出一个 tsconfig.json 即可。

在 packages 目录下，新建文件夹 types。使用命令行工具进入 types 目录，运行下面的命令。这个命令会在该文件夹中创建一个 package.json 文件，这个文件包含了项目的基本信息，如项目名称、版本、作者、许可证等信息。

```
1.    pnpm init
```

把 packages/types/package.json 文件中 name 字段改为@monorepo/types，这样就创建好了全局类型收束项目。在该目录下新建 tsconfig.json 文件。由于@skimhugo/tsconfig 已经安装在了项目根工作空间，因此在 types 项目中并不需要再次安装这个依赖，可直接使用。每个 TypeScript 项目独立的本地 tsconfig.json 配置可以覆盖继承的配置。tsconfig.json 内容如下。

```
1.    // packages/types/tsconfig.json
2.    {
3.    "extends": "@skimhugo/tsconfig",
4.    "compilerOptions": {
5.        // 编译后生成的文件目录
6.        "outDir": "./dist",
7.        // 输出文件包含类型
8.        "declaration": true,
9.        // 要包含的类型声明文件路径列表。
10.        "typeRoots": ["./node_modules/@types/"],
11.        // 要导入的声明文件包,默认导入上面声明文件目录下的所有声明文件
12.        "types": [],
```

```
13.        // 在解析非绝对路径模块名时的基准路径
14.        "baseUrl": ".",
15.        // 基于 'baseUrl' 的路径映射集合
16.        "paths": {
17.            // 这里的路径后面必须跟着 "/*"
18.            "@/*": [
19.                // 这里的路径后面必须跟着 "/*"
20.                "src/*"
21.            ]
22.        }
23.    },
24.    // 指定一个匹配列表(属于自动指定该路径下的所有 ts 相关文件)
25.    "include": [
26.        "tests/**/*.ts",
27.        "src/**/*.ts",
28.        "src/**/*.d.ts",
29.        "src/**/*.tsx",
30.        "src/**/*.vue"
31.    ],
32.    // 需要排除的文件或目录(include 的反向操作)
33.    "exclude": ["node_modules", "tests/server/**/*.ts", "**/*.js", "**/*.md"]
34.    }
```

类型收束常用于解决困难的 Bug 或避免 TypeScript 类型打包插件 Bug，不使用打包工具进行构建，而其他项目则会使用 tsup 或 Vite 等打包工具打包。

在 types 目录下新建文件夹 src，并新建 index.ts、.eslintignore 和 .eslintrc.cjs 文件，index.ts 文件内容如下。

```
1.    // packages/types/src/index.ts
2.    export type Expect<T extends true> = T;
```

.eslintignore 文件内容如下。

```
1.    // packages/types/.eslintignore
2.    # don't ever lint node_modules
3.    node_modules
4.    # don't lint build output (make sure it's set to your correct build folder name)
5.    dist
6.    # don't lint nyc coverage output
7.    coverage
8.
9.    *.sh
10.   *.md
11.   *.woff
12.   *.ttf
13.   .vscode
```

```
14.    .idea
15.    /public
16.    /docs
17.    .husky
18.    .local
19.    /bin
20.    Dockerfile
```

.eslintrc.cjs 文件内容如下。

```
1.    // packages/types/.eslintrc.cjs
2.    module.exports = {
3.        extends: ['@skimhugo/eslint-config-ts'],
4.        globals: {
5.            // 全局变量声明
6.            // myGlobal: false
7.        },
8.        rules: {
9.            // common
10.
11.            // import
12.            'import/first': 'off',
13.            // ts
14.        },
15.    };
```

在 package.json 文件中添加如下内容。

```
1.    ...
2.        "type": "module",
3.        "main": "index.js",
4.        "module": "./dist/index.js",
5.        "types": "./dist/index.d.ts",
6.        "scripts": {
7.            "build": "tsc"
8.        },
```

在 packages/types 目录下执行构建命令。

```
1.    pnpm build
```

或者在根工作目录下执行。

```
1.    pnpm --filter @monorepo/types build
```

在后续开发时，如果有类型工具的需求，都可以在这个项目中进行创建。完成增加操作后，执行 build 命令进行类型检查和编译，得到最终的输出结果供其他项目引用。

CHAPTER 3

第 3 章

使用Deno构建简单的
注册中心

Deno 是基于 V8 引擎，使用 Rust 语言和 Tokio 库构建的 JavaScript/TypeScript 安全的运行时，由 Node.js 最初开发者 Ryan Dahl 于 2018 年开发。相比 Node.js，Deno 拥有很多强大的特性，如安全 I/O、原生支持 TypeScript 等。在设计 Deno 时，Ryan Dahl 解决了很多 Node.js 的基础设计问题和安全漏洞，包括 Node.js 与 Web 标准的不一致、安全性、继续使用 GYP、依赖于 npm 等。Deno 同时支持开箱即用 TypeScript 开发。值得一提的是，Deno 是 ' node '.split（""）.sort（）.join（""）; 命令的结果。

本章将主要介绍：

- Deno 与 Node.js 的区别。
- 使用 Deno 搭建注册中心。

3.1 Deno 简介

Deno 自发布以来就进入了高速发展阶段。从 2020 年夏天发布的第一个版本到 2020 年 5 月 13 日发布的第一个稳定版本 V1.0.0，不断地加入新功能和修复 Bug。2022 年，Deno 1.28 稳定兼容 npm 模块，开发者可以使用超过 130 万个 npm 模块。本书截稿前，Deno 已经发布了 1.30 版本，deno.land/x 共有 5448 个包。根据 2022 年度统计，Deno 的每月活跃用户超过 25 万，已经被下载达 500 多万次。Deno 具体情况如表 3-1 所示。

表 3-1　Deno 详情

GitHub	https://github.com/denoland/deno	官网	https://deno.land/	标志	
Stars	88300	上线时间	2018 年 5 月	创始人	Ryan Dahl
协议	MIT	语言	Rust、JavaScript、TypeScript		

▶▶ 3.1.1　Deno 的特点

相比 Node.js，Deno 主要提供了以下改进。

1. 原生 TypeScript 支持

Deno 可以像直接运行 JavaScript 代码一样运行 TypeScript，不需要进行任何配置就可以获得较好的开发体验。在 Node.js 环境中，也有能自动编译 TypeScript 的库，如 ts-node、esmo，但是在 Node.js 环境中这些库没有默认安装。Node.js 默认只能运行 JavaScript 代码。

2. 仅支持 ESM 模块解析

Node.js 刚创建时，JavaScript 程序只能写在 HTML 的 <script> 标签里，并且只能在全局 window 作用域里使用。虽然后来 Node.js 发展出 CJS 模块规范，但是浏览器并不支持。如果开发者想在浏览器中使用 CJS 模块规范，需要安装如 Browserify 库。但即使这样，也与 Node.js 环境中 CJS 实现有差别。2021 年 4 月 30 日，Node.js 10 正式"生命结束"。这意味着每一个 Node.js JavaScript 运行时项目都将支持 ESM 规范。ESM 规范使用 import 和 export 语句进行导入导出且支持异步模块加载。在解析阶段，编译器分析脚本探测是否有 import、export 语句，这一步并不实际运行程序。但 Node.js ESM 实现并不完全和 ESM 标准兼容，且 Node.js 的 npm 包绝大部分使用 CJS 规范编写，例如，在 Node.js 中，如果没有在 pacakage.json 的 type 属性配置：module，则需要给代码文件添加 mjs 或是 cjs 扩展名来区分 ESM、CJS 两种模块规范。然而 Deno 支持完全标准的 ESM，这对于用户来说要简单很多，开发者不需要在 CJS 和 ESM 之间做选择。默认情况下，Deno 使用 ESM 导入/导出标准，借鉴了类似浏览器的模块解析，也就是在导入时不能省略文件扩展名，必须完整地指定。

```
1.    import { add, multiply } from "./arithmetic.ts";
```

3. 增强包管理机制

Node.js 有一套复杂的依赖解析算法。当从 node_modules 加载如 React 模块时，会对导出的内容自动附加 .js 的扩展名。如果是加载目录，将会直接查找目录下的 index.js 文件。Deno 中没有包管理的概念。因为 Deno 支持 ESM 模块规范，使用 import/export 语法，外部模块的导入方式与本地模块完全相同，不需要 node_modules 文件或是如 npm 或 Yarn 之类的包管理工具。但是如果所有的依赖项都被单独导入，那么后续维护模块将变得非常麻烦和耗时。Deno 的解决方案是分别创建 deps.ts 和 dev_deps.ts 文件用于集中引用必需的依赖（对应 package.json 中 dependencies）和开发依赖（对应 package.json 中 devDependencies），并重新导出。例如，如果在几个文件中共同使用了一个远程依赖，那么维护这个远程依赖将会简单得多，只需要在 deps.ts 文件中完成，如下列例子所示。Deno 官方维护了一个包管理平台 deno.land/x，开发者也可以使用 ESM CDN，如 esm.sh、Skypack.dev、UNPKG、jspm.io 下载外部包。外部包通过 URL 路径直接导入。在 1.28 版本之后，Deno 加强了包管理能力，支持引入 npm 包。

```
1.    // deps.ts
2.    // 该模块从依赖的远程 ramda 模块重新导出所需的方法。
3.
4.    export {
5.        add,
6.        multiply,
7.    } from "https://x.nest.land/ramda@0.27.0/source/index.js";
```

4. 强大的标准库

Node.js 有一套内置的标准模块，如 fs、path、crypto、http 等。这些模块可以直接通过 require（'fs'）导入。Deno 的标准库是通过 https://deno.land/std/导入。不同于 Node.js，Deno 放弃了一些过时的 Node.js API，并且受 Go 启发提供了一个新的标准库，统一支持现代 JavaScript 特性，如 Promises 语法。

5. 内聚的全局变量

Deno 将核心 API 都封装在了 Deno 变量下，不存在其他暴露的全局变量，没有 Node.js 的 Buffer 和 process 变量。

6. 安全性

V8 是一种沙盒语言，使得代码无法在它的边界外进行一些不受控制的操作。然而，Node.js 可以在沙盒内访问如网络、文件等资源，破坏了 V8 的安全特性。即使是受信任的程序，这也可能产生有害的后果，例如，不安全的代码或恶意的依赖关系可能会造成信息窃取。Deno 默认情况下不允许对文件、网络或环境进行访问，必须显式启用权限。Deno 进程不会自动继承运行用户的所有权限。

如果程序需要读取本地目录 assets 里的文件，需要执行如下 Deno 命令：

```
1.    deno run --allow-read=./assets
```

▶▶ 3.1.2 Deno 包管理

Deno 作为 Node.js 的挑战者，不需要使用 npm 或是 Yarn 之类的包管理工具，支持从任何 URL 连接下载和导入模块。注意，Deno 在包管理方面随版本变化较大，本节讲解相关很有可能在后续某个版本做出改变。

在包管理方面，Deno 和 Node.js 有以下不同。

- Node.js 支持 CJS 和 ESM 规范，但是 Deno 只支持 ESM 规范。
- Deno 的内置 API 比 Node.js 完善，对浏览器的兼容也较好。Node.js 从 18 版本开始有了比较大的改观，也开始针对浏览器兼容做一些努力，如增加了原生的 fetch。
- Deno 使用 Deno 作为 API 的入口，Node.js 使用了更多的全局名字，这部分的不兼容导致很多代码不能直接从 npm 包转向 Deno，但是 Deno 官方正在积极解决这个问题。
- Deno 支持 HTTP import。Deno 自 1.31 版本开始支持 package.json，可以自动检测并使用 package.json 中的信息来解决依赖问题。

Deno 支持从任一 URL 连接下载和导入模块，主要有三个来源。

1）核心模块：这些模块提供基本功能，并与核心运行时捆绑在一起。核心模块提供基本的功能，如读/写文件、HTTP 客户端/服务器、创建子进程等。核心模块 API 通过 Deno 命名空间提供。它可以直接与 Deno.<api-name> 一起使用。

2）标准库：这些模块没有外部依赖关系，由 Deno 核心团队审核并发布，但它不是核心运行时的一部分，所有标准库模块都需要显式导入。

3）第三方包：这些包不是由 Deno 官方提供，有三种类型。一是托管在世界任何地方的任何第三方包（GitHub、企业或个人 Web 服务器、CDN 等）；二是在 Deno 上注册的第三方包，可以通过 https://deno.land/x 获得，Deno 将这些模块的版本复制到它的 S3 桶中，以便模块始终可用；三是从 1.25版本开始，Deno 开始试验性支持引入 npm 模块。这是 Deno 发布以来比较大的一次更新。在这之前，在 Deno 中直接使用 npm 包是比较麻烦的，需要对其进行 Denofy 改造。自 1.28 版本后，Deno 稳定了对 npm 包的支持，允许直接在 Deno 中使用 npm 模块，这样 Deno 接入了 Node.js npm 庞大的生态圈。更详细的信息查看 https://deno.land/manual@ v1.30.2/node/npm_specifiers。注意，在 Deno 中使用 npm 包时，无需进行 npm install 操作，也不会创建 node_modules 文件夹。

3.2 在 Monorepo 中引入 Deno

从技术栈的角度来看，Monorepo 是一种组织多种技术混合的代码仓库。通过前面的章节，项目已经完成了 Node.js TypeScript 运行时开发环境的搭建，通过使用 pnpm 命令以及新建 package.json 文件，可以开发新的 TypeScript 子项目。虽然 Node.js 和 Deno 都是 JavaScript/TypeScript 的运行时，但如果在 Monorepo 项目中混合使用这两种运行时，仍需要进行一些工作和设计。

▶▶ 3.2.1 安装 Deno

Deno 可以在 macOS、Linux 和 Windows 平台上运行，不需要安装任何外部依赖。macOS 平台提供了 M1（arm64）和 Intel（x64）两个版本的可执行文件。在 Linux 和 Windows 平台上，目前仅支持 64 位系统。

在 macOS 或 Linux 平台上安装 Deno 的最佳方法如下，使用 curl 命令下载安装脚本，然后使用 shell 执行安装程序。安装程序从 https://github.com/denoland/deno/releases/latest/download/ 下载最新版本的压缩可执行文件，并在默认目录 $HOME/.deno/bin 中解压缩。

```
1.    curl -fsSL https://deno.land/x/install/install.sh | sh
```

在 Windows 平台上，使用如下命令。

```
1.    iwr https://deno.land/x/install/install.ps1 -useb | iex
```

在 Windows 平台上还支持通过 Scoop 和 Chocolatey 的方式安装，在 macOS 平台上还支持通过 Homebrew 和 Nix 的方式安装。另外 Deno 还提供了手动安装方式，在地址 https://github.com/denoland/deno/releases 上下载 ZIP 压缩包。

安装完成后可以通过 -V 参数查看安装版本信息。

```
1.    deno -V
2.    deno 1.30.1
```

如果设备上之前安装过 Deno，可以通过下面的命令更新到最新版本。

```
1.    deno upgrade
```

或是通过增加 version 参数，升级到指定版本。

```
1.    deno upgrade --version 1.30.1
```

Deno 兼容浏览器，这意味着在 Deno 中运行的 "Hello World" 程序和在浏览器中运行的程序是一致的。进入 Deno 环境，执行下列命令。

```
1.    $deno
2.    Deno 1.30.1
```

```
3.    exit using ctrl+d or close()
4.    > console.log("Welcome to Deno!");
5.
6.    Welcome to Deno!
7.    undefined
```

在 Chrome DevTools 可以执行相同的命令，结果如图 3-1 所示，可以看到与在 Deno 中执行效果一样。

• 图 3-1　在 Chrome DevTools 执行结果

或是直接运行 Deno 提供的标准库演示程序。

```
1.    deno run https://deno.land/std@0.170.0/examples/welcome.ts
2.
3.    Download https://deno.land/std@0.170.0/examples/welcome.ts
4.    Check https://deno.land/std@0.170.0/examples/welcome.ts
5.    Welcome to Deno!
```

在 VS Code 扩展菜单栏搜索 Deno，选择发布者是 denoland 的扩展，单击"安装"按钮进行安装，如图 3-2 所示。

• 图 3-2　VS Code Deno 插件

▶▶ 3.2.2　Monorepo 项目配置 Deno

在项目根目录的.vscode/settings.json 文件里新增 Deno 相关配置。

```
1.    {
2.      ...
3.      // 开启 Deno 支持
4.      "deno.enable": true,
5.      // Deno 支持的文件夹范围
```

```
6.        "deno.enablePaths": ["./faas"],
7.        // 是否开启 Deno 的 lint
8.        "deno.lint": true,
9.        // 是否开启 Deno 不稳定的功能
10.       "deno.unstable": false,
11.       // 不使用 deno.json
12.       // "deno.config": "./deno.json",
13.       // 不使用 import map
14.       // "deno.importMap": "./import_map.json",
15.       // 打开 Deno 的 code lens 相关设置
16.       "deno.codeLens.implementations": true,
17.       "deno.codeLens.references": true,
18.       "deno.codeLens.referencesAllFunctions": true,
19.       "deno.codeLens.test": true,
20.       "deno.codeLens.testArgs": ["--allow-all"],
21.       // 不使用 Deno 内置的格式化工具,使用 Prettier
22.       // "[typescript]": {
23.       //   "editor.defaultFormatter": "denoland.vscode-deno"
24.       // },
25.       // 开启自动 import
26.       "deno.suggest.autoImports": true,
27.       // 开启 import 提示
28.       "deno.suggest.imports.autoDiscover": true,
29.   }
```

由于 Deno 的 lint 和 ESLint 之间存在冲突，所以在 Monorepo 根目录的.eslintignore 文件中添加/faas，关闭 ESLint 对 faas 文件夹下文件的 lint，使用 Deno 内置的 lint。在 Monorepo 项目中当多种运行时共存时，通常 lint 工具是与运行时绑定的，而格式化工具希望尽量保持统一。因此，Prettier 和 ESLint 的分工设计对于 Monorepo 更为友好。

```
1.    // packages/types/.eslintignore
2.    ...
3.    /faas
```

此时项目目录结构如下。

```
1.    .
2.    ├── baas
3.    ├── faas                        // 用于存放 Deno 代码
4.    ├── package.json
5.    ├── packages
6.    ├── pnpm-lock.yaml
7.    ├── pnpm-workspace.yaml
8.    ├── scripts
9.    └── web
```

在 faas 下新建 Chapter3 文件夹，用于存放本章学习代码。新建 01-hello-world.ts 文件，内容如下。

```
1.   // faas/Chapter3/01-hello-world.ts
2.   function hello(name: string): string {
3.       return '你好 ' + name;
4.   }
5.   var a = 1;
6.   console.log(hello('至尊宝'));
7.   console.log(hello('紫霞'));
8.   console.log(hello('青霞'));
```

把鼠标移动至 "var a = 1;" 处，从图 3-3 可以看到，ESLint 现在已经不再生效，而是由 Deno 的 lint 执行语法检查。此外，目前有效的 TypeScript 语言服务也从 TypeScript 变为了 deno-ts，如图 3-4 所示。

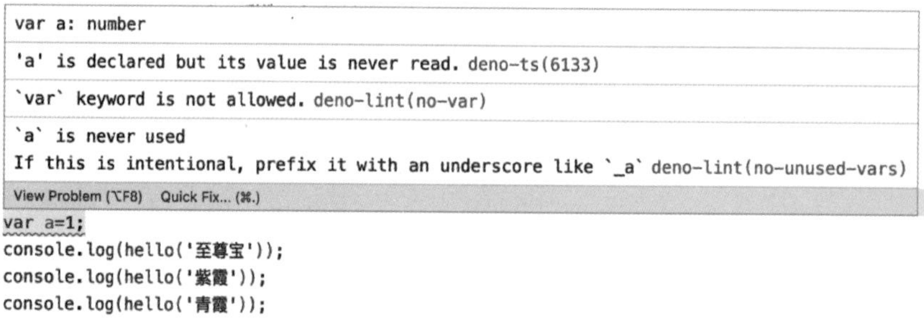

```
var a: number
'a' is declared but its value is never read. deno-ts(6133)
`var` keyword is not allowed. deno-lint(no-var)
`a` is never used
If this is intentional, prefix it with an underscore like `_a` deno-lint(no-unused-vars)
View Problem (⌥F8)   Quick Fix... (⌘.)
var a=1;
console.log(hello('至尊宝'));
console.log(hello('紫霞'));
console.log(hello('青霞'));
```

• 图 3-3　Deno lint 检查

Deno 1.30.2　Prettier

• 图 3-4　TypeScript 语言服务

删除 "var a = 1;"，执行 deno run 命令，运行代码。

```
1.   deno run faas/Chapter3/01-hello-world.ts
2.   你好 至尊宝
3.   你好 紫霞
4.   你好 青霞
```

在 Monorepo 项目中，所有子项目都需要 package.json 文件管理。尽管 Deno 不能直接与 package.json 文件互动，但也可以使用 package.json 文件来管理 Deno 项目。在 Chapter3 下新建 package.json 文件，用于管理@ faas/chapter3 项目。

```
1.   // faas/Chapter3/package.json
2.   {
3.       "name": "@faas/chapter3",
4.       "version": "1.0.0",
5.       "description": "",
```

```
6.      "scripts": {
7.        "run:01": "deno run 01-hello-world.ts"
8.      }
9.    }
```

执行 run:01 脚本即可执行上述代码。

```
1.    pnpm run run:01
2.    你好 至尊宝
3.    你好 紫霞
4.    你好 青霞
```

3.3 使用 Deno 搭建注册中心

本节使用 Deno 的 oak 框架开发一个基于 localStorage 的服务注册中心，作为所有对外提供服务的出口，如图 3-5 所示。Deno 可以非常方便地使用文件启动一个 HTTP 服务，但是如果需要启动很多 HTTP 服务，每个 HTTP 服务需要占用不同的端口，无论是记录服务的地址，还是服务的端口都是非常烦琐的。为了简化烦琐的端口管理和服务地址记录，将会构建一个简单的注册中心来集中管理所有新启动的服务地址，并使用 HTML 构建简单的注册中心管理页面，最后使用注册中心在线提供注册函数以便后续代码使用。

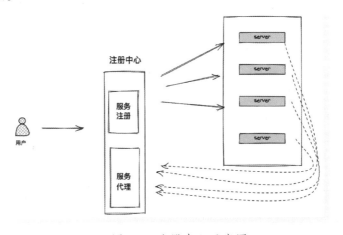

● 图 3-5　注册中心示意图

本书注册中心服务器程序主要包含三部分。

1）托管一个 HTML 页面，作为注册中心的管理界面。

2）托管任意一个 TypeScript 函数文件，使得其他 Deno 函数服务可以直接 import 这个函数文件。

3）对服务实例进行健康检查，确保服务可用。

注册中心的端点（Endpoints）和功能如表 3-2 所示。

表 3-2　注册中心的端点和功能

方　　法	URL 路径	描　　述
GET	/v1/healthcheck	显示应用的健康和版本信息
GET	/v1/registry	显示所有注册表
POST	/v1/registry	注册到注册表或者刷新地址
DELETE	/v1/registry	删除具体的路径
ANY	/api/ *	转移到对应的路径
GET	/debug/db	显示 localStorage 的内容

通常，API 会随着时间推移而慢慢改变，有时候会有不兼容的改变。为了让客户端能知晓这种改变，需要对 API 进行版本管理。常用的版本管理方式主要有两种。

- API 的 URL 增加一个前缀，如 /v1/registry、/v2/registry。入参和出参可以根据不同版本要求进行改变。
- 通过自定义的头中的 Accept 字段指明版本：Accept：application/registry-v1。

第一种方案提供了更好的用户体验，即使不进行 HTTP 交互，也可知道版本的情况。本书使用前缀增加版本的方式，应用内部使用不标注版本的 URL，不做接口维护的保证。

为了方便讲解，本书的注册中心增加以下限制。当然，读者后续可以根据自身需要再增加负载均衡、服务发现等功能。

- 以启动的脚本为粒度来分配端口，即一个脚本文件一个端口。
- 任意脚本可以注册任意地址，但是相同地址只能注册一次。例如，validate.ts 脚本被分配了 8001 端口，注册了 get /v1/validate 端点，validate2.ts 脚本被分配了 8002 端口，但是不能再注册 get /v1/validate 端点或者 post /v1/validate 端点。

如无特殊说明的话，Deno 的程序按照 controller、service、model 分为三层。

- controller 层：负责接收请求并将请求转发给 service 层，然后将 service 层的结果返回给客户端。
- service 层：负责业务逻辑的处理。
- model 层：负责数据的存储和检索。

▶▶ 3.3.1　健康检查端点

在 faas 下创建 registry 文件夹，目录结构如下。

```
1.  registry
2.  ├── cfg.json              // 放置注册中心配置,如分配端口范围等
3.  ├── deps.ts               // 放置注册中心项目的 Deno 的依赖
4.  ├── package.json          // 管理运行命令
5.  ├── server.ts             // 注册中心项目的启动入口
6.  └── src                   // 代码文件
7.      ├── healthcheck       // 健康检查接口
8.      │   ├── controller
9.      │   │   └── get.ts    // 负责处理 GET 请求的 controller
```

```
10.  |      ├── mod.ts              // 健康检查接口的对外导出声明文件
11.  |      └── service
12.  |          └── health-status.ts // 返回服务的健康状态和版本信息
13.  ├── router.ts                   // 进行 oak 路由注册的文件
14.  ├── utils.ts                    // 工具文件
15.  └── version.ts                  // 记录服务启动时间和版本信息
```

首先新建注册中心项目的 package.json 文件。整个 Monorepo 项目由 pnpm 管理，每一个子项目都应该有完整的 package.json 信息。

```
1.   // faas/registry/package.json
2.   {
3.       "name": "@faas/registry",
4.       "version": "1.0.0",
5.       "description": "",
6.       "scripts": {
7.           "start": "deno run server.ts"
8.       }
9.   }
```

新建依赖管理文件 deps.ts。在 Deno 中，deps.ts 文件是一个特殊的文件，通常位于 Deno 项目的根目录，用于将外部依赖项集中导入 Deno 应用程序。这里使用 brightRed 将程序中的错误信息文本变为红色。

```
1.   // faas/registry/deps.ts
2.   export { Application, Context, Router } from 'https://deno.land/x/oak@v11.1.0/mod.ts';
3.   export { brightRed } from 'https://deno.land/std@0.170.0/fmt/colors.ts';
```

新建打印错误日志的工具文件 utils.ts。

```
1.   // faas/registry/src/utils.ts
2.   import { brightRed } from '../deps.ts';
3.   export function printError(msg: string) {
4.       console.log('${brightRed('错误:')} ${msg}');
5.   }
```

新建 version.ts 文件，用于记录服务器启动时间和返回一些必要的信息。在 Monorepo 项目中，无论管理软件版本的策略是什么，都应该有统一的版本获取方式。本书的 Monorepo 项目使用了 pnpm 作为核心管理工具，通过 package.json 文件来简单地管理版本。在 version.ts 文件中，需要定义 startTime 变量，记录服务器启动时间。这里的算法类似于 Deno 标准库 Node.js 兼容库的 process.uptime( ) 方法。Deno 本身提供了一些版本和内存使用信息，也可以一并返回。这段代码中，使用断言确保 package.json 文件类型为 JSON。

```
1.   // faas/registry/src/version.ts
2.   import pkg from '../package.json' assert { type: 'json' };
3.   const startTime = Date.now();
```

```
4.    export function version() {
5.        // 返回版本信息、启动时间、Deno 版本、内存使用情况
6.        return {
7.            version: pkg.version,
8.            uptime: (Date.now() - startTime) / 1000,
9.            ...Deno.version,
10.           ...Deno.memoryUsage(),
11.       };
12.   }
```

在 src/healthcheck 下新建 controller 文件夹和 service 文件夹。controller 文件夹下存放路由的 controller 函数，主要负责 HTTP 请求的验证，根据 service 和 model 层的情况返回响应结果。service 文件夹下放置各种服务函数。在 service 下新建 health-status.ts 文件，用以返回调用 healthcheck 端点后的健康状态和版本信息。

```
1.    // faas/registry/src/healthcheck/service/health-status.ts
2.    import { version } from '../../version.ts';
3.
4.    export function healthStatus() {
5.        return {
6.            status: '在线',
7.            ...version(),
8.        };
9.    }
```

由于 healthcheck 端点只有一个 GET 方法，在 controller 文件夹下新建 get.ts 文件用来放置 getHandler 方法。getHandler 是 oak 注册路由的函数，入参为 oak 的 Context。

```
1.    // faas/registry/src/healthcheck/controller/get.ts
2.    import { Context } from '../../../deps.ts';
3.    import { healthStatus } from '../service/health-status.ts';
4.
5.    export function getHandler(ctx: Context) {
6.        ctx.response.body = {
7.            ...healthStatus(),
8.        };
9.    }
```

在 healthcheck 下新建 mod.ts 文件进行端点的 handler 导出。这里潜在地使用了函数式的写法组织了 controller 和 service，本书组织依赖遵循这样的规范，即一个文件夹内部的引用互相直接引用，这个文件夹的进入点（即这个文件夹对外暴露的内容）在 Deno 中使用 mod.ts 文件，在 Node.js 及前端项目中使用 index.ts 文件。由于一个 Monorepo 项目通常要组织不同的运行时和编程语言，比较好的策略是使用各自运行时和编程语言较为常规的规范。

```
1.    // faas/registry/src/healthcheck/mod.ts
2.    export { getHandler } from './controller/get.ts';
```

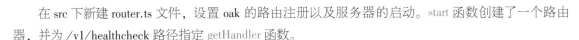

在 src 下新建 router.ts 文件，设置 oak 的路由注册以及服务器的启动。start 函数创建了一个路由器，并为 /v1/healthcheck 路径指定 getHandler 函数。

```
1.    // faas/registry/src/router.ts
2.    import { Application, Router } from '../deps.ts';
3.    import cfg from '../cfg.json' assert { type: 'json' };
4.    import * as HealthCheck from './healthcheck/mod.ts';
5.    export async function start() {
6.        const router = new Router();
7.        // 为 /v1/healthcheck 路径指定 getHandler 函数
8.        router.get('/v1/healthcheck', HealthCheck.getHandler);
9.
10.       const app = new Application();
11.       app.use(router.routes());
12.       app.use(router.allowedMethods());
13.       console.log('注册服务器运行在 http://localhost:${cfg.serverPort}');
14.       await app.listen('localhost:${cfg.serverPort}');
15.   }
```

由于在执行 start 函数之后才会启动服务器，所以可以在启动之前进行一些必要的操作，如权限检查。Deno 的权限检查规则是在运行时如果遇到权限需要，且没有在运行时指定该权限，则进行交互式询问。这个交互式询问会阻塞整个进程，如果不进行选择，整个程序会一直处于阻塞的状态，所以需要在运行前进行交互检查，如果没有权限则直接报错。但是这样设计也有一个问题，即所有函数 import 导致的副作用也要考虑在内。

新建 cfg.json 文件放置端口信息。

```
1.    // faas/registry/cfg.json
2.    {
3.        "serverPort": 8000
4.    }
```

新建 server.ts 文件放置权限检查，即服务器启动。checkAccess 函数实现了对网络权限检查。若检查到权限不足，则调用 printError 函数输出错误信息并终止程序。

```
1.    // faas/registry/server.ts
2.    import * as router from './src/router.ts';
3.    import { printError } from './src/utils.ts';
4.    import cfg from './cfg.json' assert { type: 'json' };
5.    async function checkAccess() {
6.      if (
7.        (
8.          await Deno.permissions.query({
9.            name: 'net',
10.            host: 'localhost:${cfg.serverPort}',
11.          })
12.        ).state !== 'granted'
```

```
13.      ) {
14.        printError('对 localhost:${cfg.serverPort} 没有网络权限');
15.        Deno.exit(1);
16.      }
17.    }
18.    await checkAccess();
19.    router.start();
```

不赋予网络权限，启动服务器会报错。

```
1.    > deno run server.ts
2.
3.    错误：对 localhost:8000 没有网络权限
```

修改启动命令，增加网络权限。

```
1.    > deno run --allow-net server.ts
2.
3.    注册服务器运行在 http://localhost:8000
```

使用 curl 命令进行测试。

```
1.    curl http://localhost:8000/v1/healthcheck
2.    {"status":"在线","version":"1.0.0","uptime":17.893,
"deno":"1.29.1","v8":"10.9.194.5", "typescript":"4.9.4","rss":5210112,"heapTotal":
5652480,"heapUsed":4521044,"external":225}
```

▶▶ 3.3.2 使用 localStorage 存储状态

在 Deno 中，数据存储可以分为会话存储和本地存储。会话存储是临时的内存存储，在进程终止时会丢失所有数据；本地存储是永久的磁盘存储，数据不会在进程重启后丢失。Deno 使用 SQLite 数据库来存储键值对，具体存储位置取决于类型，会话存储驻留在内存中，本地存储驻留在磁盘上。Deno 在 1.10 版本引入了 Web Storage API，行为和浏览器保持一致，可以存储最大 10MB（10485760 Byte）数据的键值对。

为了方便使用 localStorage，这里封装一个名为 DB 的抽象类。这个抽象类封装了使用 localStorage 的过程，任何使用 localStorage 状态的类都继承自这个抽象类。这样可以规范化和标准化使用 localStorage 的过程。本节还使用一种简单的设计模式，把直接读取/修改状态（getItems、setItems 方法）和业务读取/修改状态（get、set）分离开来。除了 get 方法外，所有其他方法都设置为 protected 类型，不对外暴露。这样的设计可以更好地限制修改状态的过程。

在 src 下新建 db.ts 文件，定义 DB 抽象类，使用泛型参数 T，表示存储在 localStorage 中数据的类型。DB 抽象类定义了以下几个方法。

- init( )：用于初始化数据。
- key：用于存储在 localStorage 中的键。

- getItems( )：用于从 localStorage 中获取数据。
- setItems（data：T）：用于将数据存储到 localStorage 中。
- get( )：T：用于获取数据，如果数据不存在，则抛出 NotFound 异常。
- set（data：T）：用于设置数据。

注意：
- init( ) 方法是抽象方法，子类必须重写这个方法。
- key 是只读属性，子类必须定义这个属性。
- getItems( )、setItems( )、set( ) 方法是 protected 类型，不对外暴露。
- get( ) 方法是公有方法，对外暴露。

```
1.   // faas/registry/src/db.ts
2.   export default abstract class DB<T> {
3.       // 初始化
4.       abstract init(): void;
5.       // 存入 localStorage 的 key
6.       abstract readonly key: string;
7.
8.       // 从 localStorage 中获取数据
9.       protected getItems() {
10.          return localStorage.getItem(this.key);
11.      }
12.
13.      // 将数据存储到 localStorage 中
14.      protected setItems(data: T) {
15.          localStorage.setItem(this.key, JSON.stringify(data));
16.      }
17.
18.      // 获取数据,如果数据不存在,则抛出 NotFound 异常
19.      get(): T {
20.          const data = this.getItems();
21.          if (!data) {
22.              throw new Deno.errors.NotFound('${this.key} is not initialized');
23.          }
24.      return JSON.parse(data);
25.      }
26.
27.      // 设置数据
28.      protected set(data: T) {
29.          this.setItems(data);
30.      }
31.  }
```

为满足注册中心的业务需求，设计了核心数据 registryDict。以 hello-world.ts 脚本注册 /v1/hello 为例，当完成注册时，registryDict 要存储 hello-world.ts 的脚本文件路径作为唯一 key，注册中心在脚本第一次注册时，会发给 hello-world.ts 一个端口，所以注册中心还需要一个存储可以发放端口的数据

portList。registryDict 还需要存储注册的端点路径/v1/hello。在 src 下新建 registry 文件夹，并新建 model、controller、service 文件夹，结构如下。

```
1.    registry
2.         ├── controller
3.         ├── model          // 用于存储和这些数据结构相关文件
4.         └── service
```

在 model 目录下新建 port-list-types.ts 文件，存放可发放的端口列表。

```
1.    // faas/registry/src/registry/model/port-list-types.ts
2.    // 端口的类型定义
3.    export type Port = number;
4.    // 端口列表的类型定义
5.    export type PortList = Port[];
```

TypeScript 的类型定义就像 SQL（Structured Query Language，结构化查询语言）中的表结构定义一样，它定义了业务数据类型的形状。继续定义 registryDict 的类型。对类型 RegistryDict 来说，它是一个键值对，其中 key 为文件路径。因为在一台机器上文件路径是唯一的，所以它可以作为一种唯一标识。而 value 则存储了这个注册文件的元数据，包括文件路径、端口号、注册的目标地址，以及所有在这个文件路径下注册的子路径。由于最终注册中心在对外提供服务时，外部访问注册中心实际提供的是具体的 URL，所以建立一个缓存 PathCache，这个缓存的 key 为 Registry 的 Path，这样就可以直接使用 Path 获取具体的路径来完成访问。

```
1.    // faas/registry/src/registry/model/registry-dict-types.ts
2.    import type { Port } from './port-list-types.ts';
3.    // 路径的类型定义
4.    export type Path = string;
5.    // 路径列表的类型定义
6.    export type PathList = Path[];
7.    // 文件路径的类型定义
8.    export type FilePath = string;
9.    export interface Registry {
10.       // 文件路径
11.       filePath: FilePath;
12.       // 端口号,每个文件路径只能注册一个端口号
13.       port: Port;
14.       // 注册的目标地址
15.       targetUrl: string;
16.       // 注册在该路径下的所有子路径
17.       path: Path[];
18.   }
19.   // 路径缓存的类型定义
20.   export type PathCache = Record<Path, Registry>;
21.   // 注册表的类型定义
22.   export type RegistryDict = Record<FilePath, Registry>;
```

当后端业务相对复杂的情况下，使用 TypeScript 的类型进行建模能够提高代码的可读性和开发维护效率。对于相对小的项目，通过合理地设置文件夹就可以实现清晰的依赖关系管理。

为了方便管理和维护，在 consts.ts 文件中存储了 localStorage 中使用过的 key，这样就能在一个地方查看所有已经存储过的 key。这里 key 包括 REGISTRY_DB_KEY 和 PORTS_KEY。

```
1.    // faas/registry/src/consts.ts
2.    export const REGISTRY_DB_KEY = 'registryDB';
3.    export const PORTS_KEY = 'ports';
```

下面开始创建这些数据结构的具体方法实现。当读者看到 DB 抽象类设计时，可能会疑问为什么会有一个 init 方法，而不使用构造函数进行初始化，因为真正的初始化是要操作 localStorage 里的数据，所以要把初始化数据的过程单独提出来。

首先在配置文件 cfg.json 中增加发送端口的设置，指定开始端口号、结束端口号，以及排除的端口号，中间所有的端口号都生成并存入可发放的列表中。读者在使用时如果遇到端口冲突，可以将端口范围设置成其他段，如 18000 ~ 19000。

```
1.    // faas/registry/cfg.json
2.    {
3.        "serverPort": 8000,
4.        "portCfg": {
5.            "start": 8001,
6.            "end": 9000,
7.            "excludes": [8002, 8003, 8004]
8.        }
9.    }
```

在 src/registry/model 下新建 port-list.ts 文件。PortListDB 继承自 DB 抽象类，类型为 PortList。

```
1.    // faas/registry/src/registry/model/port-list.ts
2.    import cfg from '../../../cfg.json' assert { type: 'json' };
3.    import { PORTS_KEY } from '../../consts.ts';
4.    import DB from '../../db.ts';
5.    import type { PortList, Port } from './port-list-types.ts';
6.
7.    export class PortListDB extends DB<PortList> {
8.        // 存入 localStorage 的键
9.        key = PORTS_KEY;
10.   }
```

当第一次访问 init 时，localStorage 的 PORTS_KEY 中的值为 undefined。初始化时，读取配置文件的端口号范围，进行简单的类型校验后，排除已使用的端口号和配置文件中禁用的端口号，得到可用的端口号列表。发放端口号以后，使用 setItems 把结果存入 localStorage 中。

```
1.    // faas/registry/src/registry/model/port-list.ts
2.    ...
3.    // 初始化的过程
```

```
4.      init() {
5.        const ports = this.getItems();
6.        if (!ports) {
7.          const portsMeta = cfg.portCfg;
8.          // 简单的类型校验
9.          if (
10.            isNaN(portsMeta.end) ||
11.            isNaN(portsMeta.start) ||
12.            !Array.isArray(portsMeta.excludes) ||
13.            portsMeta.excludes.some(isNaN)
14.          ) {
15.            throw new Error('portCfg is not valid');
16.          }
17.          // 发放端口号,排除 excludes 的端口
18.          const portList = Array.from(
19.            { length: portsMeta.end - portsMeta.start + 1 },
20.            (_v, k) ⇒ k + portsMeta.start,
21.          ).filter((port) ⇒ !portsMeta.excludes.includes(port));
22.          // 初始化可以发放的端口号
23.          this.setItems(portList);
24.        }
25.      }
```

对于 PortListDB，发放端口的方法是 getPort。首先从 localStorage 中取出端口号列表，在没有端口可发放时进行报错，取出第一个端口转换数字类型返回，并且把剩下的端口再存入 localStorage 中。

```
1.    // 获取一个可用的端口号
2.    getPort(): Port {
3.      const ports = this.get();
4.      if (ports.length === 0) {
5.        throw new Error('no available port');
6.      }
7.      const port = ports.shift();
8.      this.set(ports);
9.      return Number(port);
10.    }
```

注册中心还支持删除文件的功能，同时会触发释放端口的操作。释放端口的方法为 restorePort，接收要释放的端口，存入到 localStorage 中，作为后续可用端口，代码如下。

```
1.    // 释放一个端口号
2.    restorePort(port: Port) {
3.      const ports = this.get();
4.      ports.unshift(port);
5.      this.set(ports);
6.    }
```

接下来编写 RegistryDictDB，用于封装注册中心所有的操作。这里遵循这样的规则：任意脚本可以

注册任意地址，但是相同端点地址只能注册一次。所以在注册时要对已有的地址进行查重。查重其实就是对比两个字符串数组是否有相同的部分，这里使用 Deno 标准库提供的 intersect 函数。在 deps.ts 文件中添加引用。

```
1.   // faas/registry/deps.ts
2.   export { intersect } from 'https://deno.land/std@0.170.0/collections/intersect.ts';
3.   // faas/registry/src/registry/model/registry-dict.ts
4.   import DB from '../../db.ts';
5.   import { REGISTRY_DB_KEY } from '../../consts.ts';
6.   import type { RegistryDict, PathCache, Registry } from './registry-dict-types.ts';
7.   import { intersect } from '../../../deps.ts';
8.
9.   export class RegistryDictDB extends DB<RegistryDict> {
10.    // 存储 pathCache,对一个具体的 path 请求时可以快速获得路径
11.    private pathCache: PathCache = {};
12.    // 在获取 registry 时不需要每次都访问 localStorage,可以直接从缓存获取,提升速度
13.    private RegistryCache: RegistryDict = {};
14.    key = REGISTRY_DB_KEY;
15.  }
```

在第一次 REGISTRY_ DB_ KEY 不存在时，存储一个空的 {} 进行初始化，由于增加了缓存，所以所有的状态改变都要刷新缓存方法 setAndRefreshCache。

```
1.   public init() {
2.     const registryDictLocalStorage = this.getItems();
3.     console.log('registryDictLocalStorage', registryDictLocalStorage);
4.
5.     if (!registryDictLocalStorage) {
6.       console.log('registryDictLocalStorage 不存在,开始初始化...');
7.       this.setItems({});
8.     }
9.     const registryDict = super.get();
10.    this.setAndRefreshCache(registryDict);
11.  }
```

刷新缓存方法为 setAndRefreshCache，每次状态改变都需要刷新一次缓存，首先刷新 RegistryCache，再遍历这个缓存，创建 pathCache，最后再把数据落地到 localStorage 中。

```
1.   private setAndRefreshCache(data: RegistryDict): void {
2.     // 刷新 cache
3.     this.RegistryCache = data;
4.     // 刷新 pathCache
5.     Object.values(this.RegistryCache).forEach((registry) => {
6.       registry.path.forEach((path) => {
7.         this.pathCache[path] = registry;
8.       });
9.     });
10.
```

```
11.        // 更新数据库
12.        this.set(data);
13.    }
```

deleteFilePath 用于删除一个注册的脚本目录，删除后，调用刷新缓存及落地的方法 setAndRefresh-Cache，删除前获得需要释放的端口并进行返回。

```
1.    public deleteFilePath(filePath: string) {
2.      const registryDict = this.get();
3.      const port = registryDict[filePath].port;
4.      delete registryDict[filePath];
5.      this.setAndRefreshCache(registryDict);
6.      return port;
7.    }
```

创建缓存的目的是当提供一个端点地址时能立即找到对应的脚本地址注册的元数据。

```
1.    public getTargetUrl(path: string): string | undefined {
2.        return this.pathCache[path]?.targetUrl;
3.    }
```

提供查询一个脚本地址是否存在的方法。

```
1.    public ifFilePathExist(filePath: string) {
2.        const registryDict = this.get();
3.        return Object.keys(registryDict).includes(filePath);
4.    }
```

由于获取地址的操作可能会比较频繁，这里重写 get 方法，去缓存而不是 localStorage 寻找。

```
1.    override get(): RegistryDict {
2.        return this.RegistryCache;
3.    }
```

对一个脚本进行注册时，要对其注册的端点地址进行查重，查重比对注册地址和已有的地址元数据的地址数组。

```
1.    private checkUniquePath(filePath: string, path: string[]) {
2.        const registryDict = this.get();
3.        Object.keys(registryDict)
4.          .filter((x) ⇒ x !== filePath)
5.          .forEach((key) ⇒ {
6.            // 一个地址的 Path 不能和其他地址的 Path 有交集
7.            const intersectPath = intersect(registryDict[key].path, path);
8.            if (intersectPath.length > 0) {
9.              throw new Deno.errors.AlreadyExists('路径
${intersectPath.join(',')} 已经被注册');
10.              }
```

```
11.        });
12.    }
```

查重相对复杂，并且没有直接的业务含义，封装在接收注册请求的过程中。两种情况下一个地址需要注册，新注册或是重复注册。拆分两种情况的好处是，如果后续对于一个脚本地址重复注册时，新增的规则可以直接在这里修改。

```
1.     // 第一次注册地址
2.     setRegistry(registry: Registry) {
3.         this.checkUniquePath(registry.filePath, registry.path);
4.         // 没有地址冲突,更新地址
5.         const registryDict = this.get();
6.         registryDict[registry.filePath] = registry;
7.         this.setAndRefreshCache(registryDict);
8.     }
9.     // 非第一次注册地址,更新地址
10.    refreshPath(filePath: string, path: string[]) {
11.        this.checkUniquePath(filePath, path);
12.        const registryDict = this.get();
13.
14.        // 没有地址冲突,更新地址的 Path
15.        registryDict[filePath].path = path;
16.        this.setAndRefreshCache(registryDict);
17.    }
```

在 registry 的 model 文件夹下新建进入点文件 mod.ts。在 mod.ts 中，初始化 PortListDB 和 RegistryDictDB 两个类的实例，更上层的 service 层访问获得的对象只能访问这里初始化的对象。创建初始化函数 init()，直接利用 import 的副作用完成类型数据的初始化。对于有进入点 mod.ts 文件的文件夹，外部如果需要其中的函数或者变量，都必须通过进入点，这样在一个项目变得复杂以后，依赖问题可以通过分析进入点文件之间的关系来解决。一个文件夹使用进入点 mod.ts 文件管理的本质是这个文件夹是一个匿名包。

```
1.     // faas/registry/src/registry/model/mod.ts
2.
3.     import { PortListDB } from './port-list.ts';
4.     import { RegistryDictDB } from './registry-dict.ts';
5.
6.     export const portListDB = new PortListDB();
7.     export const registryDictDB = new RegistryDictDB();
8.
9.     // 初始化
10.    function init() {
11.      portListDB.init();
12.      registryDictDB.init();
13.    }
14.
15.    init();
```

```
16.
17.    // 获取所有状态
18.    export function getAll() {
19.      return {
20.        registry: registryDictDB.get(),
21.        ports: portListDB.get(),
22.      };
23.    }
```

新建一个 debug 端点，用来获取当前的 localStroage 的状态。在 src 创建 db/controller 和 db/service 文件夹。在 db/service 下新建 get-all.ts 文件，使用刚刚创建的 getAll 函数来获取当前已注册服务的所有状态。

```
1.    // faas/registry/src/db/service/get-all.ts
2.
3.    import * as Registry from '../../registry/model/mod.ts';
4.
5.    export function getAll() {
6.      return {
7.        registry: Registry.getAll(),
8.      };
9.    }
```

在 db/controller 下新建 get.ts 文件放置 get 的 controller。

```
1.    // faas/registry/src/db/controller/get.ts
2.    import { Context } from '../../../deps.ts';
3.    import { getAll } from '../service/get-all.ts';
4.
5.    export function getHandler(ctx: Context) {
6.      ctx.response.body = {
7.        db: getAll(),
8.      };
9.    }
```

在 db 文件夹下创建进入点文件 mod.ts，导出 getHandler 方法。

```
1.    // faas/registry/src/db/mod.ts
2.    export { getHandler } from './controller/get.ts';
```

在 src/router.ts 中注册这个 handler。

```
1.    // faas/registry/src/router.ts
2.    import * as DB from './db/mod.ts';
3.    ...
4.    router
5.      .get('/v1/healthcheck', HealthCheck.getHandler)
6.      .get('/debug/db', DB.getHandler);
7.    ...
```

启动服务器。

```
1.    deno run --allow-net server.ts
2.
3.    registryDictLocalStorage null
4.    registryDictLocalStorage 不存在,开始初始化...
5.    注册服务器运行在 http://localhost:8000
```

使用 curl 命令进行测试，目前还没实现注册的功能，registry 是空的。ports 里有所有可以发放的端口号。

```
1.    curl http://localhost:8000/debug/db
2.    {"db":{"registry":{"registry":{},"ports":[8001,8005,...,9000]}}}
```

因为篇幅限制，注册中心模型做了很多简化，例如，发放端口号程序在初始化时，应该去探测端口是否被占用，也可以预先把预分配的端口先用空连接暂时占用，待需要时，再进行分配，以确保分配的端口一定是可用的，但是如果是一个私有内网，通过约定可以不必要设计这样的功能，可以减少代码量。

▶▶ 3.3.3 注册中心端点

本节将基于前面已经实现的 RegistryDictDB 和 PortListDB 实现注册中心的主要功能。对于一个特定的脚本文件 hello-world.ts，注册/v1/hello 地址，它与注册中心的交互过程如下。

1) hello-world.ts 启动时，调用/v1/registry 的 POST 方法注册或者刷新地址。无论哪种情况，hello-world.ts 注册的地址都不能是其他脚本注册过的地址。注册中心会在注册时分配一个端口给脚本文件。

2) 调用/v1/registry 的 GET 方法，用户可获取所有已经注册的地址。

3) 用户可以向注册中心发起请求，也可以向原端点发起请求。注册中心根据记录的信息进行代理，注册中心生成的接口格式为/api/v1/hello。

4) 调用/v1/registry 的 DELETE 方法，传入 hello-world.ts 的文件路径，可删除 hello-world.ts 的注册信息、释放端口。

首先实现/v1/registry 的 POST 方法，在/src/registry 下新建 service 文件夹，并新建 register.ts 文件。方法中，传入的 body 需要提供当前的脚本文件路径和要注册的地址信息。新建 RegisterOptions 接口来限制传入的参数信息，body 的解析放在 controller 层。

```
1.    // faas/registry/src/registry/service/register.ts
2.    interface RegisterOptions {
3.      // 注册的路径,每个路径只能注册一次
4.      path: string[];
5.      filePath: string;
6.    }
```

编写注册函数时，需要考虑已经注册过和第一次注册两种情况。函数内部使用 registryDictDB 和 portListDB 两个变量来获取和更新注册表和端口列表。如果提供的文件路径已经被注册过了，则会更

新注册表中的路径；否则，它会从端口列表中获取一个可用的端口号，并使用该端口号和文件路径创建一个新的注册条目。最后，函数返回端口号。

```
1.    // faas/registry/src/registry/service/register.ts
2.    import { registryDictDB, portListDB } from '../model/mod.ts';
3.    ...
4.    export function register({ path, filePath }: RegisterOptions) {
5.      // 获取当前的注册表信息
6.      const registryDict = registryDictDB.get();
7.      // 使用文件路径作为 key,用于获取注册信息
8.      const res = registryDict[filePath];
9.      if (res) {
10.       // 若已经注册了,调用刷新地址方法,将 path 更新
11.       registryDictDB.refreshPath(filePath, path);
12.       // 如果文件路径相同,直接返回端口号
13.       return res.port;
14.     }
15.     // 第一次注册
16.     // 获取一个端口号
17.     const port = portListDB.getPort();
18.     // 创建 targetUrl
19.     const targetUrl = 'http://localhost:${port}';
20.     // 调用第一次注册的方法
21.     registryDictDB.setRegistry({
22.       filePath,
23.       path,
24.       port,
25.       targetUrl,
26.     });
27.     // 返回端口号
28.     return port;
29.   }
```

继续编写 controller 层，在 registry 下新建 controller 文件夹，并在其中新建 post.ts 文件。在 post.ts 文件中编写 registry 的 postHandler 函数。controller 层主要负责入参检查和错误状态处理，所以在 deps.ts 文件中引入标准库 Status 作为语义化的状态码。使用 Status 可以让代码的可读性增强。

```
1.    // faas/registry/deps.ts
2.    ...
3.    export { Status } from 'https://deno.land/std@0.170.0/http/mod.ts';
```

postHandler 函数的主要工作是检查请求中的参数是否合法，如果不合法则返回相应的错误状态码。如果合法，则返回端口号，注册的脚本使用对应的端口号启动 HTTP 服务，并返回注册结果。这样，controller 层就负责了请求的接收、参数检查和返回结果，而 service 层则负责业务逻辑的处理。

```
1.    // src/registry/controller/post.ts
2.    import { register } from '../service/register.ts';
```

```
3.    import { Context, Status } from '../../../deps.ts';
4.    export async function postHandler(ctx: Context) {
5.      if (!(ctx.request.headers.get (' content-type ') === ' application/json ' && ctx
.request.hasBody)) {
6.      // 只接收 JSON 格式的 content-type,否则返回 415
7.        ctx.response.status = Status.UnsupportedMediaType;
8.        return;
9.      }
10.     const res = ctx.request.body({ type: 'json' });
11.     const req = await res.value;
12.     const path = req.path;
13.     const filePath = req.filePath;
14.
15.     if (!path || !filePath || !Array.isArray(path)) {
16.     // path 和 filePath 都是必填项,且 path 必须是数组,否则返回 400
17.       ctx.response.status = Status.BadRequest;
18.       return;
19.     }
20.     let port;
21.     try {
22.       port = register({
23.         path,
24.         filePath,
25.       });
26.     } catch (e) {
27.       // 如果注册失败,返回 500
28.       ctx.response.status = Status.InternalServerError;
29.       if (e instanceof Deno.errors.AlreadyExists) {
30.         // 如果路径已经注册,返回错误信息
31.         ctx.response.body = {
32.           errMsg: e.message,
33.         };
34.       }
35.       return;
36.     }
37.     // 如果请求通过检测,则返回端口号
38.     ctx.response.body = {
39.       port,
40.     };
41.   }
```

编写/v1/registry 的 GET 方法,在 registry/service 下新建 get-all.ts 文件,负责获取所有已注册的文件信息,然后使用 Object.values() 函数将 registryDict 转换成数组,并通过 map() 函数将其转换成 [path, filePath, port] 的形式返回。

```
1.    // faas/registry/src/registry/service/get-all.ts
2.    import { registryDictDB } from '../model/mod.ts';
3.    export function getAll() {
```

```
4.      const registryDict = registryDictDB.get();
5.      // 把 pathDict 转换成 [{ path, filePath, port }] 的形式
6.      return Object.values(registryDict).map(({ filePath, path, port, targetUrl }) ⇒ ({
7.       path,
8.       filePath,
9.       port,
10.        targetUrl,
11.      }));
12.    }
```

在 registry/controller 下新建 get.ts 文件，它会调用 service 层的 getAll( ) 来获取信息，并将信息返回给客户端。这样就可以使得代码结构更加清晰，并且可以更好地维护和扩展程序。

```
1.    // faas/registry/src/registry/controller/get.ts
2.    import { Context } from '../../../deps.ts';
3.    import { getAll } from '../service/get-all.ts';
4.
5.    export function getHandler(ctx: Context) {
6.     ctx.response.body = {
7.       registry: getAll(),
8.     };
9.    }
```

编写 DELETE 方法，在 registry/service 下新建 delete-api.ts 文件，负责删除已注册的文件，并释放相关端口。

```
1.    // faas/registry/src/registry/service/delete-api.ts
2.    import { registryDictDB, portListDB } from '../model/mod.ts';

3.    export function deleteApi(filePath: string) {
4.      if (!registryDictDB.ifFilePathExist(filePath)) {
5.    throw new Deno.errors.NotFound('路径 ${filePath} 没有被注册');
6.      }
7.      const releasePort = registryDictDB.deleteFilePath(filePath);
8.      portListDB.restorePort(releasePort);
9.    }
```

在 registry/controller 下新建 delete.ts 文件，调用 service 层的 deleteApi。

```
1.    // faas/registry/src/registry/controller/delete.ts
2.    import { Context, Status } from '../../../deps.ts';
3.    import { deleteApi } from '../service/delete-api.ts';
4.
5.    export async function deleteHandler(ctx: Context) {
6.      if (!(ctx.request.headers.get('content-type') === 'application/json' && ctx
.request.hasBody)) {
7.        // 只接收 JSON 格式的 content-type,否则返回 415
8.        ctx.response.status = Status.UnsupportedMediaType;
9.        return;
```

```
10.      }
11.      const res = ctx.request.body({ type:'json' });
12.      const req = await res.value;
13.      const filePath = req.filePath;
14.      if (!filePath) {
15.        // filePath 是必填项，否则返回 400
16.        ctx.response.status = Status.BadRequest;
17.        return;
18.      }
19.      try {
20.        deleteApi(filePath);
21.        ctx.response.status = Status.OK;
22.      } catch (e) {
23.        // 如果删除失败，返回 500
24.        ctx.response.status = Status.InternalServerError;
25.        if (e instanceof Deno.errors.NotFound) {
26.          ctx.response.body = {
27.            errMsg:'该路径还未注册！',
28.          };
29.        }
30.      }
31.    }
```

在 registry 文件夹下新建入口文件 mod.ts。

```
1.    // faas/registry/src/registry/mod.ts
2.
3.    export { getHandler } from './controller/get.ts';
4.    export { postHandler } from './controller/post.ts';
5.    export { deleteHandler } from './controller/delete.ts';
```

在 router.ts 文件中进行注册。

```
1.    // faas/registry/src/router.ts
2.    ...
3.    import * as Registry from './registry/mod.ts';
4.    ...
5.    router
6.      .get('/v1/healthcheck', HealthCheck.getHandler)
7.      .get('/debug/db', DB.getHandler)
8.      .get('/v1/registry', Registry.getHandler)
9.      .post('/v1/registry', Registry.postHandler)
10.     .delete('/v1/registry', Registry.deleteHandler);
```

▶▶ 3.3.4 管理界面

本节将简单使用 HTML 搭建注册中心的管理界面，方便形象地展示系统功能和测试。使用 Node.js 和 Deno 技术可以方便地使用 HTML 创建简单的管理页面。在 registry 根目录新建 public 文件夹，用以放置管理页面。server.ts 脚本新增 public 文件夹的读取权限检查。

```
1.   // faas/registry/server.ts
2.   ...
3.   async function checkAccess() {
4.     if ((await Deno.permissions.query({ name: 'read', path: './public' })).state !==
'granted') {
5.       printError('对./public 没有读权限');
6.       Deno.exit(1);
7.     }
8.     ...
9.   }
```

使用了 Deno 提供的权限，限制脚本只能读取./public 目录。

```
1.   deno run --allow-net --allow-read=./public server.ts
2.
3.   registryDictLocalStorage {}
4.   注册服务器运行在 http://localhost:8000
```

在 public 文件夹中新建 index.html 文件作为注册中心管理页面。为了让管理页面更好看，本书使用 Tailwind 来美化界面样式。Tailwind 是一个现代化的 CSS 框架，可以方便地创建简洁、美观的界面，详细介绍参见第 9 章。使用简单的列表样式展示已注册的接口信息，将表格内容的 id 设为 table-body，稍后便于获取列表内容后进行渲染。具体样式代码可查看 faas/registry/public/index.html。

为实现前面介绍的注册中心的功能，在 index.html 中添加 JavaScript 代码，在页面打开时，发送请求到 registry 的 GET 方法，获取当前所有的注册信息。同时，发送请求到 debug/db 的 GET 方法，在 console.log 中打印出当前 localStorage 的内容。在获取到所有注册表信息之后，可以根据注册表列表来渲染一个带样式的列表，并且提供带有删除功能的按钮。

```
1.    // 删除注册的地址
2.    async function deleteRegistry (filePath)
3.    {
4.      console.log('开始删除 ${filePath}');
5.      const res = await fetch('http://localhost:8000/v1/registry',{
6.      method: 'DELETE',
7.      headers: {
8.        'Content-Type': 'application/json'
9.       },
10.      body: JSON.stringify({
11.        filePath
12.       })
13.     });
14.    if (res.status !== 200) return alert('删除失败');
15.    console.log("删除成功");
16.    await render()
17.   }
```

页面渲染完成时，调用 render 函数，render 函数中完成对对应端点的请求，并且完成相应的渲染和 DOM 操作。

```
1.    // 获取当前的注册中心注册表情况
2.    async function getRegistry ()
3.    {
4.    const res = await fetch('http://localhost:8000/v1/registry', {
5.       method: 'GET',
6.     });
7.     const registry = (await res.json()).registry;
8.     return registry.map(x => ({
9.      ip:'localhost',
10.     port: x.port,
11.     path: x.path,
12.     filePath: x.filePath
13.    }));
14.    }
15.    // 获取当前的 localStorage 情况
16.    async function getDBStatus ()
17.    {
18.     const res = await fetch('http://localhost:8000/debug/db', {
19.       method: 'GET',
20.     });
21.     return (await res.json()).db
22.    }
23.    async function render ()
24.    {
25.     const registry = await getRegistry();
26.     // 获取当前所有注册的 registry
27.     const tableContent = registry.map(({ ip, port, path, filePath }) => tableContentMaker
(ip, port, path, filePath)).join("")
28.
29.     const db = await getDBStatus()
30.     console.log("当前的 localStorage 状态为", db);
31.     const tableBody = document.getElementById('table-body');
32.     tableBody.innerHTML = tableContent
33.    }
34.    document.addEventListener('DOMContentLoaded', async (event) =>
35.    {
36.     await render()
37.    }
```

以上就完成了一个简单的管理中心页面的编写。

在 router 中注册根路径为自动跳转到这个页面的路由，并且创建读取这个页面的代码。

```
1.    // faas/registry/src/router.ts
2.    import { Application, Router, Context } from'../deps.ts';
3.    export async function start() {
4.    ...
5.    router
```

```
6.        .get('/', (ctx) ⇒ ctx.response.redirect('./index.html'))
7.        .get('/index.html', (ctx) ⇒ sendLandingPage(ctx))
8.    ...
9.    }
10.   async function sendLandingPage(ctx: Context) {
11.       ctx.response.body = await Deno.readFile('./public/index.html');
12.       ctx.response.headers.set('Content-Type', 'text/html');
13.    }
```

在浏览器中打开注册中心页面，如图 3-6 所示。

• 图 3-6 注册中心页面

因为还没有注册路由，所以注册中心页面是空的，通过 console.log 可以输出当前的 localStorage 值，如图 3-7 所示，说明请求正确。

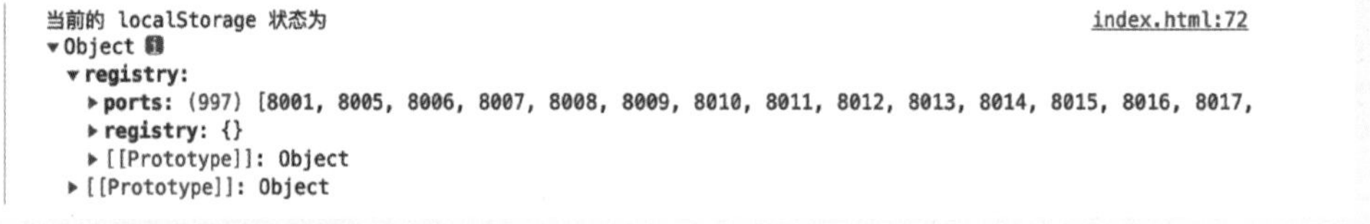

```
当前的 localStorage 状态为                                                    index.html:72
▼Object ⚑
  ▼registry:
    ▶ports: (997) [8001, 8005, 8006, 8007, 8008, 8009, 8010, 8011, 8012, 8013, 8014, 8015, 8016, 8017,
    ▶registry: {}
    ▶[[Prototype]]: Object
  ▶[[Prototype]]: Object
```

• 图 3-7 输出 localStorage

▶▶ 3.3.5 在线提供注册函数

Deno 一个非常优秀的设计是内置了 HTTP import，只要一个 TypeScript 源码文件被 HTTP 服务器托管，在编写 Deno 脚本时，就可以 import 该文件。依赖于这个特性，注册中心就可以像使用 Deno 标准库一样提供一个内置的在线函数。项目中的其他脚本文件只要可以获取到这个文件，都可以进行注册。

首先创建注册函数，在 registry 根目录创建 shared/register@ 0.1.0 文件夹，并新建 mod.ts 文件。此处遵循 Deno 的规范，软件版本通过建立不同的 register@ version 文件夹来控制。

```
1.    // shared/register@0.1.0/mod.ts
2.    import { Status } from 'https://deno.land/std@0.170.0/http/mod.ts';
3.    export async function register(path: string[], filePath: string): Promise<number> {
4.      const res = await fetch('http://localhost:8000/v1/registry', {
5.        method: 'POST',
6.        headers: {
```

```
7.           'Content-Type':'application/json',
8.         },
9.         body: JSON.stringify({
10.           path,
11.           filePath,
12.         }),
13.       });
14.       if (res.status !== Status.OK) {
15.         throw new Error('注册失败');
16.       }
17.       const { port } = await res.json();
18.       return port;
19.     }
```

这样做，所有的 Deno 脚本都可以像引用远程 CDN 的函数一样使用 register 函数。由于需要 server.ts 读取./shared 文件夹，所以在 server.ts 增加新的权限检查代码。

```
1.   // faas/registry/server.ts
2.   ...
3.   if ((await Deno.permissions.query({ name:'read', path:'./shared' })).state !==
'granted') {
4.       printError('对./shared 没有读权限');
5.       Deno.exit(1);
6.   }
7.   ...
```

在 router.ts 中增加提供这段代码的 handler 函数并注册。

```
1.   // faas/registry/src/router.ts
2.   router
3.   ...
4.   .get('/register@0.1.0/mod.ts', (ctx) ⇒ sendPkgRegister(ctx,'register@0.1.0/mod.ts'))
5.   ...
6.   async function sendPkgRegister(ctx: Context, pkgPath: string) {
7.     ctx.response.body = await Deno.readFile('./shared/${pkgPath}');
8.     ctx.response.headers.set('Content-Type','application/typescript; charset=utf-8');
9.   }
```

这样，注册中心就实现了对注册函数的托管，客户端代码就可以在 Deno 环境中通过下列代码来获取注册函数，与使用其他的 CDN 提供的函数一样。

```
1.   import { register } from'http://localhost:8000/register@0.1.0/mod.ts';
```

▶▶ 3.3.6　测试样例程序

本节将对注册中心进行测试，主要包括编写一个测试程序来进行注册，并且在管理界面中查看相应的内容。这里使用线上资源里编写的/users/search 作为样例程序，代码地址为 faas/Chapter3/17-simple-server.ts。首先对之前的程序进行改写。

在 registry 根目录新建 example/users-search 文件夹和 deps.ts 文件。

```
1.   // faas/registry/example/users-search/deps.ts
2.   export { serve, Status } from 'https://deno.land/std@0.170.0/http/mod.ts';
3.   export { join } from 'https://deno.land/std@0.170.0/path/mod.ts';
```

新建 req-handler.ts 文件，这里对之前的实现进行改写，使用 handlerMaker 函数返回之前的 handler，这么做的目的是为了方便修改这个 API 的方法和路径。粘贴 faas/Chapter3/db.json 到当前目录下。

```
1.   // faas/registry/example/users-search/req-handler.ts
2.   import { join, Status } from './deps.ts';
3.
4.   const dirPath = new URL('.', import.meta.url).pathname;
5.   const dbPath = join(dirPath, 'db.json');
6.   console.log(dbPath);
7.
8.   export function handlerMaker(method: string, pathPattern: string) {
9.     return async function reqHandler(req: Request) {
10.       if (
11.         !req.headers.has('Authorization') ||
12.         req.headers.get('Authorization')?.split(' ')[1] !== Deno.env.get('AUTH_TOKEN')
13.       ) {
14.         // 进行鉴权，密钥在环境变量中
15.         return new Response(null, { status: Status.Unauthorized });
16.       }
17.       if (req.method !== method) {
18.         // 仅处理 POST 请求
19.         return new Response(null, { status: Status.MethodNotAllowed });
20.       }
21.       const { pathname: path, searchParams: query } = new URL(req.url);
22.       if (path !== pathPattern) {
23.         // 仅允许/users/search 路径
24.         return new Response(null, { status: Status.NotFound });
25.       }
26.
27.       const userId = query.get('userId');
28.       if (!userId) {
29.         // 必须有 userId 参数
30.         return new Response(null, { status: Status.BadRequest });
31.       }
32.       const userObj = JSON.parse(await Deno.readTextFile(dbPath))[userId];
33.       if (!userObj) {
34.         // 未找到用户
35.         return new Response(null, { status: Status.NoContent });
36.       }
```

```
37.
38.        return new Response(JSON.stringify(userObj), {
39.          headers: {
40.            'content-type': 'application/json',
41.          },
42.        });
43.    };
44.  }
```

新建文件 main.ts。使用 HTTP 引入了之前共享的函数 register，filePath 是这个文件的路径，作为其注册的唯一 key，调用注册函数获得端口，然后使用标准库提供的 serve 函数启动注册的函数服务器。

```
1.  // faas/registry/example/users-search/main.ts
2.  import { serve } from './deps.ts';
3.  import { handlerMaker } from './req-handler.ts';
4.  import { register } from 'http://localhost:8000/register@0.1.0/mod.ts';
5.
6.  const filePath = new URL(import.meta.url).pathname;
7.  const port = await register(['/users/search'], filePath);
8.  serve(handlerMaker('POST', '/users/search'), { port });
```

首先启动注册中心服务器。

```
1.  deno run --allow-net --allow-read=./public,../shared server.ts

2.  registryDictLocalStorage null
3.  registryDictLocalStorage 不存在,开始初始化...
4.  注册服务器运行在 http://localhost:8000
```

启动待注册的函数服务器。

```
1.  export AUTH_TOKEN=my_auth && deno run --allow-net --allow-env --allow-read ./example/
users-search/main.ts
2.  Listening on http://localhost:8001/
```

打开注册中心的管理页面，可以看到已经有/users/search 记录了，分配的端口号为 8001，如图 3-8 所示。单击删除按钮，则记录消失，端口释放。

● 图 3-8 /users/search 已注册

▶▶ 3.3.7 函数代理

本节将会实现注册中心的最后一个功能：函数代理。通过 Deno 的能力，可以在 Monorepo 项目中非常方便地让任意一个脚本立即创建一个基于 HTTP 的函数服务。注册到注册中心之后，其他脚本就可以调用这些函数服务。

在 src 下新建 redirect/controller 和 redirect/service 文件夹。在 redirect/service 文件夹下新建 get-original-url.ts 文件。当一个函数服务脚本注册后，通过 registryDictDB 的 getTargetUrl 方法就可以获得这个路径的文件路径。

```
1.    // faas/registry/src/redirect/service/get-original-url.ts
2.
3.    import { registryDictDB } from '../../registry/model/mod.ts';
4.    export function getTargetUrl(pathname: string) {
5.      const targetUrl = registryDictDB.getTargetUrl(pathname);
6.      if (!targetUrl) {
7.        throw new Deno.errors.NotFound();
8.      }
9.      return '${targetUrl}${pathname}';
10.   }
```

有了真实路径，在 redirect 的 controller 中进行代理连接即可。在 controller 文件夹下新建 handler.ts 文件。这里简化了 handler 的实现，只支持头文件的 content-type 为 application/json 且 body 为 JSON 的请求。对于不成功的请求，返回状态码和 body，对于成功的如果头文件 content-type 为 application/json，则返回 JSON，否则按照文本返回。后续若有更复杂的需求，只要慢慢扩充这个函数即可。

```
1.    // faas/registry/src/redirect/controller/handler.ts
2.    import { Context, Status } from '../../../deps.ts';
3.    import { getTargetUrl } from '../service/get-original-url.ts';
4.
5.    export async function redirect(ctx: Context) {
6.      console.log('当前请求的 URL 是', ctx.request.url.href);
7.      console.log(ctx.request.url);
8.
9.      const subUrl = ctx.request.url.pathname.replace('/api', '');
10.     const search = ctx.request.url.search;
11.     let targetUrl;
12.     try {
13.       targetUrl = '${getTargetUrl(subUrl)}${search}';
14.       console.log('目标的 URL 是', targetUrl);
15.     } catch (e) {
16.       ctx.response.status = Status.InternalServerError;
17.       if (e instanceof Deno.errors.NotFound) {
18.         ctx.response.body = {
19.           errMsg: '提供的 URL 还没有注册！',
20.         };
21.       }
```

```
22.      return;
23.    }
24.
25.    let res;
26.    // 只支持 JSON 格式的 body
27.    if (ctx.request.headers.get('content-type') === 'application/json' && ctx
.request.hasBody) {
28.      const reqBody = ctx.request.body();
29.      if (reqBody.type !== 'json') {
30.        ctx.response.status = Status.UnsupportedMediaType;
31.        return;
32.      }
33.      res = await fetch(targetUrl, {
34.        method: ctx.request.method,
35.        headers: ctx.request.headers,
36.        body: JSON.stringify(await reqBody.value),
37.      });
38.    } else {
39.      res = await fetch(targetUrl, {
40.        method: ctx.request.method,
41.        headers: ctx.request.headers,
42.      });
43.    }
44.    // 子服务只支持 OK 为成功的状态码
45.    if (res.status !== Status.OK) {
46.      ctx.response.status = res.status;
47.      ctx.response.body = res.body;
48.      return;
49.    }
50.    if (res.headers.get('content-type') === 'application/json') {
51.      ctx.response.body = await res.json();
52.    } else {
53.      ctx.response.body = await res.text();
54.    }
55.  }
```

在 redirect 文件夹新建入口文件 mod.ts。

```
1.  // faas/registry/src/redirect/mod.ts
2.  export { redirect } from './controller/handler.ts';
```

.all 表示匹配所有的 HTTP 请求方法，即 GET、POST、PUT、DELETE 等。括号中的 /api/（.*）是一个匹配规则，它表示匹配所有以 /api/ 开头的路径，括号中的 .* 表示匹配任意字符。redirect 是处理函数，它会在匹配到相应的路由规则时被调用。这段代码的作用将所有注册的路径都添加 api 前缀。

```
1.  // faas/registry/src/router.ts
2.  import { redirect } from './redirect/mod.ts';
```

```
3.
4.     router
5.     ...
6.     .all('/api/(.*)', (ctx) ⇒ redirect(ctx))
```

运行注册中心。

```
1.     deno run --allow-net --allow-read=./public,./shared server.ts
2.     registryDictLocalStorage null
3.     registryDictLocalStorage 不存在,开始初始化...
4.     注册服务器运行在 http://localhost:8000
```

运行样例函数服务。

```
1.     export AUTH_TOKEN=my_auth && deno run --allow-net --allow-env --allow-read ./example/
users-search/main.ts
2.     Listening on http://localhost:8001/
```

使用 curl 命令进行验证。

```
1.      curl -i "http://localhost:8000/api/users/search? userId=1" -H ' Authorization:
Bearer my_auth'-X POST
2.     HTTP/1.1 200 OK
3.     content-type: application/json; charset=UTF-8
4.     vary: Accept-Encoding
5.     content-length: 53
6.     date: Sat, 01 Oct 2022 12:22:24 GMT
7.
8.     {"name":"紫霞","age":"500","weapon":"紫金宝剑"}
```

至此，一个简单的基于 Deno 的注册中心服务器就完成了。

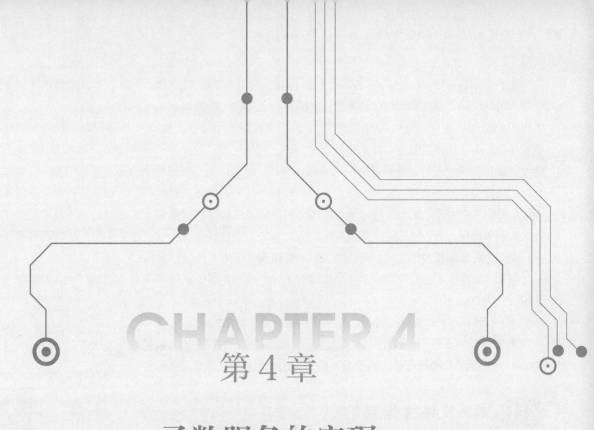

CHAPTER 4
第 4 章

函数服务的实现

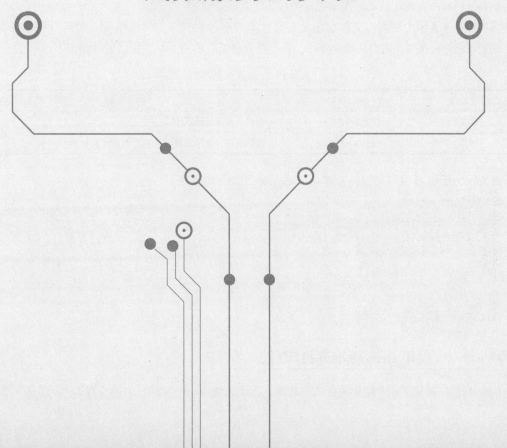

函数即服务（Function-as-a-Service，FaaS）是一种以函数为单位的云计算服务，允许用户仅上传所需的函数代码，并在需要时自动执行该代码。一个构建良好的 Monorepo 内部既可以自行部署一套简化版的 FaaS 层，提供一定的基础设施能力，也可以直接使用公有云提供的 FaaS 环境，使开发者可以更专注在业务上，将更偏技术（如扩展、运行时、资源配置、安全等"服务器"）的部分交给运行环境（此运行环境，既可以是自有托管的 worker 环境，也可以是公有云提供的 worker 环境）。

函数即服务并不是特别复杂的概念，可以理解为把一个微服务继续拆分。通常，一个完备的业务领域的微服务由若干个端点组成，函数即服务的目标是先构建目前最需要的端点，而不是进行非常完备的微服务构建，因为链路比微服务要短，所以可以更快地开发并上线。函数即服务与微服务并不冲突，在一个业务领域成熟之后，可以使用成熟的微服务技术对其进行重构。

在第 3 章注册中心开发完成后，项目就有了一个非常简单的函数即服务的模拟环境，本章将主要介绍，使用 Deno 构建：

- 一个简单的 S3 文件服务器，用来存储报名应用的海报。
- 一个简单的基于 HTTP 的计时器，用于在活动报名到期时执行活动到期的任务。
- 一个简单的邮箱服务，用于发送报名登记应用中间环节需要的邮件。

4.1　本地文件服务器

报名登记应用在发起活动时需要存储图片，所以需要编写一个简单的文件服务器。一个最简单的文件服务器主要有两个功能：文件上传和下载。本书不考虑删除文件的情况，如果用户上传同名文件，则版本号自动加 1。用户获取文件时，总是获取最新版本的文件。接口设计如表 4-1 所示。

表 4-1　文件服务器接口

方　　法	URL 路径	描　　述
GET	/s3/v1/*	获取文件的最新版本
PUT	/s3/v1/*	存储文件，如果文件已存在，则版本自动加一

在 faas 中新建 s3 文件夹，并新建 package.json 文件，内容如下。

```
1.    {
2.      "name": "@faas/s3",
3.      "version": "1.0.0",
4.      "description": "",
5.      "scripts": {
6.        "start": "deno run ./main.ts"
7.      }
8.    }
```

▶▶ 4.1.1　使用 Deno 标准库打印日志

Deno 标准库提供了一个简单易用的日志库，本项目使用一个轮转日志的设置，由于日志需要文件写权限，在创建日志的文件中加上权限断言。

在 s3 下新建 src 、log 、store 文件夹。新建依赖文件 deps.ts。

```
1.   // faas/s3/deps.ts
2.   export { getLogger, handlers, setup } from 'https://deno.land/std@0.170.0/log/mod.ts';
3.   export { join, dirname } from 'https://deno.land/std@0.170.0/path/mod.ts';
```

创建锚点常量文件 store.constants.ts。Deno 脚本的启动位置可以是任意的位置，而 S3 服务的目录和日志目录可能是多变的，所以需要一个锚点常量文件 store.constants.ts 来存储 log 日志目录的绝对地址。

```
1.   // faas/s3/store.constants.ts
2.   import { dirname, join } from './deps.ts';
3.
4.   // 当前模块的目录
5.   const __dirname = dirname(new URL(import.meta.url).pathname);
6.   // 文件的存储目录
7.   export const storeDir = join(__dirname, 'store');
8.   // 日志的存储目录
9.   export const logDir = join(__dirname, 'log');
```

dirname 函数用于获取 URL 路径的目录名称，join 函数用于将多个路径段合并为单个路径，这两个函数都是 Deno 标准库中提供的。__dirname 用于存储当前模块的目录。storeDir 和 logDir 这两个变量分别使用 join 函数和__dirname 常量计算得出，并用于存储文件的存储目录和日志目录的路径。如果需要更改存储目录或者日志目录，修改组成 storeDir 和 logDir 的地址即可。

新建日志工具代码 src/utils/logger.ts 文件。

```
1.   // faas/s3/src/utils/logger.ts
2.   import { handlers, setup, getLogger, join } from '../../deps.ts';
3.   import { logDir } from '../../store.constants.ts';
4.
5.   if ((await Deno.permissions.query({ name: 'write', path: logDir })).state !== 'granted') {
6.     console.error('错误: 没有写权限', logDir);
7.     Deno.exit(1);
8.   }
9.   if ((await Deno.permissions.query({ name: 'read', path: logDir })).state !== 'granted') {
10.     console.error('错误: 没有读权限', logDir);
11.     Deno.exit(1);
12.   }
13.
14.   await setup({
15.     handlers: {
16.       fileHandler: new handlers.RotatingFileHandler('DEBUG', {
17.         filename: join(logDir, 's3.log'),
18.         maxBytes: 10000,
19.         maxBackupCount: 10,
```

```
20.        formatter: (logRecord) ⇒
21.          JSON.stringify({
22.            loggerName: logRecord.loggerName,
23.            datetime: logRecord.datetime.toLocaleString(),
24.            level: logRecord.levelName,
25.            msg: logRecord.msg,
26.          }),
27.        }),
28.      },
29.      loggers: {
30.        default: {
31.          level: 'DEBUG',
32.          handlers: ['fileHandler'],
33.        },
34.      },
35.    });
36.
37.    export const log = getLogger();
```

代码会先检查应用程序是否具有读写日志目录 logDir 的权限。如果没有权限，代码会输出错误信息并退出程序。setup 函数用于设置日志配置，首先使用 RotatingFileHandler，该处理程序继承自 fileHandler 文件处理程序，并且在日志文件达到 10000 字节时轮询日志文件，最多保留 10 个日志文件。如果日志级别大于 DEBUG，则立即刷新日志。

在 s3 下新建 main.ts 文件，作为程序的入口文件，内容如下。

```
1.    // faas/s3/main.ts
2.    import { log } from './src/utils/logger.ts';
3.
4.    log.critical('s3 服务器已启动...');
```

不赋予权限，启动服务器，则报错。

```
1.    deno run ./main.ts
2.
3.    错误: 没有写权限 /monorepo-combat/faas/s3/log
4.    LIFECYCLE Command failed with exit code 1.
```

增加读写权限重新启动。

```
1.    deno run --allow-write=./log --allow-read=./log ./main.ts
```

可以看到 log 文件夹下，新生成了 s3.log 文件。

```
1.    // faas/s3/log/s3.log
2.    {"loggerName":"default","datetime":"2023/1/2 20:15:45","level":"CRITICAL",
"msg":"s3 服务器已启动..."}
```

▶▶ 4.1.2　设计和实现文件服务器的服务层

文件服务器的多版本管理可以采用时间戳、增量备份、版本控制等方式实现。本节将实现一个基于 JSON 管理文件版本元数据的存储格式。Deno 标准库中的 Streams 是用于处理流数据的标准库，提供了一种方便和高效的方式来处理大量的数据。Deno 的 Streams API 完全基于标准的 Web Streams API，并提供了许多类似 Node.js Streams 的 API。

1. 存储格式设计

由于存在同一个文件上传多次的问题，因此要对文件进行版本管理，每个文件的名字设计为实际存储的目录名，在目录下存储 meta.json 作为元数据存储。例如/a/b/c.txt，第一次存储的结构如下。

```
1.    /a/b/c.txt/meta.json
2.    /a/b/c.txt/1
```

此时 meta.json 文件的内容为：

```
1.    {"version":1}
```

再次上传/a/b/c.txt，则存储的结构变为：

```
1.    /a/b/c.txt/meta.json
2.    /a/b/c.txt/1
3.    /a/b/c.txt/2
```

此时 meta.json 文件的内容如下。

```
1.    {"version":2}
```

有了这个设计以后，当获取一个文件的读写请求时，对这个文件的 meta.json 进行判断。

- 如果不存在 meta.json 文件，对于读文件请求，则为请求了没有创建的文件；对于写文件请求，则为第一次写文件。
- 如果存在 meta.json 文件，对于读文件请求，则返回 meta.json 文件中的版本对应的文件；对于写文件，则写入新文件，且版本号加 1。

2. 流式写文件

流式写文件指的是将数据逐个或逐块地写入文件，而不是将整个数据一次性写入文件。这种方法可以减少内存的使用，降低系统开销，并且可以提高处理大型文件的效率。在 src 下新建 service 文件夹，并新建 deps.ts 文件，创建这个文件的目的是为了处理 service 文件夹内部和外部的引用联系。

```
1.    // faas/s3/src/service/deps.ts
2.    export { storeDir } from '../../store.constants.ts';
3.    export { join } from 'https://deno.land/std@0.170.0/path/mod.ts';
```

新建 types.ts 文件，放置 meta.json 的类型。

```
1.    // faas/s3/src/service/types.ts
2.    export interface FileMeta {
3.      version: number;
4.    }
```

新建 src/serivce/get-latest-version.ts 来实现读取目标文件的版本。这里通过 Deno.stat（）来确认文件是否存在，如果不存在会报 NotFound 的错误，返回版本号为 0；如果为其他错误，则可能发生了其他问题，把错误抛出即可。

```
1.    // faas/s3/src/service/get-latest-version.ts
2.    import { join, storeDir } from './deps.ts';
3.    import { FileMeta } from './types.ts';
4.
5.    export async function getLatestVersion(relativePath: string): Promise<number> {
6.      const fileDir = join(storeDir, relativePath);
7.      const fileMetaPath = '${fileDir}/meta.json';
8.      try {
9.        // meta.json 存在
10.       await Deno.stat(fileMetaPath);
11.       const meta: FileMeta = JSON.parse(await Deno.readTextFile('${fileDir}/meta.json'));
12.       return meta.version;
13.     } catch (e) {
14.       if (e instanceof Deno.errors.NotFound) {
15.         // meta.json 不存在
16.         return 0;
17.       }
18.       // 其他错误
19.       throw e;
20.     }
21.   }
```

当前存储目录是/a/b/c.txt，**meta.json** 中内容为 ｛"version":3｝，在请求读文件时会返回/a/b/c.txt/3。

```
1.    a
2.    └── b
3.        └── c.txt
4.            ├── meta.json
5.            ├── 1
6.            ├── 2
7.            └── 3
```

在 service 文件夹下创建 write-request-stream.ts。writeRequestStream 函数用于将给定请求的内容以流的形式写入给定的文件。函数的第一个参数 relativePath 是文件的相对路径，第二个参数 req 是一个请求对象。首先，使用 join 函数和 storeDir 变量计算出文件所在的基础目录，并使用 getLatestVersion 函数获取文件的最新版本号，如果文件的版本号为 0，即 meta.json 文件不存在，意味着这是文件的第一次写入，函数会使用 Deno.mkdir 函数创建文件所在的文件夹；然后，函数会计算出新的版本号并使用

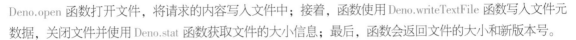

Deno.open 函数打开文件，将请求的内容写入文件中；接着，函数使用 Deno.writeTextFile 函数写入文件元数据，关闭文件并使用 Deno.stat 函数获取文件的大小信息；最后，函数会返回文件的大小和新版本号。

```
1.    // faas/s3/src/service/write-request-stream.ts
2.    import { join, storeDir } from './deps.ts';
3.    import { getLatestVersion } from './get-latest-version.ts';
4.
5.    /*
6.     打开给定的文件并以流的形式写入其内容
7.     第一次写入时,会创建文件夹和文件
8.    */
9.
10.   export async function writeRequestStream(relativePath: string, req: Request) {
11.     const fileBaseDir = join(storeDir, relativePath);
12.     console.log(fileBaseDir);
13.
14.     const version = await getLatestVersion(relativePath);
15.
16.     console.log('version', version);
17.
18.     if (version === 0) {
19.       // 版本号为 0,则为第一次写入,创建文件夹
20.         await Deno.mkdir(fileBaseDir, { recursive: true });
21.     }
22.     const newVersion = version + 1;
23.     // 写入文件的路径
24.     const filePath = '${fileBaseDir}/${newVersion}';
25.     const destFile = await Deno.open(filePath, {
26.       create: true,
27.       write: true,
28.       truncate: true,
29.     });
30.     await req.body?.pipeTo(destFile.writable);
31.     await Deno.writeTextFile('${fileBaseDir}/meta.json', JSON.stringify({ version:
newVersion }));
32.     destFile.close();
33.     const fileData = await Deno.stat(filePath);
34.
35.     return {
36.       size: fileData.size,
37.       version: newVersion,
38.     };
39.   }
```

3. 流式读文件

流式读文件是按照一定的数据流顺序，逐个读取文件中的数据并进行处理的一种方式。在 service/deps.ts 文件增加新的引用。

```
1.    // faas/s3/src/service/deps.ts
2.    ...
```

```
3.    export { readableStreamFromReader } from 'https://deno.land/std@0.170.0/streams/
mod.ts';
```

在 service 文件夹下新建 get-file-stream.ts 文件。getFileStream 函数用于获取给定相对路径的文件的流。参数 relativePath 是文件的相对路径。首先，使用 getLatestVersion 函数获取文件的最新版本号。如果版本号为 0，则意味着文件还没有被创建，因此函数会抛出一个 NotFound 错误；如果文件存在，函数使用 join 函数和 storeDir 变量计算出文件所在的目录，并使用 Deno.stat()函数获取文件的信息；如果不是一个文件，则函数会抛出一个 BadResource 错误。最后，函数使用 Deno.open 函数打开文件，并使用 readableStreamFromReader 函数将文件转换为可读流。函数会返回文件的大小和可读流。

```
1.    // faas/s3/src/service/get-file-stream.ts
2.    import { join, storeDir, readableStreamFromReader } from './deps.ts';
3.    import { getLatestVersion } from './get-latest-version.ts';
4.
5.    export async function getFileStream(relativePath: string) {
6.      const version = await getLatestVersion(relativePath);
7.      if (version === 0) {
8.        throw new Deno.errors.NotFound('${relativePath}还没创建');
9.      }
10.     const fileDir = join(storeDir, relativePath);
11.     const latestFilePath = '${fileDir}/${version}';
12.     const fileData = await Deno.stat(latestFilePath);
13.     if (!fileData.isFile) {
14.       throw new Deno.errors.BadResource('${relativePath}不是一个文件');
15.     }
16.     const file = await Deno.open(latestFilePath);
17.     return {
18.       size: fileData.size,
19.       fileStream: readableStreamFromReader(file),
20.     };
21.   }
```

创建 service 文件夹的进入点文件 mod.ts，导出对外可见的函数。

```
1.    // faas/s3/src/service/mod.ts
2.    export { getFileStream } from './get-file-stream.ts';
3.    export { writeRequestStream } from './write-request-stream.ts';
```

▶▶ 4.1.3 编写文件服务器的 Controller 层

Controller 层要处理最后返回的 HTTP 响应状态，所以引入 Deno 标准库中的 Status 函数。新建 controller 文件夹和 deps.ts 依赖文件。

```
1.    // faas/s3/src/controller/deps.ts
2.    export { Status } from 'https://deno.land/std@0.170.0/http/http_status.ts'
3.    export { extname } from 'https://deno.land/std@0.170.0/path/mod.ts';
```

extname 函数是 Deno 标准库中的一个函数，用于获取一个文件名的扩展名。例如对于一个文件名为 my-file.txt，extname 函数会返回.txt。

新建 get-content-type.ts 文件，根据获取的文件扩展名获取 content-type 值。

```
1.    // faas/s3/src/controller/get-content-type.ts
2.    import { extname } from './deps.ts';
3.
4.    const CONTENT_TYPE_RAW = 'application/octet-stream';
5.    const EXTENSION_TO_CONTENT_TYPE: Record<string, string> = {
6.     '.csv':'text/csv',
7.     '.doc':'application/msword',
8.     '.docx':'application/vnd.openxmlformats-officedocument.wordprocessingml.document',
9.     ...
10.    '.xml':'application/xml',
11.    '.zip':'application/zip',
12.   };
13.
14.   export function getContentType(relativePath: string): string
{     return EXTENSION_TO_CONTENT_TYPE[extname(relativePath)] ||
CONTENT_TYPE_RAW;
15.   }
```

在 src/utils 目录下新建 append-tracking-id.ts 文件，appendTrackingId 函数的作用是在响应的 HTTP 头中添加一个名为 x-tracking-id 的自定义属性。在路由进入时，对于所有的 controller 生成一个随机的 id，这样可以根据这个 id 来区分不同的日志，最后在路由回传时，把这个 id 放在 HTTP 头中，如果有错误发生，可以根据 id 进行 HTTP 请求分析。

```
1.    // faas/s3/src/utils/append-tracking-id.ts
2.    export function appendTrackingId(rep: Response, id: string) {
3.     if (!rep) {
4.       return;
5.     }
6.     rep.headers.set('x-tracking-id', id);
7.    }
```

在 controller 文件夹下新建 types.ts 文件，用来配置传入 controller 的 handler 的入参类型。

```
1.    // faas/s3/src/controller/types.ts
2.    export interface HandlerOptions {
3.     id: string;
4.     req: Request;
5.    }
```

在获取正常的情况下，创建一个新的 HTTP 响应对象，将文件数据流作为响应正文，并设置响应头。在异常状态时，写入日志，并且回传响应的错误码。由于写入时，文件都做了 gzip 压缩，所以回传的头文件中加入 'content-encoding':'gzip'。

```
1.    // faas/s3/src/controller/get.ts
2.    import { getFileStream } from '../service/mod.ts';
3.    import { log } from '../utils/logger.ts';
4.    import { Status } from './deps.ts';
5.    import { HandlerOptions } from './types.ts';
6.    import { getContentType } from './get-content-type.ts';
7.
8.    export async function getHandler({ req, id }: HandlerOptions): Promise<Response> {
9.      const relativePath = new URL(req.url).pathname.replace('/s3/v1', '');
10.     try {
11.       const { size, fileStream } = await getFileStream(relativePath);
12.       return new Response(fileStream, {
13.         status: Status.OK,
14.         headers: {
15.           'content-length': size.toString(),
16.           'content-type': getContentType(relativePath),
17.           'content-encoding': 'gzip',
18.         },
19.       });
20.     } catch (err) {
21.       log.critical('${id} [get][controller] 捕获异常 ${err.message}');
22.       if (err instanceof Deno.errors.NotFound) {
23.         return new Response(null, { status: Status.NotFound });
24.       }
25.       if (err instanceof Deno.errors.BadResource) {
26.         return new Response(null, { status: Status.UnprocessableEntity });
27.       }
28.       return new Response(null, { status: Status.InternalServerError });
29.     }
30.   }
```

新建 put.ts 文件，创建 putHandler 函数，文件写入是通过 4.1.2 节中的 writeRequestStream 函数来实现的。正常情况下，将请求的 body 中的文件流写入磁盘，如果报错则返回 500 错误码。

```
1.    // faas/s3/src/controller/put.ts
2.    import { writeRequestStream } from '../service/mod.ts';
3.    import { log } from '../utils/logger.ts';
4.    import { Status } from './deps.ts';
5.    import { HandlerOptions } from './types.ts';
6.
7.    export async function putHandler({ req, id }: HandlerOptions): Promise<Response> {
8.      const relativePath = new URL(req.url).pathname.replace('/s3/v1', '');
9.      try {
10.       const { size, version } = await writeRequestStream(relativePath, req);
11.       return new Response(JSON.stringify({ version }), {
12.         status: Status.OK,
13.         headers: {
14.           'content-length': size.toString(),
```

```
15.          'content-type': getContentType(relativePath),
16.        },
17.      });
18.    } catch (err) {
19.      log.critical('${id}[put][controller] 捕获异常: ${err.message}');
20.      return new Response(null, { status: Status.InternalServerError });
21.    }
22.  }
```

在 controller 文件夹下新建 mod.ts 文件，导出对外可见的函数。

```
1.  // faas/s3/src/controller/mod.ts
2.  export { getHandler } from './get.ts';
3.  export { putHandler } from './put.ts';
```

在 s3 文件夹下新建 router.ts 文件，由于 router.ts 要使用 HTTP 状态码，在根 deps.ts 增加依赖。

```
1.  // faas/s3/deps.ts
2.  ...
3.  export { Status } from 'https://deno.land/std@0.170.0/http/http_status.ts';
```

router 函数在接收到请求时，生成一个随机的 UUID 作为 traceId。在返回请求时，把 traceId 添加到 x-tracking-id 自定义头，并记录请求的方法、URL、状态码和响应体大小到日志中。

```
1.  // faas/s3/src/router.ts
2.  import { getHandler } from './controller/get.ts';
3.  import { putHandler } from './controller/put.ts';
4.  import { Status } from '../deps.ts';
5.  import { log } from './utils/logger.ts';
6.  import { appendTrackingId } from './utils/append-tracking-id.ts';
7.
8.  export async function route(req: Request): Promise<Response> {
9.    let rep: Response;
10.   const id = await crypto.randomUUID();
11.   try {
12.     if (req.method == 'GET') {
13.       rep = await getHandler({ id, req });
14.     } else if (req.method == 'PUT') {
15.       rep = await putHandler({ id, req });
16.     } else {
17.       rep = new Response(null, { status: Status.MethodNotAllowed });
18.     }
19.   } catch (err) {
20.     log.critical('${id}[router] 捕获异常: ${err.message}');
21.     rep = new Response(null, { status: Status.InternalServerError });
22.   }
23.   appendTrackingId(rep, id);
24.   log.info(
```

```
25.      '${id} ${req.method} ${req.url} ${rep.status} ${
26.      rep.headers.has('content-length') ? rep.headers.get('content-length') : 0
27.      } 字节',
28.    );
29.    return rep;
30.  }
```

在根 deps.ts 增加依赖。

```
1.    // faas/s3/deps.ts
2.    export { serve } from 'https://deno.land/std@0.170.0/http/mod.ts';
```

修改 main.ts 文件，启动 HTTP 服务器。

```
1.    // faas/s3/main.ts
2.    import { route } from './src/router.ts';
3.    import { log } from './src/utils/logger.ts';
4.    import { serve } from './deps.ts';
5.    import { storeDir } from './store.constants.ts';
6.
7.    // 检查是否有读写权限
8.    async function checkAccess() {
9.      if ((await Deno.permissions.query({ name: 'read', path: storeDir })).state !== 'granted') {
10.        console.error('错误: 没有读权限', storeDir);
11.        Deno.exit(1);
12.      }
13.      if ((await Deno.permissions.query({ name: 'write', path: storeDir })).state !== 'granted') {
14.        console.error('错误: 没有写权限', storeDir);
15.        Deno.exit(1);
16.      }
17.    }
18.
19.    await checkAccess();
20.    log.critical('s3 服务器已启动...');
21.    serve(route, { port: 8080 });
```

启动服务器进行测试，注意添加读写权限。

```
1.    deno run --allow-write=./log,./store --allow-read=./log,./store --allow-net ./main.ts
2.
3.    Listening on http://localhost:8080/
```

也可以在 package.json 文件中添加 start 脚本。

```
1.    // faas/s3/package.json
2.    {
3.      ...
```

```
4.      "scripts": {
5.        "start": "deno run --allow-write=./log,./store --allow-read=./log,./store --allow-net
./main.ts"
6.      }
7.    }
```

使用根目录的 package.json 文件进行测试。这个命令会将当前目录下的 package.json 文件作为二进制数据发送到 http://localhost：8080/s3/v1/package.json URL 上。curl 命令中使用了-X 标记，指定了使用 PUT 方法。-i 标记指示 curl 命令在输出中包括 HTTP 响应头，-N 标记指示 curl 命令在输出中不包括响应体。

```
1.    curl -X PUT http://localhost:8080/s3/v1/package.json --data-binary "@./package.json" -iN
2.    HTTP/1.1 201 Created
3.    content-length: 997
4.    content-type: text/plain;charset=UTF-8
5.    x-tracking-id: d69fa596-8412-467d-a616-8f069d6daff5
6.    vary: Accept-Encoding
7.    date: Tue, 04 Oct 2022 09:41:12 GMT
8.
9.    {"version":1}
```

执行后可以发现在 s3/store 下生成了 package.json 文件夹。

```
1.    store
2.    └── package.json
3.        ├── 1
4.        └── meta.json
```

1 文件中存储的是 package.json 文件的内容，meta.json 里面表明当前版本是 {"version"：1}。使用 curl 命令读取 package.json 文件。

```
1.    curl http://localhost:8080/s3/v1/package.json -i
2.    HTTP/1.1 200 OK
3.    content-length: 997
4.    content-type: application/json
5.    content-encoding: gzip
6.    x-tracking-id: 7fbf5a59-fe12-4acb-b667-34746ed80f21
7.    vary: Accept-Encoding
8.    date: Wed, 04 Jan 2023 11:50:29 GMT
9.
10.   {
11.     "name": "monorepo-combat",
12.     ...
13.   }
```

再次执行上传 package.json 文件，会发现 package.json 文件夹生成了文件 2，meta.json 的版本也变成了 {"version":2}。

4.2 基于 HTTP 的计时器

对于一个报名登记应用，当活动截止报名时，需要把活动的状态从上线转换为结束。为了保持服务器程序无状态，可以创建一个基于 HTTP 的计时器程序，在活动上线时，发起计时器程序的计时请求，当活动截止报名时，计时器程序对后端程序服务器发起活动结束请求。

为了增加计时器程序的健壮性，在计时器程序收到请求时，会把请求落地为 JSON 文件。假设计时器因为某种原因崩溃，重新启动时，会读取这些落地的 JSON 文件，如果读取到的任务已经超时，即活动结束时间小于当前时间，则立即执行这个任务。为提升响应速度，在 Deno 的 localStorage 中存储落地 JSON 文件的索引。

在 faas 文件夹下新建 timer 文件夹，并新建 package.json 文件。

```
1.   // faas/timer/package.json
2.   {
3.     "name": "@faas/timer",
4.     "version": "1.0.0",
5.     "description": ""
6.   }
```

新建依赖管理文件 deps.ts，内容如下。

```
1.   // faas/timer/deps.ts
2.   export { dirname, join } from
'https://deno.land/std@0.170.0/path/mod.ts';
3.   export { serve, Status } from
'https://deno.land/std@0.170.0/http/mod.ts';
4.   export { getLogger, handlers, setup } from
'https://deno.land/std@0.170.0/log/mod.ts';
5.   export { expandGlob, ensureDir } from
'https://deno.land/std@0.170.0/fs/mod.ts';
6.   export { z } from 'https://deno.land/x/zod@v3.19.1/mod.ts';
```

对于计时器程序，所有的落地 JSON 文件存放在 timer 项目根目录的 store 文件夹中，日志存放在 log 目录，目录结构如下。

```
1.   timer
2.       ├── deps.ts
3.       ├── package.json
4.       ├── log
5.       ├── src
6.       └── store
```

新建存放常数文件 consts.ts，如当前路径、日志路径和存储路径。

```
1.   // faas/timer/consts.ts
2.   import { dirname, join } from './deps.ts';
```

```
3.   const __dirname = dirname(new URL(import.meta.url).pathname);
4.   export const baseStoreDir = join(__dirname, 'store');
5.   export const logDir = join(__dirname, 'log');
6.   export const timerStoreDir = 'timer';
```

计时器程序简单地分为两部分，一部分是计时器的状态，要以 JSON 的格式存储在磁盘上；另一部分是基于计时器的状态进行倒计时，计时结束时，触发计时器里的任务。

首先，新建存储计时器状态的基类 Store，来处理和存储 localStorage 相关的内容，在 src 文件夹下新建 store.ts 文件。

```
1.   // faas/timer/src/store.ts
2.   import { baseStoreDir } from '../consts.ts';
3.   import { ensureDir } from '../deps.ts';
4.
5.   interface StoreOptions<T> {
6.     prefix: string;
7.     id: number;
8.     data: T;
9.   }
10.  export abstract class Store<T> {
11.    private storeFile: string;
12.    private storeDir;
13.    protected prefix: string;
14.    protected id: number;
15.    protected data: T;
16.    protected constructor({ prefix, id, data }: StoreOptions<T>) {
17.      this.prefix = prefix;
18.      this.id = id;
19.      this.data = data;
20.      // 每一个存储的数据的文件夹名字为：日期+时间+id
21.      this.storeDir = '${baseStoreDir}/${this.prefix}/${this.id}/';
22.      // 每一个存储的数据的文件名字为：data.json
23.      this.storeFile = '${this.storeDir}/data.json';
24.      this.setActiveId();
25.    }
26.    // 保存数据到磁盘
27.    protected async save(): Promise<void> {
28.      await ensureDir(this.storeDir);
29.      await Deno.writeTextFile(this.storeFile,
JSON.stringify(this.data));
30.    }
31.    // 获取当前数据
32.    protected getData(): T {
33.      return this.data;
34.    }
35.    // 更新数据
36.    protected setData(data: T): void {
```

```
37.        this.data = data;
38.        Deno.writeTextFileSync(this.storeFile, JSON.stringify(this.data));
39.      }
40.      // 删除数据
41.      public async delete(): Promise<void> {
42.        await Deno.remove(this.storeDir, { recursive: true });
43.        this.deleteActiveId();
44.      }
45.
46.      // 使用 activeId 记录还没有触发的事件 id,activeId 保存在 localStorage 中
47.      // 相当于 JSON 数据的索引
48.      // 数据格式为:{ [id]: id }
49.      private setActiveId() {
50.        const activeId: Record<number, number> = JSON.parse(localStorage.getItem
('activeId') ?? '{}');
51.        activeId[this.id] = this.id;
52.        localStorage.setItem('activeId', JSON.stringify(activeId));
53.      }
54.      // 删除 activeId 中的 id
55.      private deleteActiveId() {
56.        const activeIdRaw = localStorage.getItem('activeId');
57.        if (!activeIdRaw) {
58.          throw new Error('activeId 不在 localStorage 中');
59.        }
60.        const activeId: Record<number, number> = JSON.parse(activeIdRaw);
61.
62.        if (this.id in activeId) {
63.          delete activeId[this.id];
64.        } else {
65.          throw new Error('${this.id} 不在 activeId');
66.        }
67.        localStorage.setItem('activeId', JSON.stringify(activeId));
68.      }
69.    }
```

Store 类相当于一个简单的基于 JSON 的 ORM（Object-Relational Mapping，对象–关系映射），有以下几个方法。

- save：将数据存储到磁盘上。
- getData：获取当前的数据。
- setData：更新当前的数据。
- delete：删除当前的数据。

存储在磁盘上的数据由一个简单的存储在 localStorage 的索引 activeId 来记录没有触发的事件 ID。Store 类提供了两个私有方法。

- setActiveId：将当前的数据 id 保存到 localStorage 的 activeId 字段中。
- deleteActiveId：将当前的数据 id 从 localStorage 的 activeId 字段中删除。

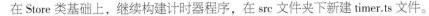

在 Store 类基础上，继续构建计时器程序，在 src 文件夹下新建 timer.ts 文件。

```typescript
1.  // faas/timer/src/timer.ts
2.  import { Store } from './store.ts';
3.  import { log } from './utils/logger.ts';
4.  import { timerStoreDir } from '../consts.ts';
5.  import { z } from '../deps.ts';
6.  // 使用 zod 对 HTTP 事件进行类型校验
7.  export const httpEvent = z.object({
8.    type: z.literal('http'),
9.    url: z.string(),
10.   method: z.string(),
11.   headers: z.record(z.string()),
12.   body: z.any(),
13. });
14. // 获取 zod 校验后的类型
15. type HttpEvent = z.infer<typeof httpEvent>;
16. // 定义 TimerMeta 类型,存储定时器的元数据
17. export interface TimerMeta {
18.   receiveTime: Date;
19.   triggerTime: Date;
20.   event: HttpEvent;
21. }
22. export class Timer extends Store<TimerMeta> {
23.   private timerId!: number;
24.   public constructor(id: number, private meta: TimerMeta) {
25.     super({
26.       id,
27.       prefix: timerStoreDir,
28.       data: meta,
29.     });
30.   }
31.   public async start() {
32.     await this.save();
33.     const delay = this.meta.triggerTime.getTime() - new Date(Date.now()).getTime();
34.     if (delay > 0) {
35.       this.timerId = setTimeout(async () => {
36.         await this.trigger();
37.       }, delay);
38.       return {
39.         status: 'timer-started',
40.         timerId: this.timerId,
41.       };
42.     } else {
43.       await this.trigger();
44.       return {
45.         status: 'timer-triggered',
46.       };
47.     }
```

```
48.      }
49.      public getTimerId() {
50.        return this.timerId;
51.      }
52.      public async cancel() {
53.        clearTimeout(this.timerId);
54.        await this.delete();
55.        log.info('取消任务: ${JSON.stringify(this.meta)}');
56.      }
57.      public async trigger() {
58.        const { event } = this.meta;
59.        switch (event.type) {
60.          case 'http':
61.            await this.httpEvent(event);
62.            break;
63.          default:
64.            log.error('未知的任务类型: ${event.type}');
65.        }
66.      }
67.
68.      private async getAuth() {
69.        const bodyString = JSON.stringify({
70.          accountName: Deno.env.get('TIMER_ADMIN'),
71.          password: Deno.env.get('TIMER_ADMIN_PASSWORD'),
72.        });
73.        const headers = { 'content-type': 'application/json' };
74.        const req = new Request('http://localhost:3000/v1/login', {
75.          method: 'POST',
76.          body: bodyString,
77.          headers,
78.        });
79.        const res = await fetch(req);
80.        const token = await res.json();
81.        return token.token;
82.      }
83.
84.      private async httpEvent({ url, method, body, headers }: HttpEvent) {
85.        const bodyString = JSON.stringify(body);
86.        const requestLog = '请求:
url: ${url} method: ${method} body: ${bodyString} header: ${JSON.stringify(
87.          headers,
88.        )}';
89.        const token = await this.getAuth();
90.        headers.Authorization = 'Bearer ${token}';
91.        const req = new Request(url, {
92.          method,
93.          body: bodyString,
94.          headers,
95.        });
```

```
96.        const res = await fetch(req);
97.        log.info('触发任务: ${requestLog} status: ${res.status}');
98.        if (res.status === 200) {
99.          try {
100.            // 只有执行成功才删除任务
101.            this.delete();
102.            log.info('任务触发完成,删除任务: ${requestLog}');
103.          } catch (e) {
104.            log.error('任务触发完成,删除任务失败: ${e.message}');
105.          }
106.        } else {
107.          // 任务失败
108.          log.error('触发任务失败: ${requestLog} status: ${res.status} 错误日志: ${await
res.text()}');
109.        }
110.      }
111.    }
```

日志模块使用 4.1.1 介绍的 Deno 标准库中的日志模块，在 src 下创建 utils 文件夹，并新建 logger.ts
文件。

```
1.    // faas/timer/src/utils/logger.ts
2.    import { handlers, setup, getLogger, join } from '../../deps.ts';
3.    import { logDir } from '../../consts.ts';
4.
5.    if ((await Deno.permissions.query({ name: 'write', path: logDir })).state !== 'granted') {
6.      console.error('错误: 没有写权限', logDir);
7.      Deno.exit(1);
8.    }
9.    if ((await Deno.permissions.query({ name: 'read', path: logDir })).state !== '
granted') {
10.      console.error('错误: 没有读权限', logDir);
11.      Deno.exit(1);
12.    }
13.
14.    await setup({
15.      handlers: {
16.      fileHandler: new handlers.RotatingFileHandler('DEBUG', {
17.        filename: join(logDir, 'timer.log'),
18.        maxBytes: 10000,
19.        maxBackupCount: 10,
20.        formatter: (logRecord) ⇒
21.          JSON.stringify({
22.            loggerName: logRecord.loggerName,
23.            datetime: logRecord.datetime.toLocaleString(),
24.            level: logRecord.levelName,
25.            msg: logRecord.msg,
26.          }),
```

```
27.        }),
28.      },
29.      loggers: {
30.        default: {
31.          level:'DEBUG',
32.          handlers: ['fileHandler'],
33.        },
34.      },
35.    });
36.
37.    export const log = getLogger();
```

计时器在任务触发时，需要登录获取 token。计时器的任务协议使用 zod 编写，zod 可以生成声明协议的 JSON Schema，计时器可以使用 JSON Schema 对传入的协议进行校验。

计时器在启动后使用 setTimeout 函数进行倒计时，并在倒计时结束后发起 HTTP 请求来执行相应的操作。执行完成后，计时器会删除磁盘上的文件。如果执行过程中遇到异常，计时器将不会删除文件，这样就可以根据过期但未被删除的文件来检测可能出现的异常情况。

因为计时器有落地状态，在 src 文件夹下新建启动程序 boot.ts，用于检查磁盘上的元数据文件。启动计时器时，会读取所有的元数据，如果触发时间已经到了，则立刻触发结束请求并删除元数据文件。

```
1.    // faas/timer/src/boot.ts
2.    import { baseStoreDir, timerStoreDir } from '../consts.ts';
3.    import { expandGlob } from '../deps.ts';
4.    import { Timer, type TimerMeta } from './timer.ts';
5.
6.    export async function boot() {
7.      // 从本地存储中读取所有的 timer
8.      for await (const file of expandGlob('${baseStoreDir}/${timerStoreDir}/**/data.
json')) {
9.
10.       const id = parseInt(file.path.split('/').slice(-2)[0]);
11.       const data = await Deno.readTextFile(file.path);
12.       const options: TimerMeta = JSON.parse(data);
13.       options.receiveTime = new Date(options.receiveTime);
14.       options.triggerTime = new Date(options.triggerTime);
15.       const timer = new Timer(id, options);
16.       await timer.start();
17.     }
18.   }
```

使用 Deno 内置的 expandGlob 遍历文件夹，获取所有 JSON 文件，对 JSON 的内容做一些解析，然后初始化计时器。因为本书中的计时器程序是一个基于 HTTP 协议的函数服务，下一步需要对获取 HTTP 请求进行处理，新建初始化计时器服务文件 set-timer.ts。

```
1.    // faas/timer/src/set-timer.ts
2.    import { Timer, type TimerMeta } from './timer.ts';
```

```
3.   import { getId } from './utils/id.ts';
4.
5.   interface TimerOptions {
6.     delay: number;
7.     event: TimerMeta['event'];
8.   }
9.   export async function setTimer(options: TimerOptions) {
10.    const id = getId();
11.    const timer = new Timer(id, {
12.      receiveTime: new Date(Date.now()),
13.      triggerTime: new Date(Date.now() + options.delay),
14.      event: options.event,
15.    });
16.    await timer.start();
17.  }
```

setTimer 函数接收一个 options 参数，类型为 TimerOptions。TimerOptions 接口定义了一个 delay 属性，类型为 number，表明此次计时的延时，即计时结束到计时开始的时间差；一个 event 属性，类型为 TimerMeta［'event'］。

setTimer 函数内部会生成一个唯一的 id，并使用这个 id 和 options 参数中的信息创建一个 Timer 实例。然后调用 timer.start( ) 方法启动计时器。

在 utils 文件夹下中新建维护 id 的函数 id.ts。

```
1.   // faas/timer/src/utils/id.ts
2.   // 获得一个 id,在 localStorage 中记录当前的 id
3.   export function getId(): number {
4.     let id = Number(localStorage.getItem('id')) ?? 0;
5.     const returnId = id++;
6.     localStorage.setItem('id', id.toString());
7.     return returnId;
8.   }
```

然后新建处理这个 HTTP 请求的 handler 函数。

```
1.   // faas/timer/src/req-handler.ts
2.   import { Status } from '../deps.ts';
3.   import { setTimer } from './set-timer.ts';
4.   import { httpEvent } from './timer.ts';
5.
6.   // POST /v1/timer/register
7.   export function handlerMaker(method: string, pathPattern: string) {
8.     return async function reqHandler(req: Request) {
9.       if (req.method !== method) {
10.        // 仅处理 method 请求
11.        return new Response(null, { status: Status.MethodNotAllowed });
12.      }
13.      const { pathname: path } = new URL(req.url);
```

```
14.      if (path !== pathPattern) {
15.        // 仅允许 pathPattern 路径
16.        return new Response(null, { status: Status.NotFound });
17.      }
18.      if (
19.        !req.headers.has('content-type') ||
20.        !req.headers.get('content-type')?.startsWith('application/json') ||
21.        !req.body
22.      ) {
23.        return new Response(null, { status: Status.UnsupportedMediaType });
24.      }
25.      const bodyJson = await req.json();
26.      const delay = bodyJson.delay;
27.      const event = bodyJson.event;
28.      if (!event || !delay) {
29.        // 必须有 event 和 delay 参数
30.        return new Response(null, { status: Status.BadRequest });
31.      }
32.
33.      if (typeof delay !== 'number' || delay < 0) {
34.        // delay 参数不合法
35.        return new Response(null, { status: Status.BadRequest });
36.      }
37.      // 使用 zod 验证 event 参数
38.      if (httpEvent.safeParse(event).success === false) {
39.        // event 参数不合法
40.        return new Response(null, { status: Status.BadRequest });
41.      }
42.
43.      try {
44.        await setTimer({
45.          delay,
46.          event,
47.        });
48.      } catch (_e) {
49.        return new Response(null, { status: Status.InternalServerError });
50.      }
51.
52.      return new Response(null, {
53.        status: Status.OK,
54.      });
55.    };
56.  }
```

内部的异步函数 reqHandler 会检查请求的方法是否正确，如果不正确，则返回一个状态码为 Status.MethodNotAllowed 的响应。然后会检查请求的路径是否为 pathPattern，如果不是，则返回一个状态码为 Status.NotFound 的响应。接下来，会检查请求头中是否有 Content-Type，是否以 application/json 开头，以及请求体是否存在，如果任意一项不满足，则返回一个状态码为 Status.UnsupportedMediaType 的响应。

如果以上条件都满足，则会将请求体解析为 JSON 对象，并检查是否有 event 和 delay 属性。如果没有这两个属性，则返回一个状态码为 Status.BadRequest 的响应。然后检查 delay 属性是否为数字类型且大于等于 0，如果不满足，则返回一个状态码为 Status.BadRequest 的响应。最后，使用 zod 库对 event 属性进行验证，如果不合法，则返回一个状态码为 Status.BadRequest 的响应。

如果以上所有条件都满足，则会调用 setTimer 函数，传入 delay 和 event 参数。如果在调用 setTimer 函数的过程中出现异常，则会返回一个状态码为 Status.InternalServerError 的响应。如果最后成功调用，会返回一个状态码为 Status.OK 的响应。

最后新建 main.ts 文件，作为计时器函数的入口函数。import 注册中心提供的 register 函数进行注册，并且获取可用的端口，注册中心地址为 http://localhost：8000。

```
1.   // faas/timer/main.ts
2.   import { serve } from './deps.ts';
3.   import { handlerMaker } from './src/req-handler.ts';
4.   import { register } from 'http://localhost:8000/register@0.1.0/mod.ts';
5.   import { boot } from './src/boot.ts';
6.   const path = '/v1/timer/register';
7.   const filePath = new URL(import.meta.url).pathname;
8.   await boot();
9.   const port = await register([path], filePath);
10.  serve(handlerMaker('POST', path), { port });
11.  console.log('http://localhost:${port} ${path}');
12.  console.log('http://localhost:8000 ${path}');
```

修改 package.json 文件，添加启动脚本。

```
1.   ...
2.     "scripts": {
3.       "start": "export TIMER_ADMIN = timeradmin && export TIMER_ADMIN_PASSWORD =
zxc123456 && deno run --allow-env --allow-read --allow-write  --allow-net main.ts"
4.     }
```

因为计时器在任务触发时，需要登录获取 token，start 脚本中的 TIMER_ADMIN 和 TIMER_ADMIN_PASSWORD 是计时器与后台通信的专用账户。

4.3 实现邮箱服务

本节将构建一个简单的邮箱服务，以便在用户注册时向用户发送验证码，确保注册邮箱真实存在。登记报名应用在报名到期时，也需要用邮件进行通知。

▶▶ 4.3.1 邮箱配置

SMTP 的全称是 "Simple Mail Transfer Protocol"，即简单邮件传输协议，是一组用于从源地址到目的地址传输邮件的规范。SMTP 服务器就是遵循 SMTP 协议的发送邮件服务器。以网易 163 邮箱为例，本书注册了 monorepo_combat@163.com 向用户发送邮件，需要在邮箱中修改如下设置，如图 4-1 所示。

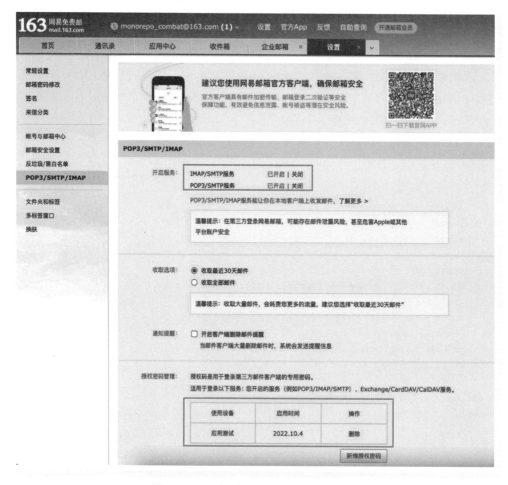

● 图 4-1　163 邮箱开启 POP3/SMTP/IMAP

　　邮箱会为每个应用分配一个授权码，需要妥善保管。这个授权码需要保存好，因为后续发送邮件时会使用，如图 4-2 所示。

● 图 4-2　163 邮箱授权密码

▶▶ 4.3.2 发送邮件

报名登记应用中需要发送多种邮件，如验证码、取消邮件、到期提醒邮件等，为了增加服务的灵活性，本书采用提供不同邮件模板的方式，通过 HTTP 接口选择不同的模板，传入对应模板的内容，生成并发送邮件。

在 faas 目录下，新建 mail 文件夹，并新建 package.json 文件，内容如下。

```
1.    // faas/mail/package.json
2.    {
3.      "name": "@faas/mail",
4.      "version": "1.0.0",
5.      "description": "",
6.      "scripts": {
7.        "start": "deno run --allow-read --allow-net main.ts"
8.      }
9.    }
```

新建依赖管理文件 deps.ts。

```
1.    // faas/mail/deps.ts
2.    export { template } from 'https://cdn.skypack.dev/lodash-es@4.17.21';
3.    export { dirname, join } from
'https://deno.land/std@0.170.0/path/mod.ts';
4.    export { serve, Status } from
'https://deno.land/std@0.170.0/http/mod.ts';
5.    export { intersect } from
'https://deno.land/std@0.170.0/collections/intersect.ts';
6.    export { SMTPClient } from
'https://deno.land/x/denomailer@1.3.0/mod.ts';
```

新建常数文件 consts.ts。

```
1.    // faas/mail/consts.ts
2.    import { dirname, join } from "./deps.ts";
3.    const __dirname = dirname(new URL(import.meta.url).pathname);
4.    export const templateDir = join(__dirname, "templates");
```

虽然本书使用的邮箱模板只有 4 个，但是为了程序的扩展性，抽象邮件模板为 MailTemplate 类，在 src 文件夹下新建 mail-template.ts 文件。

```
1.    // faas/mail/src/mail-template.ts
2.    import { template, intersect } from '../deps.ts';
3.
4.    export class MailTemplate<T extends Record<string, string>> {
5.      constructor(private templateContent: string,
6.    private argsDict: T, private subject: string) {}
7.      public render(args: T) {
8.        return { html: template(this.templateContent)(args),
```

```
9.    subject: this.subject };
10.    }
11.    public isArgsValid(args: string[]): boolean {
12.      const argsDictKeys = Object.keys(this.argsDict);
13.      const common = intersect(argsDictKeys, args);
14.      return common.length === argsDictKeys.length;
15.    }
16.  }
```

MailTemplate 类的构造函数接收三个参数：templateContent、argsDict 和 subject，分别为邮件模板、填入参数和邮件主题。这里着重关注了两个过程，一个过程是渲染邮件，即把传来的变量替换为邮件模板的过程，使用 render 函数实现；另一个是对传来的参数进行校验的过程，使用 isArgsValid 函数实现。有了这个简单的基类，就可以标准化邮件模板了。

以取消邮件为例介绍邮件配置过程。新建取消邮件模板，在 mail 文件夹下新建 templates 文件夹存放各个模板，模板文件以 tmpl 为扩展名，活动取消邮件模板 cancel-notification.tmpl，内容如下所示，其中 $\{activityName\}$ 和 $\{publisherName\}$ 分别表示活动名称和活动发布者，需要调用时传入。

```
1.    // faas/mail/templates/cancel-notification.tmpl
2.    <body>
3.      <p>你好,</p>
4.      <p>很抱歉,你报名的 <b>${activityName}</b> 已取消。</p>
5.      <p>${publisherName}</p>
6.    </body>
```

新建这个邮件模板的元数据文件 cancel-notification.ts。cancelNotification 是一个 MailTemplate 类的实例。首先会读取文件 cancel-notification.tmpl 中的内容作为邮件模板，并将其作为第一个参数传入 MailTemplate 类的构造函数中。第二个参数是一个字符串记录类型，分别指定传入的 activityName 和 publisherName 参数是字符串类型，与模板中需要传入的参数对应。最后一个参数是主题字符串"取消通知"。

```
1.    // templates/cancel-notification.ts
2.    import { templateDir } from '../consts.ts';
3.    import { join } from '../deps.ts';
4.    import { MailTemplate } from '../src/mail-template.ts';
5.
6.    export const cancelNotification = new MailTemplate(
7.      await Deno.readTextFile(join(templateDir,
    'cancel-notification.tmpl')),
8.      {
9.        activityName: 'string',
10.       publisherName: 'string',
11.     },
12.     '取消通知',
13.   );
```

在 templates 文件夹下新建邮件模板的集中导出文件 mod.ts。

```
1.    // faas/mail/templates/mod.ts
2.    export * from './cancel-notification.ts';
```

继续新建发布者通知邮件、参与者通知邮件模板，其中发布者通知邮件是当活动结束时，通知活动发布者总体参与人数；参与者通知邮件是当活动结束时，通知参与者及时参与活动，具体代码可参见线上资源。

在 mod.ts 文件中注册。

```
1.    // templates/mod.ts
2.    ...
3.    export * from './organizer-notification.ts';
4.    export * from './participate-notification.ts';
5.    export * from './verification-code.ts';
```

邮件完成渲染以后，使用邮箱客户端发送即可，这里使用 Deno 原生的 denomailer。在 src 文件夹下新建 send-mail.ts 文件。

```
1.    // faas/mail/src/send-mail.ts
2.    import { SMTPClient } from
'https://deno.land/x/denomailer@1.3.0/mod.ts';
3.
4.    export async function sendMail(toMail: string, subject: string, html: string) {
5.      const client = new SMTPClient({
6.        connection: {
7.          hostname: 'smtp.163.com',
8.          port: 25,
9.          tls: false,
10.         auth: {
11.           username: 'monorepo_combat@163.com',
12.           password: '你的 smtp 的密码',
13.         },
14.       },
15.     });
16.
17.     await client.send({
18.       // 发送方邮箱账号
19.       from: 'Monorepo 实战 <monorepo_combat@163.com>',
20.       // 接收方邮箱账号
21.       to: toMail,
22.       subject: subject,
23.       content: 'auto',
24.       html: html.replaceAll('\\n', ''),
25.     });
26.
27.     await client.close();
28.   }
```

为了方便 handler 函数使用模板，需要新建 template-dict.ts 字典文件，集中导出邮件模板。templateDict 包含了 4 种定义的邮件模板，isTemplateDictKey 是一个函数，用于检查 key 是否在 templateDict 中有定义。如果有定义，则返回 true；否则返回 false。在 TypeScript 中，使用这类模块可以确保模板函数的类型正确，并且可以通过类型检查来捕获潜在的错误。

```
1.    // faas/mail/src/template-dict.ts
2.    import {
3.      cancelNotification,
4.      verificationCode,
5.      participateNotification,
6.      organizerNotification,
7.    } from '../templates/mod.ts';
8.    export const templateDict = {
9.      cancelNotification,
10.     verificationCode,
11.     participateNotification,
12.     organizerNotification,
13.   };
14.
15.   export const isTemplateDictKey = (key: string): key is keyof typeof templateDict => {
16.     return key in templateDict;
17.   };
```

编写邮箱服务的 handler 函数。当 handlerMaker 函数被调用时，会检查请求的方法是否为 method，如果不是，则返回一个响应，状态码为 Status.MethodNotAllowed。然后会检查请求的路径是否为 path-Pattern，如果不是，则返回一个响应，状态码为 Status.NotFound。接下来，会检查请求是否包含一个名为 content-type，且值为 application/json 的头部，如果不是则返回状态码 Status.UnsupportedMediaType。最后检查 sendMail 输入参数是否正确，正确则会按照要求发送邮件。

```
1.    // faas/mail/src/req-handler.ts
2.    import { Status } from '../deps.ts';
3.    import { sendMail } from './send-mail.ts';
4.    import { isTemplateDictKey, templateDict } from './template-dict.ts';
5.
6.    // POST /v1/mail/send
7.    export function handlerMaker(method: string, pathPattern: string) {
8.      return async function reqHandler(req: Request) {
9.        if (req.method !== method) {
10.         // 仅处理 method 请求
11.         return new Response(null, { status: Status.MethodNotAllowed });
12.       }
13.       const { pathname: path } = new URL(req.url);
14.       if (path !== pathPattern) {
15.         // 仅允许 pathPattern 路径
16.         return new Response(null, { status: Status.NotFound });
17.       }
18.       let topic: keyof typeof templateDict;
19.       let args;
```

```
20.        let toMail;
21.        if (
22.          req.headers.has('content-type') &&
23.          req.headers.get('content-type')?.startsWith('application/json') &&
24.          req.body
25.        ) {
26.          const bodyJson = await req.json();
27.          topic = bodyJson.topic;
28.          args = bodyJson.args;
29.          toMail = bodyJson.toMail;
30.        } else {
31.          return new Response(null, { status:Status.UnsupportedMediaType });
32.        }
33.        if (!topic ||! args ||! toMail ||!isTemplateDictKey(topic)) {
34.          // 必须有 topic 和 args 参数
35.          return new Response(null, { status: Status.BadRequest });
36.        }
37.        const templateInstance = templateDict[topic];
38.        if (!templateInstance) {
39.          // 未找到对应的模板
40.          return new Response(null, { status: Status.NoContent });
41.        }
42.        if (!templateInstance.isArgsValid(Object.keys(args))) {
43.          // 参数不合法
44.          return new Response(null, { status: Status.BadRequest });
45.        }
46.
47.        const { subject, html } = templateInstance.render(args);
48.        try {
49.          await sendMail(toMail, subject, html);
50.        } catch (_e) {
51.          return new Response(null, { status: Status.InternalServerError });
52.        }
53.
54.        return new Response(null, {
55.          status: Status.OK,
56.        });
57.      };
58.    }
```

编写 main.ts 文件，同样引入注册中心 register 函数，将邮件服务注册到注册中心，邮箱服务编写完成。

```
1.    // faas/mail/main.ts
2.    import { serve } from './deps.ts';
3.    import { handlerMaker } from './src/req-handler.ts';
4.    import { register } from 'http://localhost:8000/register@0.1.0/mod.ts';
```

```
5.
6.     const filePath = new URL(import.meta.url).pathname;
7.     const port = await register(['/v1/mail/send'], filePath);
8.     serve(handlerMaker('POST', '/v1/mail/send'), { port });
9.     console.log('http://localhost:${port}/v1/mail/send');
10.    console.log('http://localhost:8000/api/v1/mail/send');
```

使用浏览器打开注册中心管理界面 http://localhost：8000/index. html，会发现多了/v1/mail/send
服务，如图 4-3 所示。

● 图 4-3　注册邮箱服务

用 curl 命令发送取消活动测试，传入取消活动模板需要的参数，发送成功后邮箱收到取消邮件。

```
1.     curl -i "http://localhost:8000/api/v1/mail/send" -H
'Content-Type:application/json'-X POST -d  '{"toMail" : "你的邮箱",
"topic":"cancelNotification","args":{"activityName":"取消邮件测试",
"publisherName":"Monorepo 实战"}}'
2.     HTTP/1.1 200 OK
3.     content-type: text/plain; charset=UTF-8
4.     vary: Accept-Encoding
5.     content-length: 0
6.     date: Mon, 23 Jan 2023 08:12:34 GMT
```

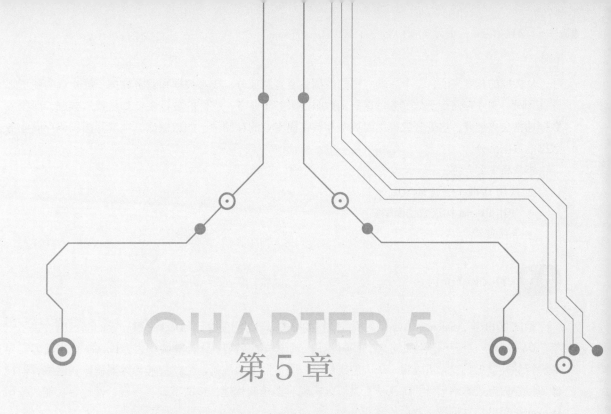

CHAPTER 5

第 5 章

使用Prisma构建数据模型

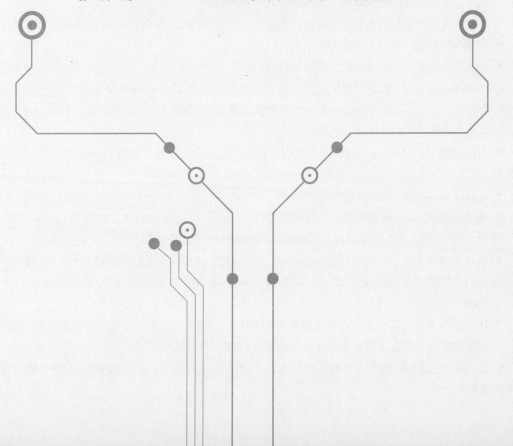

从数据的角度来说，一个后端应用的数据主要有两部分，技术数据和业务数据。第 4 章实现了邮件、计时、文件存储等函数服务，这些函数服务服务于业务，它们的数据主要都是技术数据，而业务数据通常会更重要，这部分数据主要集中存储在更专业的存储中，如数据库。本章开始构建存储业务数据的数据部分。

本章将主要介绍：
- 使用 Docker 搭建 MySQL。
- 使用 Prisma 构建数据模型。
- 事务简介。

5.1 Docker 简介

距离 2013 年，Solomon Hykes 在圣克拉拉的 PyCon 大会上进行了 Docker 第一版的演示已过去了十年。Docker 是一个开源项目的名字，同时也是一个公司的名字。作为开源项目，Docker 是当前容器界最流行的开发工具，它可以将一个应用或是一个服务需要的依赖、配置打包为容器镜像，这些容器镜像可以在云上或本地运行。Docker 工具可以实现容器镜像构建，镜像下载、启动、管理等功能。公司 Docker 则是推广这项技术背后的商业公司。

在 Docker 技术出现之前，开发者需要在本地手动搭建和配置相应的开发环境，包括 MySQL、Redis、Ngix 等软件来模拟生产环境。这样做存在一些问题。
- 不同开发者所使用的本地开发环境会有差异，如操作系统、软件版本和生产环境等不一致。
- 部署烦琐复杂，耗费大量时间和精力。
- 同一环境部署不同版本的软件会出现冲突。

使用 Docker 技术可以解决上述问题，开发者只需要在本地安装 Docker 并下载和生产环境相同版本的软件镜像，就可以确保应用或服务在所有部署上都能按预期运行。即使是同一软件的不同版本，也可以通过启动不同版本的 Docker 容器来实现。

除了上面提到的，Docker 可以使应用或服务在不同的环境间部署，使用 Docker 技术还可带来如下的优势。
- Docker 允许在同一主机上部署多个应用，使硬件资源得到充分利用。
- Docker 使用 Linux 操作系统的一些高级特性来实现一定程度的隔离，如使用 cgroups 特性控制对资源的访问，使用 namespaces 控制资源的可见性，使用 chroot 控制对文件系统的访问。
- Docker 镜像包含了应用所有的依赖和库，所以容器可以作为测试和部署的单元，在任何环境中运行，轻松地进行环境迁移，如从私有 OpenStack 集群迁移到公有云平台或是进行本地化部署。
- Docker 技术可以基于业务的自然增长来部署软件。运维人员通过创建新容器来实现快速扩展。从应用程序的角度来看，实例化一个镜像（创建一个容器）类似于实例化一个进程。

根据中国信息通信研究院《开源生态白皮书（2020 年）》统计，我国已有超过 70% 的企业应用开源容器技术。

5.2 使用 Docker 部署 MySQL

安装、部署数据库及后端服务是比较麻烦的工作，使用 Docker 可以简化此过程。

▶▶ 5.2.1 安装 Docker

在 Windows 和 macOS 平台可以直接下载安装 Docker Desktop。Docker Desktop 将会在本地创建一个 Linux 虚拟机，简化安装过程。Docker Desktop 包括 Docker 守护进程（dockerd）、Docker 客户端（Docker）、Docker Compose、Docker Content Trust、Kubernetes 和 Credential Helper。更多信息，请参阅 https://www.docker.com/products/docker-desktop/。总之，提供了构建和共享容器化应用程序所有功能。Docker 官网提供了不同平台的详细安装文档。

- macOS：https://docs.docker.com/desktop/install/mac-install/。
- Windows：https://docs.docker.com/desktop/install/windows-install/。
- Linux：https://docs.docker.com/engine/install/。

下载完成后，单击"安装"按钮进行安装，整个安装过程十分简单。安装完成后，可以通过命令行 docker version，检查安装版本。

```
1.    docker version
2.    Client:
3.     Cloud integration: v1.0.29
4.     Version:           20.10.22
5.     API version:       1.41
6.     Go version:        go1.18.9
7.     Git commit:        3a2c30b
8.     Built:             Thu Dec 15 22:28:41 2022
9.     OS/Arch:           darwin/arm64
10.    Context:           default
11.    Experimental:      true
12.
13.   Server: Docker Desktop 4.16.2 (95914)
14.    Engine:
15.     Version:          20.10.22
16.     API version:      1.41 (minimum version 1.12)
17.     Go version:       go1.18.9
18.     Git commit:       42c8b31
19.     Built:            Thu Dec 15 22:25:43 2022
20.     OS/Arch:          linux/arm64
21.     Experimental:     false
22.    containerd:
23.     Version:          1.6.14
24.     GitCommit:        9ba4b250366a5ddde94bb7c9d1def331423aa323
25.    runc:
26.     Version:          1.1.4
```

```
27.        GitCommit:          v1.1.4-0-g5fd4c4d
28.    docker-init:
29.        Version:            0.19.0
30.        GitCommit:          de40ad0
```

看到如上的信息，就说明 Docker 已经安装成功。

Docker 安装成功后，可以在 https://hub.docker.com/ 下载所需要的 Docker 镜像。Docker Hub 是由 Docker 公司运营的镜像仓库。很多云服务提供商也都有自己的 Docker 仓库，如阿里云、AWS、Azure。当然，开发者也可以搭建私有的镜像仓库。在 Docker Hub 搜索框中搜索 mysql 会出现带有 DOCKER OFFICIAL IMAGE、VERIFIED PUBLISHER、SPONSORED OSS 标签的多个版本，如图 5-1 所示。

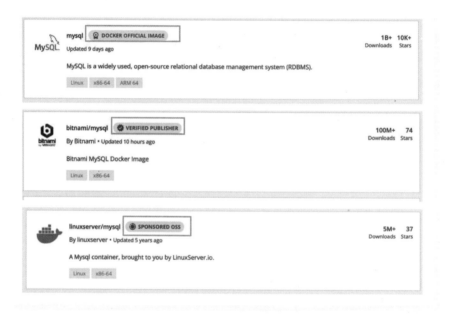

● 图 5-1　Docker 镜像来源

- DOCKER OFFICIAL IMAGE：由 Docker 官方维护的镜像资源。
- VERIFIED PUBLISHER：由 Docker 认证的高质量镜像资源，通常由商业公司维护。
- SPONSORED OSS：由 Docker 官方赞助的开源项目镜像。

使用 Docker 时，需要注意镜像的来源，因为任何人都可以上传镜像到 Docker Hub。2020 年的一项调查发现，Docker Hub 上有 51% 的镜像包含恶意软件和漏洞。因此，建议当不确定下载来源时，最好只坚持从官方维护的或是有认证的来源下载镜像。此外，在下载镜像时可以查看最近的更新时间。容器镜像也同软件一样，需要定期更新和打补丁，如果运行的镜像很长时间没有更新，容器内的应用程序可能会有一些漏洞，容易受到攻击。

▶▶ 5.2.2　MySQL 环境搭建

MySQL 是一款历史悠久的关系型数据库，由瑞典的 MySQL AB 公司开发并于 1995 年发布。该公司于 2008 年被 Sun Microsystems 收购。2009 年，甲骨文公司收购 Sun Microsystems，目前 MySQL 由甲骨文公司维护。早在 2019 年，MySQL 就被世界上超过 39%的开发者使用，成为世界上最受欢迎的数据库之一。根据 DB-Engines 数据显示，MySQL 常年位居数据库流行榜第二，仅次于 Oracle 数据库，详情如表 5-1 所示。

表 5-1　MySQL 详情

GitHub	https://github.com/mysql/mysql-server	官网	https://www.mysql.com/	标志	MySQL
Stars	8800	上线时间	1995 年 5 月	维护者	甲骨文公司
协议	GNU General Public License	语言	C、C++		

1. 拉取 MySQL Server Docker 镜像

首先使用如下命令下载 MySQL Docker 镜像。本书中以 MySQL 官方镜像为例，在实际使用时，可以根据需求，自行选择 MySQL Docker 镜像。

```
1.    docker pull mysql:tag
```

如果省略:tag，则默认下载最新版本的镜像。如果想下载特定版本的镜像，可在 Docker Hub 的 https://hub.docker.com/_/mysql/tags 页面上查看可用版本的标签列表，下载特定版本的 MySQL Docker 镜像。

```
1.    docker pull mysql
2.    Using default tag: latest
3.    latest: Pulling from library/mysql
4.    ecf56004177e: Pull complete
5.    ...
6.    Status: Downloaded newer image for mysql:latest
7.    docker.io/library/mysql:latest
```

下载完成后，可以通过如下命令查看 Docker 镜像是否已经存储在本地。

```
1.    docker images
2.    REPOSITORY        TAG        IMAGE ID        CREATED        SIZE
3.    mysql             latest     d56063370fd1    9 days ago     490MB
```

2. 运行 MySQL 镜像

使用 docker run 命令，运行 MySQL 服务。

```
1.    docker run --name=[container_name] -d [image_tag_name]
```

- --name 参数：是容器的名字，如果不指定，Docker 会自动生成一个名字。
- -d 参数：容器作为服务在后台运行。如果不设置 -d 参数，容器将以默认前台模式运行。

```
1.    docker run --name my-mysql -d mysql:latest
```

使用 docker logs 命令查看容器的日志输出。

```
1.    docker logs my-mysql
2.    2022-08-13 03:57:39+00:00
[Note] [Entrypoint]: Entrypoint script for MySQL Server 8.0.30-1.el8 started.
3.    2022-08-13 03:57:39+00:00
[Note] [Entrypoint]: Switching to dedicated user 'mysql'
4.    2022-08-13 03:57:39+00:00
[Note] [Entrypoint]: Entrypoint script for MySQL Server 8.0.30-1.el8 started.
5.    2022-08-13 03:57:39+00:00
[ERROR] [Entrypoint]: Database is uninitialized and password option is not specified
6.        You need to specify one of the following:
7.        - MYSQL_ROOT_PASSWORD
8.        - MYSQL_ALLOW_EMPTY_PASSWORD
9.        - MYSQL_RANDOM_ROOT_PASSWORD
```

按照日志提示，需要指定 MYSQL_ROOT_PASSWORD 环境变量。-e 参数用于配置信息。下面命令设置了 MySQL 服务的 root 用户密码。

```
1.    docker run --name my-mysql -e MYSQL_ROOT_PASSWORD=123456 -d
mysql:latest
```

使用 docker ps 命令可以查看当前运行的容器状态，-a 参数可以查看所有状态的容器。

```
1.    docker ps
2.    CONTAINER ID  IMAGE  COMMAND    CREATED  STATUS  PORTS  NAMES
3.    6225127c5a65  mysql:latest  "docker-entrypoint.s..."  About a minute ago  Up About
a minute  3306/tcp, 33060/tcp  my-mysql
```

如果想同时运行另一个版本的 MySQL，可以执行如下命令。两个版本的 MySQL 容器同时在本地环境中运行，没有冲突。

```
1.    docker run --name mysql -e MYSQL_ROOT_PASSWORD=123456 -d
mysql:8.0.29
```

使用 docker stop 命令可以指定某一容器停止。

```
1.    docker stop my-mysql
```

使用 docker start 命令可以启动某一容器。

```
1.    docker start  my-mysql
```

使用 docker rm -f 命令可以强制删除某一容器。

```
1.    docker rm -f my-mysql
```

容器中的时区默认使用世界标准时间（UTC），MySQL 会使用系统中的时区信息。为了后续使用方便，需要将 Docker 容器中的时区改为东八区。进入容器，修改时区配置信息，退出重启容器，执行

date 会发现容器时间修改成功。

```
1.    $docker exec -it my-mysql bash
2.    bash-4.4# date
3.    Wed Oct  5 13:55:18 UTC 2022
4.    bash-4.4# ln -sf
/usr/share/zoneinfo/Asia/Shanghai /etc/localtime
5.    bash-4.4# exit
6.    exit
7.    $docker restart  my-mysql
8.    b49234ff8255
9.    $docker exec -it  my-mysql bash
10.   bash-4.4# date
11.   Wed Oct  5 21:57:13 CST 2022
```

3. 访问 MySQL

MySQL 的默认监听端口是 3306，如果同时启动多个 MySQL 容器，可以通过 -p 参数指定容器端口到主机端口的映射。

下面命令是将 MySQL 容器的 3306 端口映射到宿主机的 3306 端口。这样外部服务就可以通过访问宿主机的 3306 端口访问 MySQL 服务了。

```
1.    docker run -p3306:3306  -e MYSQL_ROOT_PASSWORD=123456 -d
mysql:latest
```

如果此时用同样的命令再启动一个容器，将会报错，提示端口 3306 已经被占用。

```
1.    docker run -p3306:3306  -e MYSQL_ROOT_PASSWORD=123456 -d mysql:latest
2.    docker: Error response from daemon: driver failed programming external connectivity
on endpoint crazy_lederberg (576f7cbc312ddd90b56285980ab6fe9b518493604a3d196e526bcf2e
1c64492c): Bind for 0.0.0.0:3306 failed: port is already allocated.
```

MySQL 服务启动后，可以通过多种方式连接 MySQL 数据库。

一是可以在 MySQL 服务器容器中运行 MySQL 客户端，并通过客户端连接到 MySQL 服务器。使用 docker exec -it 命令可在已经启动的 MySQL 容器中启动 MySQL 客户端，如下所示。

```
1.    docker exec -it my-mysql mysql -uroot -p
2.    Enter password:
3.    Welcome to the MySQL monitor.  Commands end with ; or \g.
4.    Your MySQL connection id is 8
5.    Server version: 8.0.30 MySQL Community Server - GPL
```

二是通过之前配置的端口映射，可以在宿主机通过 MySQL 客户端访问。

```
1.    mysql -h 0.0.0.0 -P3306 -u root -p
2.    Enter password:
3.    Welcome to the MySQL monitor.  Commands end with ; or \g.
```

```
4.    Your MySQL connection id is 9
5.    Server version: 8.0.30 MySQL Community Server - GPL
```

在 MySQL 中执行 select now( )语句，现在 MySQL 里的时间和容器操作系统时间保持一致。为了方便操作数据库，安装 SQLPad 镜像来可视化管理数据库，具体操作可以参考线上资料。在实际应用中，可根据需求修改 MySQL 数据库的参数，具体操作可参考 https://hub.docker.com/_/mysql/，本书不做详细介绍。

4. 数据持久化

通常，数据存储层应独立于应用层存在，需要保证用户一次注册，永久可用。应用的主机崩溃，不会造成数据的丢失。默认情况下，容器内创建的所有文件都存储在可写的容器层上。这意味着如果容器重启，存储在容器中的所有数据都将消失。为了解决这个问题，需要将容器的存储路径和宿主机存储路径做映射。数据实际上是写在宿主机的固定地址上，这样即使容器重启，会直接从宿主机加载数据。

同一路径可以同时挂载到多个容器中，即使所有容器都停止或删除了，数据/路径仍然会在主机上存在。在构建错误容忍应用时，需要使用此特性配置同一个服务的多个副本来访问相同的文件，达到容灾的目的。

基于以上描述，存储需要满足三个基本条件：一是与容器的生命周期无关；二是所有节点都可访问，满足高可用性；三是即使应用崩溃，存储数据不丢失。

根据官方文档，Docker 挂载存储的方式有三种。

1）Volume：将数据存储在单独的容器或目录中，并将其作为卷挂载到需要持久化数据的容器中，优点是 Docker 的核心特性，并且非常简单。

2）Bind mount：这种方法通过把宿主机目录映射到容器中来持久化数据，优点是可以通过宿主机直接访问容器中的数据，并且可以方便地在多个容器间共享数据。

3）tmpfs：这种方法通过在宿主机上创建临时文件系统来持久化数据，优点是可以在容器停止或重启时删除数据，并且不会对宿主机磁盘造成影响。

总的来说，可以根据需求选择适当的方法来存储 Docker 数据。

使用 docker volume create 创建 mysql-db 存储卷。

```
1.    docker volume create --name mysql-db
```

不同操作系统中，Docker 默认存储数据的地址不同。

- Windows:"c:\ProgramData\docker\volumes"。
- Linux:"/var/lib/docker/volumes"。
- macOS:"/var/lib/docker/volumes"。

但是如果在 macOS 平台上查找这个目录，开发者会发现找不到。因为在 macOS 上实际是使用了 Linux Virtual Machine 才能运行 Docker 容器。使用 docker inspect 命令查看 mysql-db 的详细信息。

```
1.    docker inspect mysql-db
2.    [
3.      {
4.          "CreatedAt": "2023-02-12T12:02:16Z",
5.          "Driver": "local",
6.          "Labels": {},
7.          "Mountpoint": "/var/lib/docker/volumes/mysql-db/_data",
8.          "Name": "mysql-db",
9.          "Options": {},
10.         "Scope": "local"
11.     }
12.   ]
```

使用 docker run -v name：[container 地址]，将 mysql-db 挂载到容器的/var/lib/mysql 目录。/var/lib/mysql 是 container 中 MySQL 数据库的默认存储路径。不同的数据库默认存储路径不一样。

- postgres：/var/lib/postgresql/data。
- mongoDB：/data/db。

```
1.    docker run -p3306:3306  -e MYSQL_ROOT_PASSWORD=123456 -v mysql-db:/var/lib/mysql -d
mysql:latest
```

登录 MySQL，创建 test 数据库。

```
1.    mysql> create database test;
2.    Query OK, 1 row affected (0.02 sec)
3.
4.    mysql> show databases;
5.    +--------------------+
6.    | Database           |
7.    +--------------------+
8.    | information_schema |
9.    | mysql              |
10.   | performance_schema |
11.   | sys                |
12.   | test               |
13.   +--------------------+
14.   5 rows in set (0.01 sec)
```

删除容器，使用 docker volume ls 查看卷 mysql-db 仍存在。

```
1.    docker volume ls
2.    DRIVER      VOLUME NAME
3.    local       mysql-db
```

使用如下命令再新建一个 MySQL 容器，绑定 mysql-db 卷，登录 MySQL，查看 test 数据库仍然存在，证明数据已持久化存储。

```
1.    $docker run -p3306:3306  -e MYSQL_ROOT_PASSWORD=123456 -v mysql-db:/var/lib/mysql -d
mysql:latest
```

```
2.
3.    $mysql -h 0.0.0.0 -P3306 -u root -p
4.    Enter password:
5.    mysql> show databases;
6.    +-------------------+
7.    | Database          |
8.    +-------------------+
9.    | information_schema |
10.   | mysql             |
11.   | performance_schema |
12.   | sys               |
13.   | test              |
14.   +-------------------+
15.   5 rows in set (0.02 sec)
```

5.3 使用 Prisma 作 ORM

SQL 作为一种数据库查询语言，早在 20 世纪 70 年代就被开发出来了，而且它通过了时间的考验，成为查询数据库的重要标准。使用 SQL，开发者可以完全控制数据库操作，例如，通过原生 MySQL 的 Node.js 数据库驱动程序来查询现在的用户明细。

```
1.    SELECT * FROM users WHERE email = 'test@test.com';
```

但是，直接使用 SQL 操作数据库可能会带来大量的开发成本，影响工作效率。在开发过程中，更改表结构是常见的事情，如果不对表结构的更改做一定的记录，更改后发现还需要回退就需要做很多工作。使用 SQL 操作数据库开发逻辑如图 5-2 所示。

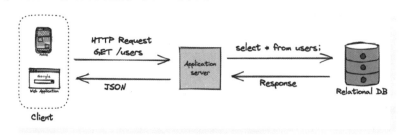

● 图 5-2 使用 SQL 查询数据

使用 ORM 可以通过将应用程序模型定义为类来抽象 SQL，这样可以将应用程序的数据模型映射到数据库中的表，开发者就可以使用熟悉的面向对象编程语言来操作数据库，而不需要再学习 SQL 语句。这样可以提高工作效率，而且可以为查询结果赋予类型安全。每次更改数据库模式或查询时都可以避免重大的重构，以保持类型的同步。

ORM 是一种构建数据模型的方式，它将对象数据建模为对象，而不是像 SQL 将数据建模为表。使用 ORM 有如下好处。

- 数据库模型与业务模型的统一，可以专注于真正的业务概念而不是数据库结构和 SQL 语义。
- 减少了代码量，不必为常见的 CRUD（创建、读取、更新、删除）操作编写重复的 SQL 语句。
- 降低了对 SQL 的依赖。使用熟悉的编程语言就可以操作数据库，如 Java、JavaScript、TypeScript。这对那些不熟悉 SQL 但仍想使用数据库的开发者来说是十分友好的。
- 抽象了数据库的具体细节。在理论上，使用 ORM 使得数据库迁移变得更为容易，如从 MySQL 迁移到 PostgreSQL。
- 支持很多高级特性如事务、连接池、迁移等。

常见的 ORM 有 Prisma、Sequelize、TypeORM 等。在 TypeScript 的生态中，开发体验最好的是 Prisma。

▶▶ 5.3.1　Prisma：新一代 ORM

Prisma 是 Node.js 生态系统中成长最快的 ORM 项目。根据 Prisma CEO Søren Bramer Schmidt 的介绍，使用 Prisma 开发的项目每 4 个月就会翻倍，每月会新增 2000 名 GitHub 开发者使用 Prisma。

Prisma 是一个提高数据库开发效率的工具，它用 Rust 语言构建了查询引擎，提供了易于建模的 DSL，并生成了内置接口代码和类型，提供类型安全的数据库查询。它有着活跃的社区，由已经获得融资的商业公司支持，定期举办 meetup、会议和其他面向开发者的活动。Prisma 详情如表 5-2 所示。

表 5-2　Prisma 详情

GitHub	https://github.com/prisma/prisma	官网	https://www.prisma.io/	标志	⬡ Prisma
Stars	29600	上线时间	2019 年 4 月	维护者	Prisma
npm 包月下载量	460 万次	协议	Apache-2.0 license	语言	TypeScript、Rust

Prisma 包含三个主要部分，如图 5-3 所示。

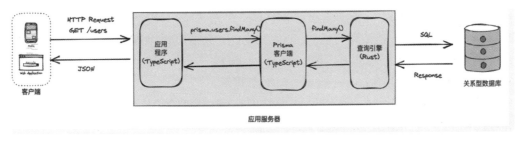

● 图 5-3　Prisma 技术架构

- Prisma Client：可为 Node.js 和 TypeScript 自动生成类型安全的接口。包含三个部分，即 JavaScript 客户端库、TypeScript 类型定义及 Rust 语言编写的查询引擎，这些组件都位于由 Prisma generate 命令生成的 .prisma/client 文件夹中。
- Prisma Migrate：用于数据库迁移。
- Prisma Studio：用于图形化查看和编辑数据库数据。

一个典型的 Prisma 工作流如下。

1）创建 Prisma schema 文件。Prisma 提供了两种方式初始化 schema 文件，一种是使用 prisma init，手动编写 Prisma schema。另一种是使用 db pull 命令内省⊖（Introspection）已有的数据库，根据数据库中已有的表结构生成 Prisma 模型。

2）使用 prisma migrate dev 命令同步表结构到数据库中。如果表结构已经创建，可以跳过这一步。

3）生成 prisma client 访问数据库。

▶▶ 5.3.2　Prisma 中的事务

事务是一系列对数据库的操作，这些操作要么都发生，要么都不发生。最常见的例子就是银行转账，必须保障两个账户的金额变动在同一个事务中。事务最核心的特性就是 ACID。

- 原子性（Atomicity）：确保事务的所有操作都成功或都失败。事务要么成功提交，要么中止并回滚。
- 一致性（Consistency）：确保数据库在事务之前和之后的状态是有效的，数据库的完整性没有被破坏。
- 隔离性（Isolation）：确保多个并发事务产生的效果与他们并行执行的效果相同。
- 持久性（Durability）：确保在事务成功之后，所有修改都是永久的。

Prisma 支持多种处理事务的方式，可以直接通过 API，也可以支持在应用程序中引入乐观并发控制和幂等性。Prisma Client 支持 6 种不同的处理事务的方式，适用于三个不同的场景，具体可参见 prisma-client-transactions-guide 文档。

乐观锁（Optimistic Concurrency Control，OCC）又称为乐观并发控制，是一种关系型数据库中的并发控制模型，假设多用户并发的事务在处理时不会相互影响，最早是由孔祥重（H.T.Kung）教授提出。乐观锁假设记录在读写之间保持不变，使用时间戳或版本字段来检测记录的更改。主要包含以下三个阶段。

1）读取：事务读入数据，这时系统会给事务分派一个版本号。

2）校验：事务执行完毕后，进行提交。这时同步校验所有事务，如果事务所读取的数据在读取之后又被其他事务修改，则产生冲突，事务被中断（回滚）。

3）写入：通过校验阶段后，将更新的数据写入数据库。

乐观锁意味着读取一条记录，记录下版本号，并在记录被写回之前检查版本是否改变。在写回记录时，对版本的更新进行过滤，以确保它是原子的。

本书中用户参与活动的例子会使用到乐观锁模型，具体在 8.3 节讲解。

▶▶ 5.3.3　在 Monorepo 中引入 Prisma

在 baas 文件夹下新建 server 文件夹，运行 pnpm init 命令来创建一个新的 npm 项目。修改 name 属性为@ baas/server。

⊖　数据库内省是一种数据库技术，它可以让应用程序查询数据库的结构和元数据。

```
1.    $ cd baas
2.    $ mkdir server
3.    $ cd server
4.    $ pnpm init
5.    Wrote to /monorepo-combat/baas/prisma-demo/package.json
6.
7.    {
8.      "name": "@baas/server",
9.      "version": "1.0.0",
10.     "description": "",
11.     "main": "index.js",
12.     "scripts": {
13.       "test": "echo \\"Error: no test specified\\" && exit 1"
14.     },
15.     "keywords": [],
16.     "author": "",
17.     "license": "ISC"
18.   }
```

复制@ monorepo/types 的.eslintrc.cjs 和 tsconfig.json 文件到 baas/server 目录下，并且新建 src 文件夹。在 Monorepo 项目的根目录执行如下命令，安装 Prisma。

```
1.    pnpm i prisma @types/node --filter server -D
```

在 server 目录下执行 pnpm exec prisma 命令，当不带参数调用时，命令会显示其用法和帮助文档。

```
1.    pnpm exec prisma
2.    ◭ Prisma is a modern DB toolkit to query, migrate and model your database (https://prisma.io)
3.
4.    Usage
5.
6.      $ prisma [command]
7.
8.    Commands
9.
10.         init   Set up Prisma for your app
11.     generate   Generate artifacts (e.g. Prisma Client)
12.           db   Manage your database schema and lifecycle
13.      migrate   Migrate your database
14.       studio   Browse your data with Prisma Studio
15.       format   Format your schema
16.
17.    Flags
18.
19.      --preview-feature   Run Preview Prisma commands
20.
21.    Examples
22.
```

```
23.    Set up a new Prisma project
24.     $prisma init
25.
26.    Generate artifacts (e.g. Prisma Client)
27.     $prisma generate
28.
29.    Browse your data
30.     $prisma studio
31.
32.    Create migrations from your Prisma schema, apply them to the database, generate
artifacts (e.g. Prisma Client)
33.     $prisma migrate dev
34.
35.    Pull the schema from an existing database, updating the Prisma schema
36.     $prisma db pull
37.
38.    Push the Prisma schema state to the database
39.     $prisma db push
```

在 server 目录下，执行 pnpm exec prisma init 命令。这个命令完成了三件事：一是生成一个名为 prisma 的新文件夹，里面包含一个名为 schema.prisma 的文件。二是在 prisma-demo 目录创建.env 文件，该文件用于定义环境变量，如数据库连接。三是在 prisma-demo 目录下生成.gitignore 文件，用于指定哪些文件不应被包含在版本控制中。

```
1.    pnpm exec prisma init --datasource-provider mysql
2.
3.    √ Your Prisma schema was created at prisma/schema.prisma
4.     You can now open it in your favorite editor.
5.
6.    Next steps:
7.    1. Set the DATABASE_URL in the .env file to point to your existing database. If your
database has no tables yet, read https://pris.ly/d/getting-started
8.    2. Run prisma db pull to turn your database schema into a Prisma schema.
9.    3. Run prisma generate to generate the Prisma Client. You can then start querying your
database.
```

启动 MySQL Docker 容器。

```
1.    docker run -p3306:3306  -e MYSQL_ROOT_PASSWORD=123456 -d mysql:latest
```

使用本地客户端访问数据库，创建数据库 enrollment、项目开发用户 dev，并赋予权限，enrollment 库也就是本书项目的正式数据库。

```
1.    mysql -h 0.0.0.0 -P3306 -u root -p
2.    mysql>CREATE DATABASE enrollment;
3.    mysql>USE enrollment;
4.    mysql>CREATE USER 'dev'@'%' IDENTIFIED BY '123456';
```

```
5.    mysql>GRANT ALL PRIVILEGES ON enrollment.* TO'dev'@'%';
6.    mysql>GRANT CREATE, ALTER, DROP, REFERENCES on *.* to'dev'@'%';
```

注意：这里既要赋予 dev 用户在数据库 enrollment 里的全部权限，又要赋予在所有数据库新建、删除、引用的权限。因为后续在使用诸如 migrate dev 和 migrate reset 等开发命令时需要创建和删除影子数据库，Prisma migrate 要求在数据源中定义的数据库用户具有创建数据库的权限。

将.env 文件按照 5.2 节 MySQL 容器的配置连接 URL，格式如下，字段名称如表 5-3 所示。

表 5-3　字段名称

占 位 符	说 明
HOST	数据库服务器的 IP 地址，如 localhost
PORT	数据库服务器的对外服务端口，MySQL 默认是 3306
USER	连接的数据库用户名
PASSWORD	连接的数据库密码
DATABASE	连接的数据库名，如 mydb

```
1.    mysql://USER:PASSWORD@HOST:PORT/DATABASE? ARGUMENT1=VALUE&ARGUMENT2=VALUE
2.    DATABASE_URL="mysql://dev:123456@0.0.0.0:3306/enrollment"
```

在 VS Code 扩展菜单栏搜索 Prisma，选择发布者是 Prisma 的扩展，单击"安装"按钮进行安装，这个插件为.prisma 文件添加语法高亮显示、格式化、自动补全、跳转到定义和语法检查等功能，如图 5-4 所示。

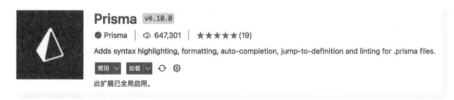

● 图 5-4　VS Code Prisma 插件

▶▶ 5.3.4　配置 Prisma schema 文件

使用 Prisma 的项目，首先创建 Prisma schema 文件。Prisma schema 文件使用 PSL 编写，允许开发者用直观的数据建模语言定义他们的应用程序模型。此外文件中还定义了数据库的连接和一个客户端生成器（generator client），Prisma 会根据客户端生成器的配置生成 Prisma 客户端代码。一个典型的 prisma schema 配置文件如下。

```
1.    datasource db {
2.      provider = "mysql"
3.      url      = env("DATABASE_URL")
```

```
4.    }
5.
6.    generator client {
7.      provider = "prisma-client-js"
8.    }
9.
10.   model User {
11.   ...
12.   }
13.   ...
```

上述 prisma schema 文件中定义了三件事情。

- 数据源（datasource）：描述需访问的数据库，如 provider 可以取 PostgreSQL、MySQL、SQLite、SqlServer、MongoDB、CockroachDB 等值，表示需访问的数据库类型。上面示例中，配置访问的是 MySQL 数据库，使用 DATABASE_URL 环境变量配置数据库连接。当然也可以使用 URL 关键词直接配置数据库连接信息，url = " mysql：//dev：123456@ 0.0.0.0：3306/enrollment"，这样做的缺点是容易引起信息泄漏，因为在上传 Git 仓库时，很容易忘记修改这些信息。
- 生成器（generator）：定义生成 Prisma 客户端，为 TypeScript 和 Node.js 生成客户端。默认会在 node_modules/.prisma/client 目录下生成客户端。
- 数据模型（model）：定义应用模型，和数据库中的表对应，如上面的例子定义了 Activity 和 User 两个应用模型。注意数据模型名字并不总是用数据库中的表命名。

每当调用 prisma 命令时，CLI 通常会从 schema 文件中读取一些信息，例如，prisma generate 从 prisma 模式中读取上述所有信息，生成正确的数据源客户端代码；prisma migrate dev 读取数据源和数据模型定义来创建一个新的迁移，使数据库模型和 Prisma 模型同步。

执行命令 pnpm exec prisma migrate dev --name init，该命令会在 prisma/migrations 目录下生成 migration.sql，此文件包含数据库中执行的 DDL 语句，如建表、创建外键等，目录结构如下。

```
1.    prisma
2.    ├── migrations
3.    │      └── 20220903084048_init
4.    │            └── migration.sql
5.    └── schema.prisma
```

如果需要修改 prisma schema，如增加表中字段或是修改关系，需要再次执行 prisma migrate dev 命令。此操作会在该目录下生成新的 SQL 文件，确保数据库模型和 Prisma 模型同步。migrations 目录的文件就是数据模型的更改历史。一般来说，不应该编辑或删除已经应用的迁移文件。这样做可能会导致开发环境和生产环境迁移历史之间的不一致，可能会产生不可预见的后果。

```
1.    prisma
2.    └── migrations
3.    ├── 20220903081956_init
4.    │      └── migration.sql
```

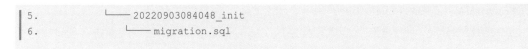

```
5.                    └── 20220903084048_init
6.                        └── migration.sql
```

一旦应用程序模型在 Prisma schema 文件中，下一步会生成 Prisma Client。

▶▶ 5.3.5　使用 Prisma 进行数据建模

数据建模指的是定义应用程序中对象结构的过程。应用不同，使用的技术栈不同，模型也会有所不同。在建模时，通常需要经过如下几步。

- 确定应用的实体并描述他们。
- 定义实体之间的联系。

在实际应用中，数据建模一般涉及两个层面：数据库层面和应用层面。

1）数据库层面建模。关系数据库使用表组织数据，如 MySQL。不同的实体使用不同的表表示，表的每一行代表一条单独的数据，每一列描述对象的属性。例如，根据本书的应用，可以定义一个名为 User 的表，用于存放用户信息。

```
1.   -- CreateTable
2.   CREATE TABLE 'User' (
3.       'id' INTEGER NOT NULL AUTO_INCREMENT,
4.       'email' VARCHAR(191) NOT NULL,
5.       'accountName' VARCHAR(191) NOT NULL,
6.       'hash' VARCHAR(191) NOT NULL,
7.       'salt' VARCHAR(191) NOT NULL,
8.       'role' ENUM('USER', 'ADMIN') NOT NULL DEFAULT 'USER',
9.       'createdAt' DATETIME NOT NULL DEFAULT CURRENT_TIMESTAMP,
10.      'updatedAt' DATETIME NOT NULL DEFAULT CURRENT_TIMESTAMP    ON UPDATE CURRENT_TIMESTAMP,
11.
12.      UNIQUE INDEX 'User_email_key'('email'),
13.      UNIQUE INDEX 'User_accountName_key'('accountName'),
14.      PRIMARY KEY ('id')
15.  );
```

数据存储格式如下。

- id：是 User 表的主键。默认情况下，AUTO_INCREMENT 的初始值是 1，每新增一条记录，字段值自动加 1。
- email：是 VARCHAR（191）类型，添加唯一约束 User_email_key，表示任何两条 User 记录都不能有重复的 email 值。
- accountName：是 VARCHAR（191）类型，添加唯一约束 User_accountName_key。
- hash：是 VARCHAR（191）类型，用于存放用户的登录密码。
- salt：是 VARCHAR（191）类型，用于存放插入登录密码中的字符串。
- role：表示用户是否具有 ADMIN 权限，默认值是 USER。
- createdAt：是 DATETIME 类型，用于表示该 User 记录创建的时间。

● updatedAt：是 DATETIME 类型，用于表示该 User 记录修改的时间。

2）应用层面建模。除了创建代表应用程序域实体的表之外，还需要用编程语言创建应用程序模型。在面向对象语言中，通过创建类来表示模型，也可以通过接口或结构来表示实体。上面 User 表的例子在使用 JavaScript 编程语言的项目中，可以定义一个 User 类。

```
1.    class User {
2.      constructor(id,email,accountName,hash,salt,role,createdAt,updatedAt) {
3.        this.id = id
4.        this.email = email
5.        this.accountName = accountName
6.        this.hash = hash
7.        this.salt = salt
8.        this.role = role
9.        this.createdAt = createdAt
10.       this.updatedAt = updatedAt
11.     }
12.   }
```

如果是使用 TypeScript 编程语言，需要定义接口。

```
1.    export const Role: {
2.      USER:'USER',
3.      ADMIN:'ADMIN'
4.    };
5.
6.    export type Role = (typeof Role)[keyof typeof Role]
7.    export type User = {
8.      id: number
9.      email: string
10.     accountName: string
11.     hash: string
12.     salt: string
13.     role: Role
14.     createdAt: Date
15.     updatedAt: Date
16.   }
```

注意：这两种情况下的 User 类型与前面示例中的 User 表具有相同的属性。通常情况下数据库表和应用程序模型之间是 1：1 的映射，但也可能发生模型在数据库和应用程序中的表示方式完全不同的情况，主要有以下几方面原因。

● 数据库和应用语言数据类型不同。
● 数据库和编程语言有不同的技术限制。
● 关系在数据库中的表示方式与在编程语言中的表示方式不同。
● 数据库通常具有更强大的数据建模功能，如索引、级联删除或各种额外的约束（如 unique，not null...）。

上述例子中的 User 模型在 Prisma 模式中表示如下。

```
1.    enum Role {
2.      // 用户
3.      USER
4.      // 管理员
5.      ADMIN
6.    }
7.    model User {
8.      id                Int             @id @default(autoincrement())
9.      email             String          @unique
10.     accountName       String          @unique
11.     hash              String
12.     salt              String
13.     role              Role            @default(USER)
14.     // 发布的活动
15.     publishActivities  Activity[]
16.     // 参与的活动
17.     activityParticipant UsersOnActivities[]
18.     createdAt    DateTime    @default(dbgenerated("CURRENT_TIMESTAMP")) @db.DateTime
19.     updatedAt    DateTime    @default(dbgenerated("CURRENT_TIMESTAMP ON UPDATE CURRENT
_TIMESTAMP")) @db.DateTime
20.   }
```

Prisma 模型的属性称为字段, 包含字段名, 字段类型, 可选类型修饰、属性描述, 如下列例子。

```
1.    id Int @id @default(autoincrement())
```

id 是字段名, Int 是字段类型, 字段类型会根据访问的数据库, 映射成对应的类型, 如 String 在 PostgreSQL 中映射为 text 类型, 在 MySQL 中映射为 VARCHAR(191) 类型, 更多类型对应关系可以查看 https://www.prisma.io/docs/reference/api-reference/prisma-schema-reference#model-fields。

类型修饰有两个值可选。

- []: 将字段设置为数组。
- ?: 表明字段可选。所有没有使用? 修饰的字段, 不能为空, 相当于关系型数据库中的 NOT NULL 约束。

注意: [] 和 ? 不能同时使用。

属性描述分为两种, 一种是字段级别的, 用@ 作为前缀, 如 email String @ unique; 一种是 model 级别的, 用@ @ 作为前缀, 如使用@ @ unique 定义复合唯一约束@ @ unique([firstname, lastname, id])。

Prisma 还支持定义 "Prisma 级别" 的关系字段, 这使 Prisma 客户端 API 处理关系更容易。在上面的例子中, User model 上的 publishActivities 和 activityParticipant 字段只在 "Prisma-level" 上定义, 它们在底层数据库中作为外键存在。Prisma schema 模型和数据库表的对应关系如图 5-5 所示。

publishActivities 字段的类型是 Activity 数组, 表示 User model 和 Activity model 一对多的关系, 一个用户可以发布多个活动。

activityParticipant 字段的类型是 UsersOnActivities 数组, 表示 User model 和 Activity model 多对多的关系, 一个用户可以参加多个活动, 一个活动有多个用户参加。

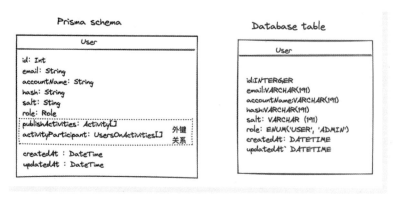

● 图 5-5　Prisma schema 与数据库表

以本书的报名应用为例，创建如图 5-6 所示模型。

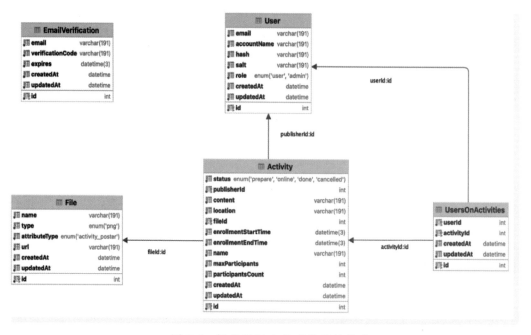

● 图 5-6　报名登记应用实体间的关系

- User：用于存储用户信息。
- Activity：用于存储活动信息，publisherid 指向发布活动的用户。
- UsersOnActivities：用于存储用户参与活动的情况。
- EmailVerification：用于存储发送验证码情况。
- File：用于存放活动海报。

在数据库中，关系是将一个表中的值连接到另一个表中。数据库可以将这样的链接存储为键（主键或外键）。在 Prisma 模式中，外键/主键由@ relation 属性表示，总体可分为一对一、一对多、多对多三种关系。以本书的例子进行详细说明。活动报名系统一共有三个实体：用户、活动和海报，三者之间关系如图 5-7 所示，下面将进行一一讲解。

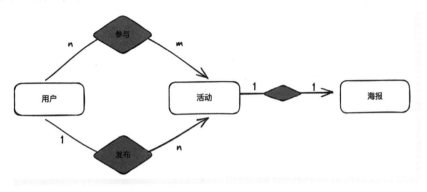

● 图 5-7　用户、活动和海报的关系

1. 一对一关系

一对一关系是指关系两边最多只能连接一条记录。在本书的例子中，Activity 和 File 之间存在一组一对一关系。

```
1.   model Activity {
2.       id                    Int            @id @default(autoincrement())
3.       // 活动状态
4.       status                ActivityStatus       @default(PREPARE)
5.       // 活动发起人
6.       publisher             User           @relation(fields: [publisherId], references: [id])
7.       publisherId           Int
8.       // 活动参与人
9.       participants          UsersOnActivities[]
10.      // 详情内容
11.      content               String
12.      // 活动地点
13.      location              String
14.      activityPoster        File           @relation(fields: [fileId], references: [id])
15.      fileId                Int            @unique
16.      // 活动报名起始时间
17.      enrollmentStartTime   DateTime
18.      // 活动报名截止时间
19.      enrollmentEndTime     DateTime
20.      // 活动名称
21.      name                  String
22.      // 活动参与人数上限
23.      maxParticipants       Int
24.      participantsCount     Int            @default(0)
25.      createdAt             DateTime       @default(dbgenerated("CURRENT_TIMESTAMP")) @db.DateTime
26.      updatedAt             DateTime       @default(dbgenerated("CURRENT_TIMESTAMP ON
UPDATE CURRENT_TIMESTAMP")) @db.DateTime
```

```
27.     }
28.
29.   model File {
30.     id                Int          @id @default(autoincrement())
31.     name              String
32.     type              FileType
33.     attributeType     FileAttributeType
34.     url               String
35.     ActivityPosterFile Activity?
36.     createdAt         DateTime     @default(dbgenerated("CURRENT_TIMESTAMP")) @db.DateTime
37.     updatedAt         DateTime
@default(dbgenerated("CURRENT_TIMESTAMP ON UPDATE CURRENT_TIMESTAMP")) @db.DateTime
38.     }
```

Activity 模型的 fileId 字段指向 File 模型的 id，这种一对一的关系表示如下。

- 一个活动可以有零个或一个海报，因为 ActivityPosterFile Activity? 表示该字段可选。
- 一个海报文件必须关联到一个活动。

在这种情况下，需要用@ unique 属性标记 fileId 字段来保证关系的唯一性。Prisma 会根据关联字段生成 Activity_fileId_fkey 外键。

数据库中生成的表结构如下。

```
1.    -- CreateTable
2.    CREATE TABLE 'Activity' (
3.      'id' INTEGER NOT NULL AUTO_INCREMENT,
4.      'status' ENUM('PREPARE', 'ONLINE', 'DONE', 'CANCELLED') NOT NULL DEFAULT 'PREPARE',
5.      'publisherId' INTEGER NOT NULL,
6.      'content' VARCHAR(191) NOT NULL,
7.      'location' VARCHAR(191) NOT NULL,
8.      'fileId' INTEGER NOT NULL,
9.      'enrollmentStartTime' DATETIME(3) NOT NULL,
10.     'enrollmentEndTime' DATETIME(3) NOT NULL,
11.     'name' VARCHAR(191) NOT NULL,
12.     'maxParticipants' INTEGER NOT NULL,
13.     'participantsCount' INTEGER NOT NULL DEFAULT 0,
14.     'createdAt' DATETIME NOT NULL DEFAULT CURRENT_TIMESTAMP,
15.     'updatedAt' DATETIME NOT NULL DEFAULT CURRENT_TIMESTAMP ON UPDATE CURRENT_TIMESTAMP,
16.
17.     UNIQUE INDEX 'Activity_fileId_key'('fileId'),
18.     PRIMARY KEY ('id')
19.   )
20.   CREATE TABLE 'File' (
21.     'id' INTEGER NOT NULL AUTO_INCREMENT,
22.     'name' VARCHAR(191) NOT NULL,
23.     'type' ENUM('PNG') NOT NULL,
24.     'attributeType' ENUM('ACTIVITY_POSTER') NOT NULL,
```

```
25.        'url' VARCHAR (191) NOT NULL,
26.        'createdAt' DATETIME NOT NULL DEFAULT CURRENT_TIMESTAMP,
27.        'updatedAt' DATETIME NOT NULL DEFAULT CURRENT_TIMESTAMP ON UPDATE CURRENT_TIMESTAMP,
28.
29.        PRIMARY KEY ('id')
30.    )
31.
32.    ALTER TABLE 'Activity' ADD CONSTRAINT 'Activity_fileId_fkey' FOREIGN KEY ('fileId')
REFERENCES 'File'('id') ON DELETE RESTRICT ON UPDATE CASCADE;
```

2. 一对多关系

一对多关系指一侧的一个记录可以连接到另一侧的零个或多个记录。在本书的例子中，User 和 Activity 模型之间存在一对多关系，一个用户可以发布零个或多个活动，但是一个活动只能由一个用户发布。

```
1.    model User {
2.      id            Int               @id @default(autoincrement())
3.      // 邮箱
4.      email         String            @unique
5.      // 账户名
6.      accountName   String            @unique
7.      // 密码
8.      hash          String
9.      salt          String
10.     role          Role              @default(USER)
11.     // 发布的活动
12.     publishActivities  Activity[]
13.     // 参与的活动
14.     activityParticipant UsersOnActivities[]
15.     createdAt     DateTime
@default(dbgenerated("CURRENT_TIMESTAMP"))   @db.DateTime
16.     updatedAt     DateTime
@default(dbgenerated("CURRENT_TIMESTAMP ON UPDATE CURRENT_TIMESTAMP"))
@db.DateTime
17.   }
18.   model Activity {
19.     ...
20.     // 活动发起人
21.     publisher     User              @relation(fields: [publisherId], references: [id])
22.     publisherId   Int
23.     ...
24.   }
```

注意：User 模型里的 publishActivities 字段在数据库中不会以列的形式存在。在数据库中 User 和 Activity 的一对多关系通过外键表示。数据库中生成的表结构如下。

```
1.   CREATE TABLE 'User' (
2.      'id' INTEGER NOT NULL AUTO_INCREMENT,
3.      'email' VARCHAR(191) NOT NULL,
4.      'accountName' VARCHAR(191) NOT NULL,
5.      'hash' VARCHAR(191) NOT NULL,
6.      'salt' VARCHAR(191) NOT NULL,
7.      'role' ENUM('USER', 'ADMIN') NOT NULL DEFAULT 'USER',
8.      'createdAt' DATETIME NOT NULL DEFAULT CURRENT_TIMESTAMP,
9.      'updatedAt' DATETIME NOT NULL DEFAULT CURRENT_TIMESTAMP ON UPDATE CURRENT_TIMESTAMP,
10.
11.     UNIQUE INDEX 'User_email_key'('email'),
12.     UNIQUE INDEX 'User_accountName_key'('accountName'),
13.     PRIMARY KEY ('id')
14.  )
15.
16.  ALTER TABLE 'Activity' ADD CONSTRAINT 'Activity_publisherId_fkey' FOREIGN KEY
('publisherId') REFERENCES 'User'('id') ON DELETE RESTRICT ON UPDATE CASCADE;
```

3. 多对多关系

多对多关系是指关系一端的零个或多个记录可以关联到另一端的零个或多个记录。Prisma 模式语法表示多对多关系与数据库中的实现有所不同，分为显式和隐式两种方式。

在显式多对多关系中，关系表被单独定义为 Prisma 中的一个模型，可以在查询中使用。在本书的例子中，User 和 Activity 具有多对多关系，一个用户可以参与多个活动，一个活动可以有多个用户参加。单独表示关系的模型 UsersOnActivities 在数据库中也会生成 UsersOnActivities 表，这种表有时也会被称为 JOIN、链接或透视表。UsersOnActivities 模型中描述了 User 和 Activity 关系，记录了哪一位用户参与了哪个活动。虽然一个用户可以参与多个活动，多个活动可以由多个用户参与，但是（userId，activityId）的联合约束全局唯一。

```
1.   model UsersOnActivities {
2.     id         Int        @id @default(autoincrement())
3.     user       User       @relation(fields: [userId], references: [id])
4.     userId     Int
5.     activity   Activity@relation(fields: [activityId], references: [id])
6.     activityId Int
7.     createdAt  DateTime @default(dbgenerated("CURRENT_TIMESTAMP"))
@db.DateTime
8.        updatedAt   DateTime @default(dbgenerated(" CURRENT_ TIMESTAMP ON UPDATE
CURRENT_ TIMESTAMP")) @db.DateTime
9.
10.    @@unique([userId, activityId])
11.  }
```

在数据库中，表 UsersOnActivities 的结构如下：

```
1.   CREATE TABLE 'UsersOnActivities' (
2.      'id' INTEGER NOT NULL AUTO_INCREMENT,
```

```
3.       'userId' INTEGER NOT NULL,
4.       'activityId' INTEGER NOT NULL,
5.       'createdAt' DATETIME NOT NULL DEFAULT CURRENT_TIMESTAMP,
6.       'updatedAt' DATETIME NOT NULL DEFAULT CURRENT_TIMESTAMP ON UPDATE CURRENT_TIMESTAMP,
7.
8.       UNIQUE INDEX 'UsersOnActivities_userId_activityId_key'('userId', 'activityId'),
9.   PRIMARY KEY ('id')
10.  )
```

  隐式多对多关系将关系字段定义为关系两边的列表。虽然关系表存在于底层数据库中，但它是由 Prisma 管理的，并没有显式地出现在 Prisma 模式中。在本书的例子中，并没有使用隐式多对多关系，详细的例子可以从 Prisma 官网查看 https://www.prisma.io/docs/concepts/components/prisma-schema/relations/many-to-many-relations。

  本节已经构建了报名应用的 Prisma 模型，执行 pnpm exec prisma migrate dev --name init 命令可以将模型在数据库中同步，在 prisma/migrations 目录下可以看到刚才的模型生成的 SQL 语句并且生成了 Prisma Client。

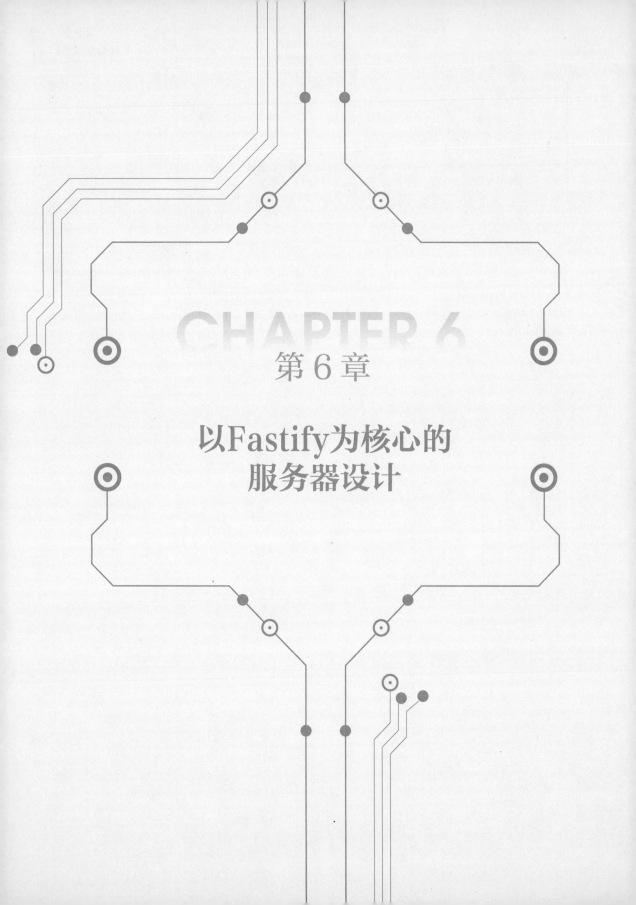

CHAPTER 6

第 6 章

以Fastify为核心的
服务器设计

一般来说使用 Node.js 模块，就可以实现 HTTP 服务。下面是一个典型的 Node.js 编写的程序样例。

```
1.    // 引入 Node.js HTTP 模块,创建 HTTP 服务器
2.    import http from 'node:http';
3.
4.    const port = process.env['PORT'];
5.
6.    const server = http.createServer((_req, res) ⇒ {
7.      res.statusCode = 200;
8.      res.setHeader('Content-Type', 'text/html');
9.      res.end('<h1>Hello, World!</h1>');
10.   });
11.
12.   server.listen(port, () ⇒ {
13.     console.log('服务运行在端口 ${port}');
14.   });
```

但是创建一个项目不仅需要 HTTP 服务器，还需要处理其他功能，如路由、错误处理、数据解析、安全等。使用框架可以更简单地解决这些问题。基于前几章的工作，项目已经具备了邮件服务、简单的文件存储和计时器等函数服务，可以通过 MySQL 存储业务数据，使用 Prisma 管理数据表与数据库。本章将引入 Web 框架 Fastify 来构建后端应用。

本章将主要介绍：

- Fastify 基础功能讲解。
- 使用 JSON Schema 校验输入输出。
- 使用 Vitest 进行单元测试。

6.1 Node.js 最快的 Web 框架 Fastify

Fastify 是目前速度最快的 Web 框架之一，如图 6-1 所示。

2022 年的 State Of JS 全网调研中，Fastify 是满意度比较高的框架之一，如图 6-2 所示。

总体来说，Fastify 是一个值得投入的框架，详情如表 6-1 所示，主要体现在以下方面。

- 高度吸取了 Node.js 的开源架构，有一个非常活跃的开源社区。和 Node.js 一致的发版机制，有非常明确的长期支持版本机制。版本号的规则也和 Node.js 相近，修复 Bug 增加补丁版本号，新增功能增加小版本号。目前 Fastify 的主力维护者 Matteo Collina 是 Node.js TSC 成员之一，也是 Node.js 新一代 HTTP 客户端 undici 的核心开发成员之一。Node.js 一旦有新功能，仅需要数周时间 Fastify 就可以支持。
- 具有比较友好的开发体验，提供了优秀的 TypeScript 类型支持。虽然 Fastify 使用 JavaScript 开发，但是官方团队维护了完善的 TypeScript 类型。
- 仅使用标准的 JavaScript 语言特性，如果是使用 JavaScript 编写的 Fastify 代码可以直接通过 Node.js 执行，不需要任何其他转译环节。得易于这一特性，开发者可以相对容易地使用 Fastify

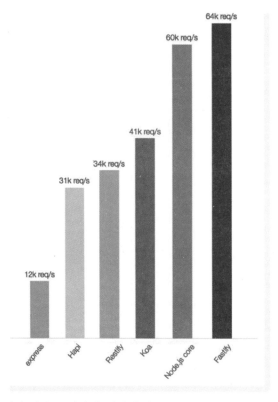

● 图 6-1　性能测试对比，测试代码连接为 https://github.com/fastify/benchmarks

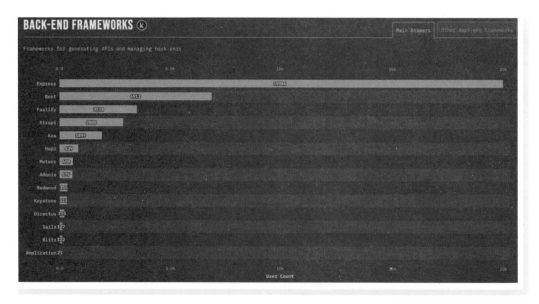

● 图 6-2　2022 年的 State Of JS 全网调研后端框架排名

做二次集成开发。例如，fastify-edge 项目实现了在 Cloudflare Workers 中开发 Fastify 应用，该项目长期也会支持 Deno Deploy；fastify-vite 项目集成了 Vite 与 Fastify，提供了非常精简的 SSR 框架。

- 强大的日志系统。因为 Node.js 应用往往需要将日志序列化后存储到日志系统（如 Elasticsearch）中，所以输出日志会对性能产生负面影响。Fastify 框架因为集成了 Pino 日志系统，能很好地解决这个问题。同时，Fastify 的核心开发者也是 Pino 的核心开发者。

- 原生支持 async/await。Fastify 的 route handler、application hook、内置方法、插件体系都支持 async/await 风格，可以捕捉未捕获的 rejected 状态的 promises。

- 拥有内置的测试接口。使用 Fastify 实例的 inject 方法可以直接绕过 HTTP 端口进行测试。因为测试 Fastify 不需要起 HTTP 服务，所以可以容易地进行并发测试。

- 原生支持 JSON Schema。Fastify 允许开发者在路由和处理程序中验证 JSON 数据的结构和内容。

- 树形作用域插件系统。Fastify 使用树形数据结构实现了中间件模式，一个请求只会执行与之相关的函数，可以在一个请求链上添加只影响这个请求链的钩子。通过合适的设计，可以让每个请求的作用域互相隔离，减少 Bug。

- 丰富的、活跃的社区生态。截至 2023 年 1 月，Fastify 拥有 53 个核心插件和 200 个社区插件，其中核心插件是由 Fastify 团队维护的。Fastify 插件的关键特性之一是每个插件独立于其他插件工作，这意味着插件可以很容易地连接在一起实现多种功能。

- 高度关注性能。Fastify 是所有 Node.js Web 框架中最关注性能的，这与 Fastify 的核心作者同时也是 Node.js 核心库的维护者不无关系。

表 6-1　Fastify 详情

GitHub	https://github.com/fastify/fastify	官网	https://www.fastify.io/	标志	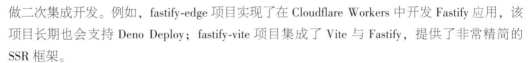
Stars	26600	上线时间	2016 年 9 月	主力维护者	Matteo Collina、Tomas Della Vedova 等
npm 包月下载量	420 万次	协议	MIT	语言	JavaScript、TypeScript、Shell

▶▶ 6.1.1　安装 Fastify

本节将初始化 Fastify 的运行环境。由于项目中可能有多个子项目用到 Fastify，为了方便进行版本控制，将 Fastify 安装到 Monorepo 根工作目录。

```
1.   pnpm i fastify -w
```

删除 baas 文件夹下的.gitkeep 文件，新建 fastify-learning 文件夹。复制@ monorepo/types 项目下的.eslintrc.cjs、.eslintignore、tsconfig.json、package.json 文件到 fastify-learning 文件夹下。修改 package.json

文件的 name 为@ baas/fastify-learning，删除 build 脚本，内容如下。

```
1.    {
2.      "name": "@baas/fastify-learning",
3.      "version": "1.0.0",
4.      "description": "",
5.      "type": "module",
6.      "main": "index.js",
7.      "module": "./dist/index.js",
8.      "types": "./dist/index.d.ts",
9.      "scripts": {}
10.   }
```

注意：type 为 module，即当前包视为 ESM 规范。

新建 src 文件夹。为了易于阅读后续项目代码，可以把不同阶段产生的代码放在 src 下的不同目录中。创建 Hello World 项目，即在 src 目录下，新建 01-hello-world 目录及 main.ts 文件。

由于代码使用了 process，而 process 是 Node.js 名字空间的全局变量，需要安装@ types/node 类型。在 pnpm 7 版本之前，pnpm 会把@ types 的所有依赖提升到根工作目录，TypeScript 会认为该 Monorepo 项目下的所有项目都可以访问@ types/node 的类型，产生了类型空间名字污染问题。在 pnpm 7 版本之后，@ types/node 不会被提升到根工作目录，这样就可以进行更细粒度的类型名字空间管理。在根工作目录执行如下命令，安装@ types/node。

```
1.    pnpm i @types/node --filter @baas/fastify-learning -D
2.    pnpm i tsx -wD
```

在 src/01-hello-world/main.ts 编写如下代码。

```
1.    // src/01-hello-world/main.ts
2.    import { fastify } from 'fastify';
3.
4.    const start = async function () {
5.      const server = fastify();
6.      server.get('/', async () ⇒ {
7.        return { hello: 'world' };
8.      });
9.      try {
10.       await server.listen({
11.         port: 3000,
12.       });
13.     } catch (err) {
14.       server.log.error(err);
15.       process.exit(1);
16.     }
17.   };
18.   start();
```

在 package.json 中添加执行的命令。

```
1.    "scripts": {
2.        "start:01": "tsx src/01-hello-world/main.ts"
3.    }
```

将鼠标置于 start:01 处，VS Code 会显示执行的弹窗，如图 6-3 所示，单击"运行脚本"按钮即可执行。

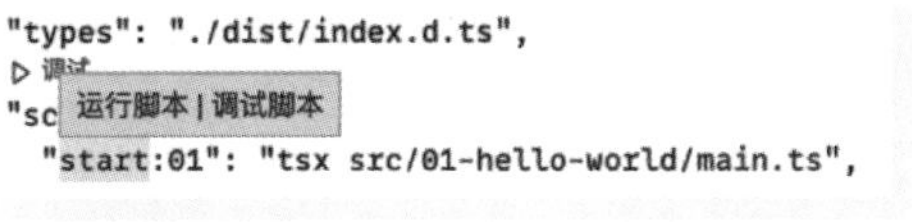

```
"types": "./dist/index.d.ts",
 ▷ 调试
"sc    运行脚本 | 调试脚本
    "start:01": "tsx src/01-hello-world/main.ts",
```

● 图 6-3　VS Code 显示执行的弹窗

也可以在 fastify-learning 目录下执行如下命令。

```
1.    pnpm run start:01
```

为了方便此命令在根工作目录执行，在根工作目录 package.json 添加快捷启动脚本"b:1"。

```
1.    "scripts": {
2.        ...
3.        "b:1": "pnpm --filter @baas/fastify-learning --"
4.    }
```

有了这个快捷方式，可以在根工作目录执行以下命令来启动。

```
1.    pnpm b:1 start:01
```

确保项目启动后，使用 curl 命令来验证服务是否如预期。

```
1.    curl http://localhost:3000/ -X GET
2.    {"hello":"world"}
```

这样就使用 Fastify 实现了一个简单的 HTTP 服务。

▶▶ 6.1.2　Fastify 的扩展性

如在 JavaScript 中一切皆对象，在 Fastify 中一切皆插件，路由、工具在 Fastify 中都可以是一个插件。使用插件可以帮助开发人员快速构建模块化、可定制、可扩展和易于维护的应用程序。

对于插件系统而言，通常应遵循以下原则。

- 简单易用：编写插件应该简单易行，不需要过多配置文件。
- 独立性：每个插件应该独立工作，遵循低耦合原则。例如，删除一个插件不应影响核心系统或其他插件。

Fastify 在最初设计时就考虑了系统的模块化，Fastify 的模块化基于 Fastify 的封装作用域规则，使用注册函数将插件添加到核心系统中。有效使用 Fastify 的封装模型可以防止交叉引用，实现比较好的关注点分离。设计良好的 Fastify 应用几乎是一个非常好的微服务架构，后期进行业务拆分和微服务拆分都比较方便。

下面这个例子简单介绍了一个插件的实现。在@ baas/fastify-learning/ src 下新建 02-plugin 文件夹，项目的目录结构如下。

```
1.   - main.ts              // 入口执行文件,仅包含服务器启动逻辑
2.   - server.ts            // 初始化 Fastify 实例及注册插件的逻辑
3.   - routes/users.ts      // 利用插件机制实现的路由挂载
```

入口 main.ts 文件，内容如下。

```
1.   // baas/fastify-learning/src/02-plugin/main.ts
2.   import buildServer from './server.js';
3.
4.   const server = buildServer();
5.
6.   const start = async function () {
7.     try {
8.       await server.listen({
9.         port: 3000,
10.      });
11.    } catch (err) {
12.      server.log.error(err);
13.      process.exit(1);
14.    }
15.  };
16.
17.  start();
```

server.ts 文件用于初始化 Fasitfy 实例，并注册一个路由插件。

```
1.   // baas/fastify-learning/src/02-plugin/server.ts
2.   import { fastify } from 'fastify';
3.
4.   function buildServer(): ReturnType<typeof fastify> {
5.     const server = fastify();
6.     // 使用动态 import,注册路由插件
7.     server.register(import('./routes/users.js'));
8.     return server;
9.   }
10.
11.  export default buildServer;
```

routes/users.ts 是一个异步的插件，模拟了返回用户信息的过程。使用 fastify.get 方法注册 /users 路由。在实际应用中，用户信息通常要从数据库中获取。

```
1.   // baas/fastify-learning/src/02-plugin/routes/users.ts
2.   import { type FastifyPluginAsync } from 'fastify';
```

```
3.    const users: FastifyPluginAsync = async (fastify) ⇒ {
4.      fastify.get('/users', async () ⇒ [
5.          { username: '紫霞' },
6.          { username: '至尊宝' },
7.      ]);
8.    };
9.
10.   export default users;
```

在 @ baas/fastify-learning 项目的 package.json 文件中添加执行命令。

```
1.    "scripts": {
2.        ...
3.        "start:02": "tsx src/02-plugin/main.ts"
4.    }
```

执行 02-plugin/main.ts，使用 curl 命令进行测试。由于只挂载了/users 路径，访问其他路径会返回 404 错误。当访问/users 路径时，按照预期，获得了期望的返回值。

```
1.    $curl http://localhost:3000/ -X GET
2.    {"message":"Route GET:/ not found","error":"Not Found","statusCode":404}
3.    $curl http://localhost:3000/users -X GET
4.    [{"username":"紫霞"},{"username":"至尊宝"}]
```

通过这个例子可以看到，使用插件是比较简单的，插件可以在 Fastify 实例上挂载任意的东西，每个 Fastify 插件的入参，实际是当前的 Fastify 实例。在实际的初始化过程中，插件、装饰器都受到封装作用域的影响。

下面以一个例子同时介绍 Fastify 插件、装饰器和封装作用域。这个例子用到了 Fastify 官方制作的插件帮助项目 fastify-plugin，可以帮助检查 Fastify 的版本，给插件添加 skip-override 隐藏属性，传递自定义元数据给 Fastify 实例。为了让展示的日志更美观，还需要安装 pino-pretty 包。因为这两个依赖的通用性，将其安装在 Monorepo 根工作目录，在根工作目录执行如下命令。

```
1.    pnpm i fastify-plugin pino-pretty -w
```

在 @ baas/fastify-learning/src 下新建 03-scope 文件夹，并新建 main.ts，内容如下。

```
1.    // baas/fastify-learning/src/03-scope/main.ts
2.    import { fastify } from 'fastify';
3.    /*
4.    使用 TypeScript 的声明合并功能,可以把装饰器方法添加的属性增加到 Fastify 实例上
5.    */
6.    declare module 'fastify' {
7.      interface FastifyInstance {
8.        configuration: { db: string; port: number };
9.      }
10.   }
11.
```

```
12.    // 初始化 Fastify 实例,开发环境通常开启日志美观格式
13.    const app = fastify({
14.      logger: {
15.        transport: {
16.          target: 'pino-pretty',
17.          options: {
18.            translateTime: 'HH:MM:ss Z',
19.            ignore: 'pid,hostname',
20.          },
21.        },
22.      },
23.    });
24.
25.    // 使用 Fastify 装饰器语法,给根作用域增加 configuration 变量
26.    app.decorate('configuration', {
27.      db: 'mysql-db',
28.      port: 3306,
29.    });
30.
31.    /*
32.    Fastify 装饰器可以为当前 Fastify 实例增加属性。使用装饰器可以对业务进行有效的封装,并且这个
封装符合 Fastify 作用域规则,不会对当前环境的父级造成影响,但是所有当前环境以及当前环境的子环境可以
获得这个参数。实际上,使用这种方式进行继承和封装制造了一个有向无环图(Directed Acyclic Graph,
DAG),Fastify 插件是基于图的模型,可以有效处理异步调用
33.    */
34.    console.log('在根作用域访问根作用域装饰的参数', app.configuration);
35.    // { db: 'mysql-db', port: 3306 }
36.    /*
37.    使用 Fastify 的插件注册方法注册插件 plugin1,该方法创建了一个新的 Fastify 环境,在插件中做的
操作默认不会影响当前环境,以及比当前环境更高的父级环境
38.    */
39.    await app.register(import('./plugin1.js'));
40.    /*
41.    因为封装的规则,plugin1 直接装饰的参数只有 plugin1 及 plugin1 的子级环境可以访问
42.    */
43.    console.log('在根作用域访问插件 1 装饰的参数', app.myPlugin1Prop);
44.    // undefined
45.    // 注册插件 plugin2
46.    await app.register(import('./plugin2.js'));
47.    // 注册插件 plugin3
48.    await app.register(import('./plugin3.js'));
49.    /*
50.    插件 3 因为使用了 fastify-plugin,装饰的参数可以让同级环境访问到装饰的参数
51.    */
52.    console.log('在根作用域访问插件 3 装饰的参数', app.myPlugin3Prop);
53.    // { name: 'plugin3' }
54.    // 注册插件 plugin4
55.    await app.register(import('./plugin4.js'));
56.
```

```
57.    // 注意这个例子需要在浏览器访问该 URL 才可以触发
58.    app.get('/', (_req, res) ⇒ {
59.    // 因为封装的规则,根作用域的子级环境也无法访问插件 1 装饰的参数
60.      console.log('在路由 / 的 get 方法中访问插件 1 装饰的参数', app.myPlugin1Prop);
61.    // undefined
62.    /*
63.    因为使用了 fastify-plugin,所以根作用域的子作用域可以访问插件 3 装饰的参数
64.    */
65.      console.log('在路由 / 的 get 方法中访问插件 3 装饰的参数', app.myPlugin3Prop);
66.    // { name: 'plugin3' }
67.    // 返回一个空对象 JSON 作为返回值
68.      res.send({});
69.    });
70.    // 初始化 HTTP 服务器,并且设置端口为 3000
71.    app.listen(
72.      {
73.        port: 3000,
74.      },
75.      (err, address) ⇒ {
76.        if (err) throw err;
77.        app.log.info('服务运行在: ${address}');
78.      },
79.    );
```

上述代码使用了 import 动态引入语法,并使用了 top await 语法来保证初始化行为的串行化。

新建 plugin1.ts 文件,定义 myPlugin1 插件。首先,使用 TypeScript 的声明合并功能来为 Fastify 实例添加一个名为 myPlugin1Prop 的属性,并且在插件中使用了 fastify.decorate 方法来对这个属性进行赋值。其次,使用 Fastify 提供的 FastifyPluginAsync 标注来声明这是一个 Async 风格的插件。在 myPlugin1 插件中,使用 fastify.configuration 访问应用根作用域装饰器挂载的参数,然后使用 fastify.myPlugin1Prop 访问自己装饰的参数。

```
1.    // baas/fastify-learning/src/03-scope/plugin1.ts
2.    import { type FastifyPluginAsync } from 'fastify';
3.
4.    /*
5.    使用 TypeScript 的声明合并功能,可以把插件添加的属性增加到 Fastify 实例上
6.    但是当前插件装饰的参数实际只有该插件和插件的子级环境可以访问到这个参数,其他地方因为这个类型
标注,TypeScript 认为所有的 Fastify 实例都有该装饰参数,但是实际是没有的
7.    */
8.    declare module 'fastify' {
9.      interface FastifyInstance {
10.       myPlugin1Prop: { name: string };
11.     }
12.   }
13.
14.   /*
```

```
15.   使用 Fastify 提供的 FastifyPluginAsync 标注 Async 风格的插件,限于篇幅,本书仅使用和介绍
Async 风格的插件,Fastify 还支持回调风格的插件,相关信息请阅读 Fastify 官网
16.   插件有两个参数,第一个参数是封装当前环境的 Fastify 实例,第二个参数是注册者传入的参数
17.   在一个插件里可以做任何 Fastify 提供的操作,包括注册路由、注册工具,进行嵌套插件注册等
18.   */
19.   const myPlugin1: FastifyPluginAsync = async function (fastify, _opt) {
20.     console.log('在插件 1 访问应用根作用域装饰的参数', fastify.configuration); // { db:
'mysql-db', port: 3306 }
21.
22.     fastify.decorate('myPlugin1Prop', {
23.       name: 'plugin1',
24.     });
25.
26.     console.log('在插件 1 访问插件 1 装饰的参数', fastify.myPlugin1Prop);
27. .  // { name: 'plugin1' }
28.   };
29.   export default myPlugin1;
```

新建 plugin2.ts 文件，定义 myPlugin2 插件。同 myPlugin1 插件一样也使用 Async 风格进行编写。在这个插件中，访问了插件 1 装饰的参数，由于插件 1 装饰的参数只能在插件 1 和插件 1 的子环境中访问，所以在插件 2 中是无法访问的。最后，访问了插件 3 装饰的参数，由于插件 3 还没有进行注册，所以在插件 2 中无法访问插件 3 装饰的参数。

```
1.    // baas/fastify-learning/src/03-scope/plugin2.ts
2.    import { type FastifyPluginAsync } from 'fastify';
3.
4.    const myPlugin2: FastifyPluginAsync = async (fastify, _opt) => {
5.      // 主应用使用装饰器挂载,所有的子环境都可以访问
6.      console.log('在插件 2 访问应用根作用域装饰的参数', fastify.configuration); // { db:
'mysql-db', port: 3306 }
7.
8.      // 因为封装的作用域规则,插件 2 无法访问插件 1 装饰器装饰的参数
9.      console.log('在插件 2 访问插件 1 装饰的参数', fastify.myPlugin1Prop);
10.     // undefined
11.     // 此时插件 3 没有注册,插件 2 无法访问插件 3 装饰器装饰的参数
12.       console.log('在插件 2 访问插件 3 装饰的参数', fastify.myPlugin3Prop);
13.     // undefined
14.   };
15.   export default myPlugin2;
```

新建 plugin3.ts 文件，定义 myPlugin3 插件，这段代码主要测试了使用 fastify-plugin 模块可以把当前插件装饰的参数提升到父作用域。

```
1.    // baas/fastify-learning/src/03-scope/plugin3.ts
2.    import { type FastifyPluginAsync } from 'fastify';
3.    // eslint-disable-next-line import/no-named-default
4.    import { default as fp } from 'fastify-plugin';
```

```
5.    // 使用 TypeScript 的声明合并功能,可以把插件添加的属性增加到 Fastify 实例上
6.    declare module 'fastify' {
7.      interface FastifyInstance {
8.        myPlugin3Prop: { name: string };
9.      }
10.   }
11.
12.   const myPlugin3: FastifyPluginAsync = async function (fastify, _opt) {
13.     console.log('在插件 3 访问应用根作用装饰的参数', fastify.configuration);
14.   // { db: 'mysql-db', port: 3306 }
15.
16.     fastify.decorate('myPlugin3Prop', {
17.       name: 'plugin3',
18.     });
19.
20.     console.log('在插件 3 访问插件 3 装饰的参数', fastify.myPlugin3Prop);
21.   // { name: 'plugin3' }
22.   };
23.
24.   /*
25.   使用 fastify-plugin 模块可以把当前插件装饰的参数提升到父作用域
26.   */
27.   export default fp(myPlugin3, {
28.     // 注意这里是故意写为 3.x 来查看 fp 的限制能力
29.     fastify:'3.x',
30.     name: 'my-plugin-3',
31.   });
```

新建 plugin4.ts 文件，定义 myPlugin4 插件，测试 myPlugin3 插件的参数是否成功提级到根作用域。

```
1.    // baas/fastify-learning/src/03-scope/plugin4.ts
2.    import { type FastifyPluginAsync } from 'fastify';
3.
4.    const myPlugin4: FastifyPluginAsync = async (fastify, _opt) => {
5.      console.log('在插件 4 访问应用根作用域装饰的参数',
fastify.configuration); // { db: 'mysql-db', port: 3306 }
6.
7.      // 因为封装的作用域规则,插件 4 无法访问插件 1 装饰器装饰的参数
8.      console.log('在插件 4 访问插件 1 装饰的参数', fastify.myPlugin1Prop);
9.      // undefined
10.     // 因为插件 3 使用了 fastify-plugin,插件 4 可以访问插件 3 装饰器装饰的参数
11.     console.log('在插件 4 访问插件 3 装饰的参数', fastify.myPlugin3Prop);
12.   // { name: 'plugin3' }
13.   };
14.   export default myPlugin4;
```

在@ baas/fastify-learning 的 package.json 文件中添加执行命令。

```
1.    "start:03": "tsx src/03-scope/main.ts"
```

运行 start:03 脚本，会触发 fp 的报错。

```
1.    > tsx src/03-scope/main.ts
2.    ...
3.
4.    /.pnpm/fastify@4.5.3/node_modules/fastify/lib/pluginUtils.js:11
5.         throw new FST_ERR_PLUGIN_VERSION_MISMATCH(meta.name, requiredVersion, this.
version)
6.              ^
7.    FastifyError [Error]: fastify-plugin: my-plugin-3 - expected '3.x' fastify version,
'4.5.3' is installed
```

修改 plugin3 的导出。

```
1.    export default fp(myPlugin3, {
2.      fastify: '4.x',
3.      name: 'my-plugin-3',
4.    });
```

重新执行，并使用 curl 命令调用 GET 方法。

```
1.    $curl http://localhost:3000/ -X GET
```

上述程序运行结果如下。

```
1.    在根作用域访问根作用域装饰的参数 { db: 'mysql-db', port: 3306 }
2.    在插件 1 访问应用根作用域装饰的参数 { db: 'mysql-db', port: 3306 }
3.    在插件 1 访问插件 1 装饰的参数 { name: 'plugin1' }
4.    在根作用域访问插件 1 装饰的参数 undefined
5.    在插件 2 访问应用根作用域装饰的参数 { db: 'mysql-db', port: 3306 }
6.    在插件 2 访问插件 1 装饰的参数 undefined
7.    在插件 2 访问插件 3 装饰的参数 undefined
8.    在插件 3 访问应用根作用域装饰的参数 { db: 'mysql-db', port: 3306 }
9.    在插件 3 访问插件 3 装饰的参数 { name: 'plugin3' }
10.   在根作用域访问插件 3 装饰的参数 { name: 'plugin3' }
11.   在插件 4 访问应用根作用域装饰的参数 { db: 'mysql-db', port: 3306 }
12.   在插件 4 访问插件 1 装饰的参数 undefined
13.   在插件 4 访问插件 3 装饰的参数 { name: 'plugin3' }
14.   [13:37:03 UTC] INFO: Server listening at http://127.0.0.1:3000
15.   [13:37:03 UTC] INFO: Server listening at http://[::1]:3000
16.   [13:37:03 UTC] INFO: 服务运行在: http://127.0.0.1:3000
17.   在路由 / 的 get 方法中访问插件 1 装饰的参数 undefined
18.   在路由 / 的 get 方法中访问插件 3 装饰的参数 { name: 'plugin3' }
19.   [13:39:36 UTC] INFO: incoming request
20.     reqId: "req-1"
21.     req: {
22.       "method": "GET",
23.       "url": "/",
24.       "hostname": "localhost:3000",
```

```
25.      "remoteAddress": "127.0.0.1",
26.      "remotePort": 59988
27.    }
28.  [13:39:36 UTC] INFO: request completed
29.    reqId: "req-1"
30.    res: {
31.      "statusCode": 200
32.    }
33.    responseTime: 3.608545996248722
```

通过这个例子可以看到，Fastify 的封装作用域有类似于 JavaScript 作用域的特性，但不完全相同。良好的业务代码和封装作用域的关系是构建一个良好的 Fastify 应用的基石。在学习 Fastify 时，建议详细研究这个例子。

▶▶ 6.1.3 Fastify 的日志系统

日志记录是指在软件系统中收集、存储和展示有关系统运行状态的信息，通常包括时间戳、描述和严重级别等信息，是一种重要的调试和故障排查手段。日志可以由用户自定义生成，也可以由系统生成。常见的系统日志如 Linux 平台中/var/log 下的文件，Windows 平台下的事件查看器。

Pino 是一款优秀的开源日志记录工具，也是 Node.js 生态环境中最快的日志工具之一。日志系统的速度会极大影响应用程序的性能。日志工具需要将 Node.js 服务器产生的日志记录到文件系统或传递给如 Elasticsearch 等的日志分析工具，如果不能及时处理日志，日志将会在内存中累积，导致额外负载或类似于内存泄漏的问题。Fastify 的联合创始人 Matteo Collina 曾介绍过 Fastify 中日志记录开销的问题，当应用请求增加时，记录日志的时间开销也会随之增加。2016 年之前，由于日志记录工具通常在 Node.js 主进程中进行日志记录，往往会影响主进程速度。Pino 将日志记录过程从主进程转移到副进程，整个过程如图 6-4 所示，主进程产生日志，将其存放在 Ring Buffer 里，副进程负责去 Ring Buffer 中取日志并记录，这样日志记录过程和日志产生过程进行了松耦合，解决了记录日志的 I/O 问题。Pino 详情如表 6-2 所示。

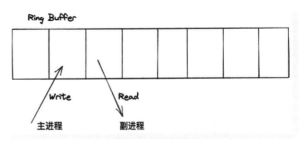

● 图 6-4　Pino 记录日志

表 6-2　Pino 详情

GitHub	https://github.com/pinojs/pino	官网	http://getpino.io/	标志	
Stars	1100	上线时间	2016 年 2 月	创始人	Matteo Collina 等
npm 包月下载量	1870 万次	协议	MIT	语言	JavaScript、TypeScript

在上一节中已经初步使用了 Pino，注意通常只有在开发环境中才会开启日志美观的功能，在生产时开启会影响性能。在 Fastify 中开启日志记录十分简单，在@ baas/fastify-learning/src 下新建 04-log 文件夹，结构与 02-plugin 一致。复制 02-plugin 的入口执行文件 main.ts 到 04-log。

在 server.ts 文件中，使用 logger 选项来设置日志记录。默认情况下，日志记录是禁用的，可以在创建 Fastify 实例时通过传递 { logger：true } 或 { logger：{ level：' info ' } } 来启用。具体来说，使用 pino-pretty 作为日志格式，options 用于设置额外的选项，这里设置了 translateTime 将时间转换为本地系统的时区。在注册完插件之后，使用 server.log.info 打印启动日志。

```
1.    // baas/fastify-learning/src/04-log/server.ts
2.    import { fastify } from 'fastify';
3.
4.    function buildServer(): ReturnType<typeof fastify> {
5.      const server = fastify({
6.        logger: {
7.          transport: {
8.            target: 'pino-pretty',
9.            options: {
10.            // 将时间转换为本地系统的时区
11.              translateTime: 'SYS:standard',
12.              ignore: 'pid,hostname',
13.            },
14.          },
15.        },
16.      });
17.
18.      server.register(import('./routes/users.js'));
19.
20.      // 完成注册后,可以使用 server.log 访问日志对象
21.      server.log.info('Fastify 完成启动! ');
22.
23.      return server;
24.    }
25.
26.    export default buildServer;
```

当 GET /users 路由被访问时，使用 req.log.info 方法来记录路由被访问信息。

```
1.    // baas/fastify-learning/src/04-log/routes/users.ts
2.    import { type FastifyPluginAsync } from 'fastify';
3.    const users: FastifyPluginAsync = async (fastify) => {
4.      fastify.get('/users', async (req) => {
5.        req.log.info('users 路由被访问! ');
6.        return [{ username: '紫霞' }, { username: '至尊宝' }];
7.      });
8.    };
9.
10.   export default users;
```

在 package.json 文件中，增加运行命令并启动。

```
1.    "scripts": {
2.        ...
3.        "start:04": "tsx src/04-log/main.ts"
4.    }
```

使用 curl 命令测试，可以看到和之前的执行结果相同。

```
1.    $curl http://localhost:3000/users -X GET
2.    [{"username":"紫霞"},{"username":"至尊宝"}]
```

可以在 Fastify 启动的后台命令行中看到日志信息，格式如下。

```
1.    [date time][log level][message]
2.    [2023-01-24 15:49:23.063 +0800] INFO: Fastify 完成启动!
3.    [2023-01-24 15:49:23.074 +0800]
4.    INFO: Server listening at http://[::1]:3000
5.    [2023-01-24 15:49:23.074 +0800]
6.    INFO: Server listening at
[http://127.0.0.1:3000](http://127.0.0.1:3000/)
7.    [2023-01-24 15:49:32.594 +0800] INFO: incoming request
8.        reqId: "req-1"
9.        req: {
10.           "method": "GET",
11.           "url": "/users",
12.           "hostname": "localhost:3000",
13.           "remoteAddress": "127.0.0.1",
14.           "remotePort": 58456
15.       }
16.   [2023-01-24 15:49:32.595 +0800] INFO: users 路由被访问!
17.       reqId: "req-1"
18.   [2023-01-24 15:49:32.601 +0800] INFO: request completed
19.       reqId: "req-1"
20.       res: {
21.           "statusCode": 200
22.       }
23.       responseTime: 6.919082999229431
```

日志的第一部分是时间戳，可以根据需求更改其可读的格式。第二部分是日志级别，这是 Pino-logger 自带的默认级别之一。接下来是一句描述表示有一条请求、自定义字段或是响应。最后，开发者可以在下一行中看到该特定请求或响应的整个 JSON 表示。

6.2　JSON Schema 校验

由于用户输入不可信，因此应用程序中十分有必要使用 JSON Schema 来声明和验证 JSON 数据。例如，在之前的/users 接口中，使用 JSON Schema 来确保请求数据的准确性，如图 6-5 所示。

Fastify 对 JSON Schema 做了开箱即用的支持，内置使用 AJV 验证请求与响应的 JSON 数据，开发者只需要声明相应的 JSON Schema，填入 POST/GET 等函数中即可使用。

新建 05-json-schema 文件夹，并新建 main.ts 文件，使用 schema 定义/user 接口的入参结构，需满足以下条件。

- 类型为 object。
- 包含"param"属性。
- "param"属性的类型为 number。
- "param"属性长度大于等于 1。

当请求的数据不符合 schema 定义的格式时，Fastify 会返回错误信息。

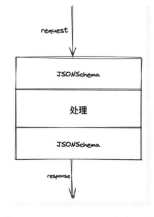

● 图 6-5　使用 JSON Schema 对输入输出进行验证

```
1.   // baas/fastify-learning/src/05-json-schema/main.ts
2.   import { fastify } from 'fastify';
3.
4.   const server = fastify({
5.     logger: {
6.       transport: {
7.         target: 'pino-pretty',
8.         options: {
9.           translateTime: 'HH:MM:ss Z',
10.          ignore: 'pid,hostname',
11.        },
12.      },
13.    },
14.  });
15.  // body 中请求的 JSON 为 {param:'name'} 的 JSON Schema,如下
16.  const schema = {
17.    body: {
18.      type: 'object',
19.      required: ['param'],
20.      properties: {
21.        param: { type: 'number', minLength: 1 },
22.      },
23.    },
24.  };
25.  // 将 schema 作为 post 函数的第二个参数传入
26.  server.post('/user', { schema }, async (request, reply) => {
27.    reply.send(request.body);
28.  });
29.
30.  server.listen(
31.    {
32.      port: 3000,
```

```
33.      },
34.      (err, address) ⇒ {
35.        if (err) throw err;
36.        server.log.info('服务运行在: ${address}');
37.      },
38.    );
```

在 package.json 文件中增加命令并执行。

```
1.    "scripts": {
2.      ...
3.      "start:05": "tsx src/05-json-schema/main.ts"
4.    }
```

以 TypeScript 的 interface 来对比 JSON Schema。简单来说，TypeScript 的 interface 和 JSON Schema 都是用来描述数据结构的工具，TypeScript 的 interface 是在编译时进行类型检查，可以在开发阶段就发现类型问题。而 JSON Schema 是在运行时进行数据验证，可以在运行时发现数据格式问题。

使用 curl 命令进行测试，当传入的 body 格式不对时，应用会自动进行拦截。

```
1.    $curl -i -H "Accept: application/json" -H "Content-Type: application/json" -X POST
http://localhost:3000/user -d '{}'
2.    HTTP/1.1 400 Bad Request
3.    content-type: application/json; charset=utf-8
4.    ...
5.
6.    {"statusCode":400,"error":"Bad Request","message":"body should have required
property'param'"}
7.    $curl -i -H "Accept: application/json" -H "Content-Type: application/json" -X POST
http://localhost:3000/user -d '{"param":"abcd"}'
8.    HTTP/1.1 400 Bad Request
9.    content-type: application/json; charset=utf-8
10.   ...
11.
12.   {"statusCode":400,"error":"Bad Request","message":"body.param  should be number"}
13.   $curl -i -H "Accept: application/json" -H "Content-Type: application/json" -X POST
http://localhost:3000/user -d '{"param":1234}'
14.   HTTP/1.1 200 OK
15.   content-type: application/json; charset=utf-8
16.   ...
17.
18.   {"param":1234}
```

在 TypeScript 项目中，需要同时使用 JSON Schema 和 TypeScript interface 获得编译时和运行时的类型安全，这带来了一些额外的工作量。使用 JSON Schema 类型工具可以只定义一次，同时获得 JSON Schema 运行时类型安全和 TypeScript 编译时类型安全。下面以 Fastify 官方推荐的@ sinclair/typebox 对 login 的 body 增加 JSON Schema。TypeBox 比较简单，适合入门。还有一个熟知的 JSON Schema 类型工具叫 zod。zod 比 TypeBox 功能强大很多，本书限于篇幅以 TypeBox 编写，建议读者在熟悉了 Fastify 和 Type-

Box 后，如果有兴趣可以对 zod 进行一些尝试。使用插件 fastify-zod 可以简化在 Fastify 里使用 zod 的过程。

TypeBox 提供了一组函数，允许开发者像使用 TypeScript 组合静态类型一样组合 JSON Schema。每个函数都创建一个 JSON Schema 片段，可以组合成更复杂的类型。TypeBox 生成的模式可以直接传递给任何符合 JSON Schema 的验证器，或者用来反映类型的运行时元数据。

由于@ sinclair/typebox 也属于通用依赖，也安装到 Monorepo 根工作目录。

```
1.   pnpm i @sinclair/typebox -w
```

复制 04-log 文件夹为 06-json-schema-type-tool。在 server.ts 文件注册 login 插件。

```
1.   // baas/fastify-learning/src/06-json-schema-type-tool/server.ts
2.   ...
3.   server.register(import('./routes/login.js'));
4.   ...
```

在 routes 文件夹下新建 login.ts 文件编写插件。首先声明了一个 loginSchema 类型，这个类型是一个对象，包含了两个字段 username 和 password，均为字符串类型。然后使用 Type.Object 和 Type.String 创建 loginSchema 类型。使用@ sinclair/typebox 库中的 Static 函数将 loginSchema 类型转换为静态类型 LoginSchema。之后是插件的主要实现，使用 fastify.post 方法来定义/login 路由，schema 参数使用 login-Schema 类型定义该路由请求体的 JSON Schema。在回调函数中，使用了 FastifyRequest 类型参数来描述这个请求的类型，并且使用了之前定义的 LoginSchema 类型来限制请求体的类型。这样，在运行时和编译时都对请求体进行类型检查。

```
1.   // baas/fastify-learning/src/06-json-schema-type-tool/routes/login.ts
2.   import { type FastifyPluginAsync, type FastifyRequest } from 'fastify';
3.   import { type Static, Type } from '@sinclair/typebox';
4.   const loginSchema = Type.Object({
5.     username: Type.String(),
6.     password: Type.String(),
7.   });
8.
9.   type LoginSchema = Static<typeof loginSchema>;
10.
11.  const login: FastifyPluginAsync = async (fastify) => {
12.    fastify.post(
13.      '/login',
14.      { schema: { body: loginSchema } },
15.      async (req: FastifyRequest<{ Body: LoginSchema }>) => {
16.        const { username, password } = req.body;
17.        return { username, password };
18.      },
19.    );
20.  };
21.
22.  export default login;
```

上面例子使用 loginSchema 描述了用户输入模型，会对应生成如下的 JSON Schema。

```
1.    const loginSchema = {
2.      type:'object',
3.        properties:{
4.          username:{
5.            type:'string'
6.          },
7.          password:{
8.            type:'string'
9.          }
10.        },
11.        required:['username','password']
12.    }
```

在 package.json 文件中新建执行命令并执行。

```
1.    "scripts": {
2.      ...
3.      "start:06": "tsx src/06-json-schema-type-tool/main.ts"
4.    },
```

当输入错误格式的 body 时，Fastify 会自动进行拦截并报错。

```
1.    $curl -X POST -H "Content-Type: application/json" -d'{ "username": "至尊宝", "password":
"zhizunbao" }' http://localhost:3000/login
2.    {"username":"至尊宝","password":"zhizunbao"}
3.    $curl -X POST -H "Content-Type: application/json" -d'{ "name": "至尊宝", "password":
"zhizunbao" }' http://localhost:3000/login
4.    {"statusCode":400,"error":"Bad Request","message":"body should have required property
'username'"}
```

继续使用 TypeBox 改造 users 插件，定义 usersReqSchema 限制返回值，必须包含 username 字段。

```
1.    // baas/fastify-learning/src/06-json-schema-type-tool/routes/users.ts
2.    import { type FastifyPluginAsync } from 'fastify';
3.    import { Type } from '@sinclair/typebox';
4.    const usersReqSchema = Type.Array(Type.Object({ username: Type.String() }));
5.
6.    const users: FastifyPluginAsync = async (fastify) => {
7.      fastify.get(
8.        '/users',
9.        {
10.          schema: {
11.            response: {
12.              200: usersReqSchema,
13.            },
14.          },
15.        },
16.        async (req) => {
```

```
17.          req.log.info('users 路由被访问！');
18.
19.          // 在生产时,数据是从数据库或者复杂业务变换中返回的
20.          // 如果返回值不符合 JSON Schema,则 Fastify 不会把错误的数据返回给前端
21.          return [{ wrong:'紫霞' }, { wrong:'至尊宝' }];
22.          // 正确返回
23.          // return [{ username:'紫霞' }, { username:'至尊宝' }];
24.        },
25.      );
26.  };
27.
28.  export default users;
```

执行 start:06 脚本，使用 curl 命令测试会报错。

```
1.    $curl http://localhost:3000/users -X GET
2.    {"statusCode":500,"error":"Internal Server Error","message":"\\"username\\" is
required!"}
```

将 users 中的错误返回改为正确的，重新启动服务器，测试成功。

```
1.    $curl http://localhost:3000/users -X GET
2.    [{"username":"紫霞"},{"username":"至尊宝"}]
```

6.3　单元测试

　　Fastify 可以非常灵活地进行测试，并与绝大多数测试框架都是兼容的。Fastify 使用 light-my-request 实现了自带伪造的 HTTP 注入，通过这个功能和 Fastify 本身插件化的架构，测试是比较容易实现的。

　　Vitest 是一个轻量级的 JavaScript 单元测试框架，可以用于测试 Fastify 框架接口。由于 Vitest 是所有项目都可以使用的顶级依赖，在 Monorepo 根工作目录安装此依赖，且因为 Vitest 属于环境类依赖，所以将此依赖安装至根工作目录的 devDependencies。

```
1.    pnpm i vitest -wD
```

　　复制文件夹 06-json-schema-type-tool 为 07-test。在 07-test 下新建 test 文件夹，为之前编写的两个 controller 添加测试。新建文件 login.test.ts，使用 buildServer() 函数构建了一个服务器实例，分别使用了两个 it 函数来测试/login 接口的两种场景。第一个 it 函数测试了请求中传入错误的参数会返回 400 状态码。第二个 it 函数测试了请求中传入正确的参数会返回 200 状态码并返回传入的参数。最后通过 expect 函数来断言返回的状态码和响应体是否符合预期。

```
1.    // baas/fastify-learning/src/07-test/test/login.test.ts
2.    import { describe, expect, it } from 'vitest';
3.    import buildServer from '../server.js';
4.
```

```
5.    describe('POST /login', () => {
6.      it('错误 400:错误的参数', async () => {
7.        const server = buildServer();
8.        const res = await server.inject({
9.          url: '/login',
10.         method: 'POST',
11.         payload: {
12.           name: '紫霞',
13.           passcode: 'zixia',
14.         },
15.       });
16.       expect(res.statusCode).toEqual(400);
17.     });
18.
19.     it('成功 200:返回传入的参数', async () => {
20.       const server = buildServer();
21.       const res = await server.inject({
22.         url: '/login',
23.         method: 'POST',
24.         payload: {
25.           username: '紫霞',
26.           password: 'zixia',
27.         },
28.       });
29.       expect(res.statusCode).toEqual(200);
30.       expect(await res.json()).toEqual({
31.         username: '紫霞',
32.         password: 'zixia',
33.       });
34.     });
35.   });
```

同样，新建文件 user.test.ts，测试/users 接口。在 package.json 文件中添加执行测试的命令并运行。

```
1.    "scripts": {
2.      ...
3.      "test:07": "vitest src/07-test/test"
4.    },
```

命令行结果如下，可以看到三个测试结果和预期相同，测试通过。

```
1.    √ src/07-test/test/users.test.ts (1)
2.    √ src/07-test/test/login.test.ts (2)
3.
4.    Test Files  2 passed (2)
5.        Tests  3 passed (3)
6.      Start at  00:14:06
7.      Duration  498ms
```

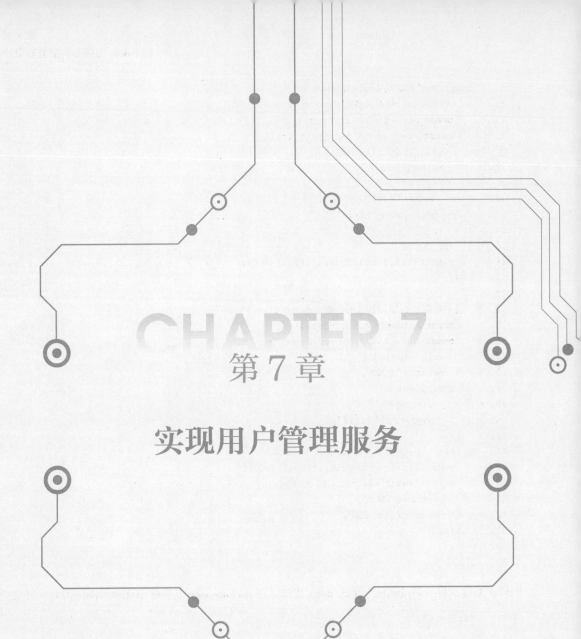

第 7 章

实现用户管理服务

第 5 章已经完成了报名登记应用数据模型的设计，本章将进行 RESTFUL 风格的 API 设计。本书主要是以活动报名登记应用为例子。从用户角度来说，每一个用户可以注册并发布自己的活动，这类用户统称为发布者；每一个用户也可以参与其他用户发布的活动，这类用户统称为参与者。发布者可以自行发布活动，包括活动的内容、时间、地点及相关海报信息。活动结束后，系统会给发布者发送参与活动的统计信息，同时给参与者发布及时参加活动的提示信息。

本章将主要介绍：

- Fastify JWT 身份验证。
- 使用 Fastify 开发用户相关业务。
- 融合 Prisma 与 Fastify，完成报名登记应用非业务部分的代码。

7.1 实现 JWT 身份验证插件

身份验证是一个应用系统必不可少的部分。以本书应用为例，因为每个用户有发布活动和参与活动的权限，所以需要设置用户登录界面，以确认登录用户信息，展示对应的活动。如果提供了不适当的凭证，将返回 401 Unauthorized 响应。常用的身份验证方式有 HTTP 基本身份认证（HTTP basic authentication）、令牌身份认证（Token authentication）、API-key 身份验证和 OAuth。

▶▶ 7.1.1 JWT 身份验证简介

JWT（JSON Web Token）是一个开源标准（RFC759），用于在各方之间安全地将信息以 JSON 形式传输。@fastify/jwt 是 Fastify 官方维护的 JWT 工具插件。使用这个插件可以构建一个非常基本的身份验证功能。

在@baas/fastify-learning 项目安装@fastify/jwt 依赖。执行如下命令。

```
1.    pnpm i @fastify/jwt --filter @baas/fastify-learning
```

JWT 身份验证过程如图 7-1 所示。

1）客户端向服务器发送认证请求，提供用户名和密码进行认证。

2）服务器验证用户名和密码是否正确，如果正确，则生成一个 JWT 令牌。JWT 令牌包含三部分：头部、载荷和签名。头部包含类型和算法信息；载荷包含用户信息和其他自定义数据；签名是对前两部分进行加密得到的结果。

3）服务器将 JWT 令牌返回给客户端。

4）客户端请求服务器资源，在请求中携带 JWT 令牌。

5）服务器收到请求后，首先验证 JWT 的签

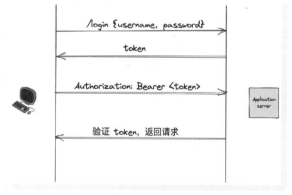

● 图 7-1　JWT 身份验证过程

名。这一步通常需要使用服务器保存的公钥来验证签名是否正确。如果签名不正确，则拒绝请求。如果签名正确，服务器会解码 JWT 中的内容，检查是否过期，并检查其中包含的用户信息是否正确。如果 JWT 没有过期并且包含正确的用户信息，则允许请求。

安装 http-errors 包来返回错误码。

```
1.   pnpm i http-errors --filter @baas/fastify-learning
2.   pnpm i @types/http-errors --filter @baas/fastify-learning -D
```

把 JWT 包装成一个插件，复制文件夹 07-test 为 08-jwt。在 server.ts 中注册 controller 路由之前进行 JWT 插件注册。

```
1.   // baas/fastify-learning/src/08-jwt/server.ts
2.   // eslint-disable-next-line import/no-named-default
3.   import { default as jwt } from '@fastify/jwt';
4.   ...
5.     // 注册插件
6.   server.register(jwt, {
7.     secret: 'mysecret',
8.   });
9.
10.    // 注册 controller 的路由
11.   server.register(import('./routes/users.js'));
12.  ...
```

修改 login.ts 的 login 函数，增加逻辑：如果 JSON Schema 校验通过，判断用户名和密码是否相同，如果不同则抛出一个 Unauthorized 错误；如果用户名和密码相同，使用 JWT 模块对用户名进行签名，并将签名后的 token 作为响应返回给客户端，其他不变。

```
1.   // baas/fastify-learning/src/08-jwt/routes/login.ts
2.   import errors from 'http-errors';
3.   ...
4.   const login: FastifyPluginAsync = async (fastify) => {
5.     fastify.post(
6.       '/login',
7.       { schema: { body: loginSchema } },
8.       async (req: FastifyRequest<{ Body: LoginSchema }>) => {
9.         const { username, password } = req.body;
10.        if (username !== password) {
11.          throw new errors.Unauthorized();
12.        }
13.        return { token: fastify.jwt.sign({ username }) };
14.      },
15.    );
16.  };
17.  ...
```

由于更改了 login 函数的实现，login 的测试也要相应调整。第一个测试用例使用了 server.inject() 方法模拟了一个 POST 请求，并且验证返回的状态码为 400，因为没有输入账号和密码。第二个测试用例与第一个类似，请求中有账号但是没有密码，验证返回的状态码为 400，说明没有输入密码。第三个测试用例中，请求中有账号和密码，但是密码错误，验证返回的状态码为 401，说明密码错误。第四个测试用例中，请求中有账号和密码，并且账号密码相同，验证返回的状态码为 200，并且返回一个 token。此外，测试用例中使用了 vi.fn（（）=>'returns'）函数，实现了对登录函数依赖的 JWT 库的 mock，使得测试变得更加简单。

```ts
1.   // baas/fastify-learning/src/08-jwt/test/login.test.ts
2.   import { describe, expect, it, vi } from 'vitest';
3.   import { fastify } from 'fastify';
4.   const signMock = vi.fn(() => 'returns');
5.
6.   function buildServer() {
7.     return fastify().decorate('jwt', { sign: signMock }).register(import('../routes/
login.js'));
8.   }
9.
10.  describe('POST /login', () => {
11.    it('失败 400:没有输入账号和密码', async () => {
12.      const server = buildServer();
13.      const res = await server.inject({
14.        url:'/login',
15.        method:'POST',
16.      });
17.      expect(res.statusCode).toEqual(400);
18.    });
19.
20.    it('失败 400:没有输入密码', async () => {
21.      const server = buildServer();
22.      const res = await server.inject({
23.        url:'/login',
24.        method:'POST',
25.        payload: {
26.          username:'紫霞',
27.        },
28.      });
29.      expect(res.statusCode).toEqual(400);
30.    });
31.    it('失败 401:密码错误', async () => {
32.      const fastify = buildServer();
33.      const res = await fastify.inject({
34.        url:'/login',
35.        method:'POST',
36.        payload: {
37.          username:'紫霞',
38.          password:'wrong password',
39.        },
```

```
40.      });
41.      expect(res.statusCode).toEqual(401);
42.    });
43.    it('成功200:获得一个 token', async () => {
44.      const fastify = buildServer();
45.      signMock.mockReturnValueOnce('jwt token');
46.      const res = await fastify.inject({
47.        url:'/login',
48.        method:'POST',
49.        payload: {
50.          username:'紫霞',
51.          password:'紫霞',
52.        },
53.      });
54.      expect(res.statusCode).toEqual(200);
55.      expect((await res.json()).token).toEqual('jwt token');
56.    });
57.  });
```

在 package.json 文件中增加命令。

```
1.    "scripts": {
2.      ...
3.      "start:08": "tsx src/08-jwt/main.ts",
4.      "test:08": "vitest src/08-jwt/test"
5.    },
```

先执行 test:08 脚本，结果如下，测试通过。

```
1.    √ src/08-jwt/test/users.test.ts (1)
2.    √ src/08-jwt/test/login.test.ts (4)
3.
4.    Test Files   2 passed (2)
5.        Tests   5 passed (5)
6.     Start at   01:02:01
7.    Duration    743ms
```

再执行 start:08 脚本，使用 curl 命令进行验证。当入参符合验证逻辑时，返回令牌。

```
1.    $curl -X POST -H "Content-Type: application/json" -d '{ "username": "紫霞", "password":
"紫霞" }' http://localhost:3000/login
2.    {"token":"eyJhbG...54umY"}
3.    $curl -X POST -H "Content-Type: application/json" -d '{ "username": "紫霞", "password":
"wrong" }' http://localhost:3000/login
4.    {"statusCode":401,"error":"Unauthorized","message":"Unauthorized"}
```

▶▶ 7.1.2 使用环境变量

与编程语言中的变量一样，环境变量也可用于存储一些信息。env-schema 是一个环境变量验证库，使用 Dotenv 将环境变量从 .env 文件加载到 process.env 中，对环境变量进行运行时检查。执行如下命令，安装 env-schema 依赖。

```
1.   pnpm i env-schema --filter @baas/fastify-learning
```

复制 08-jwt 文件夹为 09-env，新建 config.ts 文件，定义用于读取环境变量的模块。首先，定义一个用于存储配置项的 TypeScript 类型 Config，包含 JWT_SECRET、LOG_LEVEL 和 PRETTY_PRINT 三个属性。接着，通过 envSchema<Config>({...}) 函数将该类型传递给 env-schema 库，通过 dotenv: {path: envPath.pathname} 指定了 .env 文件的路径，env-schema 会读取文件中的环境变量并验证它们是否符合 schema 中定义的类型。

```
1.   // baas/fastify-learning/src/09-env/config.ts
2.   // eslint-disable-next-line import/no-named-default
3.   import { default as envSchema } from 'env-schema';
4.   import { type Static, Type } from '@sinclair/typebox';
5.
6.   /*
7.   注意：由于 TypeBox 增加了一些属性，而 envSchema 使用 AJV 不能有多余的属性，所以要使用 Type.
     Strict() 去除掉多余的属性
8.   */
9.   const schema = Type.Strict(
10.    Type.Object(
11.      {
12.        JWT_SECRET: Type.String(),
13.        LOG_LEVEL: Type.String({ default: 'info' }),
14.        PRETTY_PRINT: Type.Boolean({ default: true }),
15.      },
16.      {
17.        additionalProperties: false,
18.      },
19.    ),
20.  );
21.
22.  export type Config = Static<typeof schema>;
23.  // .env 文件的路径
24.  const envPath = new URL('.env', import.meta.url);
25.  // 给 envSchema 标注类型
26.  export default envSchema<Config>({
27.    schema,
28.    dotenv: { path: envPath.pathname },
29.  });
```

新建 .env 文件，为了验证 .env 生效，把 PRETTY_PRINT 改为了 false，关闭日志美观功能。JWT_SECRET 用于生成 JWT 令牌。在启动应用程序时，env-schema 从环境变量加载密钥。

```
1.   // baas/fastify-learning/src/09-env/.env
2.   JWT_SECRET=mysecret
3.   PRETTY_PRINT=false
```

环境变量需要通过 server.ts 往内部传递，修改 server.ts，接收 config 来配置 Fastify 实例，根据 PRETTY_PRINT 的值更改日志格式。

```
1.    // baas/fastify-learning/src/09-env/server.ts
2.    import { fastify } from 'fastify';
3.    // eslint-disable-next-line import/no-named-default
4.    import { default as jwt } from '@fastify/jwt';
5.    import type { Config } from './config.js';
6.
7.    function buildServer(config: Config): ReturnType<typeof fastify> {
8.      const pino = config.PRETTY_PRINT
9.        ? {
10.           transport: {
11.             target: 'pino-pretty',
12.             options: {
13.               translateTime: 'HH:MM:ss Z',
14.               ignore: 'pid,hostname',
15.             },
16.           },
17.         }
18.       : {};
19.     const opts = {
20.     ...config,
21.     logger: {
22.       level: config.LOG_LEVEL,
23.       ...pino,
24.     },
25.     };
26.     const server = fastify(opts);
27.
28.     // 注册插件
29.     server.register(jwt, {
30.       secret: opts.JWT_SECRET,
31.     });
32.
33.     // 注册 controller 的路由
34.     server.register(import('./routes/users.js'));
35.     server.register(import('./routes/login.js'));
36.
37.     // 完成注册后，可以使用 server.log 访问日志对象
38.     server.log.info('Fastify 完成启动！');
39.
40.     return server;
41.   }
42.
43.   export default buildServer;
```

继续修改 main.ts 和 test/users.test.ts，传入 config 参数。

```
1.    // baas/fastify-learning/src/09-env/main.ts
2.    ...
3.    import config from './config.js';
4.
5.    const server = buildServer(config);
6.    ...
```

```
1.    // src/09-env/test/users.test.ts
2.    ...
3.    import config from '../config.js';
4.    ...
5.    const server = buildServer(config);
6.    ...
```

在 package.json 文件中增加启动命令。

```
1.      "scripts": {
2.        ...
3.        "start:09": "tsx src/09-env/main.ts",
4.        "test:09": "vitest src/09-env/test"
5.      },
```

先执行 test:09 脚本，测试通过。

```
1.    √ src/09-env/test/users.test.ts (1)
2.
3.    Test Files  2 passed (2)
4.         Tests  5 passed (5)
5.      Start at  01:35:06
6.      Duration  963ms
```

再执行 start:09 脚本，可以看到日志不再是美观模式了。

```
1.    {"level":30,"time":1662918021757,"pid":97785,"hostname":"MacBook-Pro.local",
"msg":"Fastify 完成启动！"}
2.    {"level":30,"time":1662918021954,"pid":97785,"hostname":"MacBook-Pro.local",
"msg":"Server listening at http://127.0.0.1:3000"}
```

▶▶ 7.1.3 自定义插件

在实际应用中，通常不会直接使用 Fastify 提供的插件，而是将其包装在项目自定义的插件中，这样可以更方便地维护和修改这些插件，使得代码更加模块化。复制文件夹 09-env 为 10-pluggable-jwt，新建 plugins 目录，修改环境变量中的 PRETTY_PRINT 为 true。

```
1.    // baas/fastify-learning/src/10-pluggable-jwt/.env
2.    JWT_SECRET=mysecret
3.    PRETTY_PRINT=true
```

新建 my-authenticate.ts 文件，作为私有验证插件。

```
1.   // baas/fastify-learning/src/10-pluggable-jwt/plugins/my-authenticate.ts
2.   import { type FastifyPluginAsync, type FastifyReply, type FastifyRequest } from
'fastify';
3.   // eslint-disable-next-line import/no-named-default
4.   import { default as fp } from 'fastify-plugin';
5.   // eslint-disable-next-line import/no-named-default
6.   import { type JWT, default as fastifyJwt } from '@fastify/jwt';
7.   // 声明对外暴露的选项协议
8.   interface AuthenticateOptions {
9.     JWT_SECRET: string;
10.  }
11.  export type Authenticate = (req: FastifyRequest, res: FastifyReply) ⇒ Promise
<void>;
12.  // 使用 declare 关键字声明增加 Fastify 的全局变量
13.  declare module 'fastify' {
14.    interface FastifyRequest {
15.      jwt: JWT;
16.    }
17.    interface FastifyInstance {
18.      authenticate: Authenticate;
19.    }
20.  }
21.  // 设置 token 过期时间为 10min
22.   const authenticate: FastifyPluginAsync < AuthenticateOptions > = async (fastify,
opts) ⇒ {
23.    fastify.register(fastifyJwt, {
24.      secret: opts.JWT_SECRET,
25.      sign: {
26.        expiresIn: '10m',
27.      },
28.    });
29.
30.    const authenticate = async (req: FastifyRequest, res: FastifyReply) ⇒ {
31.      try {
32.        await req.jwtVerify();
33.      } catch (err) {
34.        res.send(err);
35.      }
36.    };
37.
38.    fastify.decorate('authenticate', authenticate);
39.    fastify.addHook('preHandler', (req, _rep, done) ⇒ {
40.      console.log('preHandler...', fastify.jwt);
41.      req.jwt = fastify.jwt;
42.      done();
43.    });
44.  };
```

```
45.
46. export default fp(authenticate, {
47.   fastify:'4.x',
48.   name:'my-authenticate',
49. });
```

上述代码通过设置了一个装饰器 authenticate、钩子 prehandler 并且补充了相关类型，实现了封装 @fastify/jwt 生成私有的 my-authenticate 插件，这样与 JWT 注册相关的代码就都收敛到这个自定义插件中。

expiresIn 参数以 s 或描述时间跨度的字符串表示令牌过期时长，如 60、"2 天""10h""7d"，数值被解析为秒。如果使用字符串，需提供时间单位（天、h 等），否则默认使用 ms 单位（"120" 等于 "120ms"）。

修改 server.ts 文件，修改注册 JWT 的逻辑。declare 语句给 Fastify 的请求添加了 user 类型，需要注意的是，这样写会给所有的 Fastify 请求都增加 user 属性，但实际只有通过 fastify.authenticate 的请求才真的有 user 属性。

```
1.  // baas/fastify-learning/src/10-pluggable-jwt/server.ts
2.  ...
3.  declare module '@fastify/jwt' {
4.    interface FastifyJWT {
5.      user: { accountName: string };
6.    }
7.  }
8.  ...
9.  // 注册插件
10. server.register(import('./plugins/my-authenticate.js'), {
11.   JWT_SECRET: opts.JWT_SECRET,
12. });
13. ...
```

新建两个测试，首先在 test 文件夹下新建测试文件 startup.test.ts，判断启动时是否挂载了 JWT 插件。

```
1.  // baas/fastify-learning/src/10-pluggable-jwt/test/startup.test.ts
2.  import { describe, expect, it } from 'vitest';
3.  import buildServer from '../server.js';
4.  import config from '../config.js';
5.
6.  describe('启动', () => {
7.    it('成功注册 jwt 插件', async () => {
8.      const server = buildServer(config);
9.      await server.ready();
10.     expect(server.jwt).toBeDefined();
11.   });
12. });
```

新建文件 authenticate.test.ts，用于测试认证的逻辑。由于在调用 authenticate 前，必须让 server 完成插件注册，而插件注册使用了动态 import 功能，所以需要把 buildServer 函数改为一个异步函数，在第一次构建时进行 await，以完成插件注册的流程。如果不进行 await，初始化 server 时 authenticate 函数不存在会触发报错。目前改为如下写法会导致 TypeScript 认为 server 是一个 undefined 而导致 server.authenticate 报错，这里使用 @ ts-expect-error await for fastify build 注释来跳过 TypeScript 类型检查。目前笔者还没有在 Fastify 社区看到如何解决这个问题的方法，如果读者有方法可以绕过，欢迎随时讨论。

```ts
1.  // baas/fastify-learning/src/10-pluggable-jwt/test/authenticate.test.ts
2.  import { describe, expect, it, vi } from 'vitest';
3.  import { fastify } from 'fastify';
4.  import errors from 'http-errors';
5.
6.  async function buildServer(opts: { JWT_SECRET: string }) {
7.    return fastify().register(import('../plugins/my-authenticate.js'), opts);
8.  }
9.  describe('认证', () => {
10.   it('失败:认证失败', async () => {
11.     const server = await buildServer({
12.       JWT_SECRET: 'supersecret',
13.     });
14.
15.     const error = new errors.Unauthorized();
16.     const jwtVerify = vi.fn(() => 'returns');
17.     const send = vi.fn(() => 'returns');
18.     const req: any = {
19.       jwtVerify: jwtVerify.mockRejectedValue(error),
20.     };
21.     const reply: any = { send };
22.
23.     // @ts-expect-error await for fastify build
24.     await server.authenticate(req, reply);
25.
26.     expect((send.mock.lastCall as any[])[0]).toEqual(error);
27.   });
28.
29.   it('成功:认证成功', async () => {
30.     const server = await buildServer({
31.       JWT_SECRET: 'supersecret',
32.     });
33.
34.     const jwtVerify = vi.fn();
35.     const send = vi.fn();
36.     const req: any = {
37.       jwtVerify: jwtVerify.mockReturnValue(''),
38.     };
39.     const reply: any = { send };
40.
41.     // @ts-expect-error await for fastify build
```

```
42.        await server.authenticate(req, reply);
43.
44.        expect(send).toHaveBeenCalledTimes(0);
45.      });
46.    });
```

在 package.json 文件中增加执行脚本。

```
1.    "scripts": {
2.      ...
3.      "start:10": "tsx src/10-pluggable-jwt/main.ts",
4.      "test:10": "vitest src/10-pluggable-jwt/test"
5.    },
```

执行 test:10 脚本测试。

```
1.    √ src/10-pluggable-jwt/test/login.test.ts (4)
2.    √ src/10-pluggable-jwt/test/authenticate.test.ts (2)
3.    √ src/10-pluggable-jwt/test/startup.test.ts (1)
4.    √ src/10-pluggable-jwt/test/users.test.ts (1)
5.
6.    Test Files  4 passed (4)
7.         Tests  8 passed (8)
8.      Start at  15:05:18
9.      Duration  1.51s (transform 755ms, setup 1ms, collect 1.83s, tests 426ms)
```

启动并进行测试，自有插件表现与原插件相同，测试通过。

```
1.    $curl -X POST -H "Content-Type: application/json" -d'{ "username": "紫霞", "password":
"紫霞" }' http://localhost:3000/login
2.    {"token":"eyJhbGc...WwHg-4"}
3.    $curl -X POST -H "Content-Type: application/json" -d'{ "username": "紫霞", "password":
"wrong" }' http://localhost:3000/login
4.    {"statusCode":401,"error":"Unauthorized","message":"Unauthorized"}
```

7.2　集成测试

本节将模拟用户登录的整个流程，即登录成功后获取用户信息的过程。通过组合/login 和/user 接口的测试用例来模拟现实场景。这样能够更好地验证系统的正确性，确保用户登录后才能获取到用户信息，保证数据的安全性。

复制文件夹 10-pluggable-jwt 为 11-integration。新增 user 路由，在 src/11-integration/routes 下新建 user 文件夹、index.ts 文件。在这个路由的请求处理函数中，使用 fastify.authenticate 插件，验证用户身份。

```
1.    // baas/fastify-learning/src/11-integration/routes/user/index.ts
2.    import { Type } from '@sinclair/typebox';
3.    import type { FastifyPluginAsync } from 'fastify';
```

```
4.    const usersResSchema = Type.Object({ username: Type.String() });
5.
6.    const users: FastifyPluginAsync = async (fastify) => {
7.      fastify.get(
8.        '/user',
9.        {
10.          onRequest: [fastify.authenticate],
11.          schema: {
12.            response: {
13.              200: usersResSchema,
14.            },
15.          },
16.        },
17.        async (req) => {
18.          req.log.info('user 路由被访问！');
19.          return req.user;
20.        },
21.      );
22.    };
23.
24.    export default users;
```

在 unit 文件夹下新建 user.test.ts 文件，测试/user 接口，signMock 用于模拟 authenticate 函数的行为，分别用 mockRejectedValue、mockImplementationOnce 来模拟出错和正确的情况。

```
1.    // baas/fastify-learning/src/11-integration/test/unit/user.test.ts
2.    import { describe, expect, it, vi } from 'vitest';
3.    import { fastify } from 'fastify';
4.    import errors from 'http-errors';
5.    const signMock = vi.fn();
6.    function buildServer() {
7.      return fastify()
8.        .decorate('authenticate', signMock)
9.        .register(import('../../routes/user/index.js'));
10.    }
11.    describe('GET /user', () => {
12.      it('失败 401:认证失败', async () => {
13.        const server = buildServer();
14.        const error = new errors.Unauthorized();
15.        signMock.mockRejectedValue(error);
16.        const res = await server.inject('/user');
17.        expect(res.statusCode).toEqual(401);
18.      });
19.
20.      it('成功 200:返回请求的用户', async () => {
21.        const server = buildServer();
22.
23.        signMock.mockImplementationOnce(async (request: any) => {
```

```
24.       request.user = { username: '紫霞' };
25.     });
26.     const res = await server.inject('/user');
27.     expect(res.statusCode).toEqual(200);
28.     expect(await res.json()).toEqual({ username: '紫霞' });
29.   });
30. });
```

6.3 节编写的测试都是单元测试，在 test 文件夹下新建 unit 文件夹，用于放置单元测试。新建 integration 文件夹，用于放置集成测试，目录结构如下。

```
1.  test
2.    ├── integration          // 集成测试
3.    └── unit                 // 单元测试
```

在 server.ts 里注册/user 路径。

```
1.  ...
2.  server.register(import('./routes/user/index.js'));
3.  ...
```

在 integration 文件夹下新建文件 index.test.ts 来放置整个流程的测试。在 it 函数中，先进行登录操作，并获取 token，再使用该 token 访问/user 接口获取用户信息，并对返回的状态码、token、用户信息进行断言。

```
1.  // baas/fastify-learning/src/11-integration/test/integration/index.test.ts
2.  import type { fastify } from 'fastify';
3.  import { afterEach, beforeEach, describe, expect, it } from 'vitest';
4.  import config from '../../config.js';
5.  import buildServer from '../../server.js';
6.
7.  describe('server', () => {
8.    let server: ReturnType<typeof fastify>;
9.    beforeEach(async () => {
10.     server = buildServer(config);
11.   });
12.   afterEach(async () => {
13.     server.close();
14.   });
15.   it('用户登录->返回用户信息', async () => {
16.     const loginRes = await server.inject({
17.       url: '/login',
18.       method: 'POST',
19.       payload: {
20.         username: '紫霞',
21.         password: '紫霞',
22.       },
23.     });
```

```
24.
25.       const { token } = await loginRes.json();
26.
27.       expect(loginRes.statusCode).toEqual(200);
28.       expect(typeof token).toEqual('string');
29.
30.       const userRes = await server.inject({
31.         url:'/user',
32.         headers: {
33.           authorization:'bearer ${token}',
34.         },
35.       });
36.
37.       expect(userRes.statusCode).toEqual(200);
38.       const user = await userRes.json();
39.       expect(user).toEqual({ username:'紫霞' });
40.     });
41.   });
```

package.json 文件新增 "start:11" 和 "test:11" 两个启动脚本，并执行测试 "test:11"，单元测试和集成测试均能通过。

```
1.     "scripts": {
2.       ...
3.       "start:11": "tsx src/11-integration/main.ts",
4.       "test:11": "vitest src/11-integration/test"
5.     },
```

启动服务，使用 curl 命令分两步进行测试，测试通过。

```
1.   $curl -X POST -H "Content-Type: application/json" \
2.    -d '{ "username": "至尊宝", "password": "至尊宝" }' \
3.    http://localhost:3000/login
4.   {"token":"eyJhbGc...5ubHdAA"}
5.   $curl -X GET http://localhost:3000/user \
6.   -H "Accept: application/json"   \
7.   -H "Authorization: Bearer eyJhbGci...3cX1CuBel_jI"
8.   {"username":"至尊宝"}
```

本节学习了使用 Fastify 搭建一个简单的后端服务，使用环境变量来配置服务，使用插件来进行认证及日志处理，并且使用集成测试来验证服务是否能够正常工作。这个模式是可以很好地进行扩展的。

7.3 集成 Prisma 与 Fastify

到目前为止，@baas/server 项目还未与本章 Fastify 部分连通，但是已经可以编写 TypeScript 代码对数据库进行操作了。在实际应用中常遇到直接使用 Prisma 编写数据库运维脚本的需求。Prisma 本身并没有限制开发者在框架之上使用什么技术，社区已经有 Python、Go、Rust 的 Prisma 客户端，例如，spacedrive 项目使用 prisma-rust 客户端，开发基于 Rust、Tauri、Typescript 的跨端文件管理程序。随着项目变得越来越复杂，必要的分层是有价值的，这样遇到问题时，可以很容易地确定是 Fastify 的问题，Prisma 的问题，还是 MySQL 的问题。

由于根工作目录已经有了部分 Fastify 的依赖，此时只需要安装@ baas/server 项目没有的 Fastify 的插件。

```
1.  pnpm i @fastify/jwt env-schema http-errors --filter @baas/server
2.  pnpm i @types/http-errors --filter @baas/server -D
```

复制 baas/fastify-learning/src/11-integration 下的代码到 baas/server/src 目录下，把 test 移到 server 目录下。注意，移动后所有 test 和 src 目录下文件的引用路径都要相应修改。以 authenticate.test.ts 为例，引入插件的路径要改为如下。

```
1.  // baas/server/test/unit/authenticate.test.ts
2.  fastify().register(import('../../src/plugins/my-authenticate.js'), opts);
```

修改 package.json 的 type 属性为 module，并增加启动、测试和 Prisma 的相关命令。

```
1.  // baas/server/package.json
2.  {
3.    ...
4.    "type": "module",
5.    "main": "index.js",
6.    "scripts": {
7.      "start": "tsx src/main.ts",
8.      "test": "vitest test",
9.      "prisma:migrate-reset" : "pnpm exec prisma migrate reset ",
10.     "prisma:migrate-init": "pnpm exec prisma migrate dev --name init",
11.     "prisma:migrate": "pnpm exec prisma migrate dev",
12.     "prisma:generate": "pnpm exec prisma generate",
13.     "prisma:format": "pnpm exec prisma format"
14.   },
15.   ...
16. }
```

将两个.env 文件合并，内容如下。

```
1.  ...
2.  DATABASE_URL="mysql://dev:123456@0.0.0.0:3306/enrollment"
3.  JWT_SECRET=mysecret
4.  PRETTY_PRINT=true
```

把 config.ts 移到@ baas/server 根目录，并且修改 main.ts 和 server.ts 的引用代码。修改 tsconfig.json 的 include 属性如下。

```
1.    ...
2.    "include": ["test/**/*.ts", "src/**/*.ts", "config.ts"],
3.    ...
```

执行测试 test 脚本，如通过则说明移动完成。

```
1.    √ test/unit/login.test.ts (4)
2.    ...
3.
4.    Test Files  6 passed (6)
5.        Tests  11 passed (11)
6.     Start at  17:15:51
7.     Duration  1.35s (transform 590ms, setup 0ms, collect 1.50s, tests 788ms)
```

在 src 文件夹下新建 utils 文件夹，并新建 prisma.ts 文件。目前 Prisma 对 ESM 的支持仍然存在问题，这里使用社区提供的一种导出解决方案，更多的细节可以查看此 issue，https://github.com/prisma/prisma/issues/5030。

```
1.    // baas/server/src/utils/prisma.ts
2.    import Prisma1, * as Prisma2 from '@prisma/client';
3.
4.    const Prisma = Prisma1 || Prisma2;
5.    export const prisma = new Prisma.PrismaClient();
```

执行 prisma generate 命令。

```
1.    Executing task: pnpm run prisma:generate
2.
3.    > @baas/server@1.0.0 prisma:generate monorepo-combat/baas/server
4.    > pnpm exec prisma generate
5.
6.    Environment variables loaded from .env
7.    Prisma schema loaded from prisma/schema.prisma
8.
9.    √ Generated Prisma Client (4.3.1 | library) to ./../../node_modules/.pnpm/@prisma+
client@4.3.1_prisma@4.3.1/node_modules/@prisma/client in 722ms
10.   You can now start using Prisma Client in your code. Reference: https://pris.ly/d/client
11.   import { PrismaClient } from '@prisma/client' const prisma = new PrismaClient()
12.   *  Terminal will be reused by tasks, press any key to close it.
```

7.4 实现用户相关接口

根据上述整个系统需要实现的业务逻辑，本节将实现 4 个用户相关接口，如表 7-1 所示。

表 7-1 用户相关接口列表

方 法	URL 路径	描 述
GET	/v1/user	获取用户信息
POST	/v1/user	注册一个用户
POST	/v1/user/verification-code	发送验证码邮件
POST	/v1/login	登录

用户注册登录主要有两个流程：一个是新用户注册，另一个是已注册的用户登录。新用户注册流程，如图 7-2 所示。

● 图 7-2 新用户注册流程

1）用户访问注册页面，填写邮箱，前台验证邮箱格式是否正确。

2）单击发送验证码按钮。

3）服务器检查邮箱是否已注册，如果未注册则发送验证码信息。

4）用户登录邮箱，获取验证码信息。

5）用户填入验证码、用户名、密码等信息，前台校验格式。

6）用户单击"同意用户协议和隐私协议"按钮。

7）服务器检查验证码的正确性，如果未通过则返回错误信息。

8）如果验证码信息正确，服务器将用户信息保存到数据库中。

9）注册成功后，自动跳转到用户主界面。

已注册用户登录流程如图 7-3 所示。

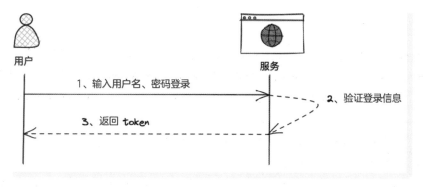

● 图 7-3 已注册用户登录流程

1）用户访问登录页面，填写用户名和密码。

2）单击同意协议并继续。

3）单击登录按钮，提交登录信息。

4）服务器端收到登录信息后，检验用户名和密码是否正确。

5）如果登录信息正确，返回给用户 token。

▶▶ 7.4.1 实现发送验证码接口

用户注册主要包括发送校验码与注册两个环节。本书通过电子邮件发送验证码，用户需要输入校验码来验证自己的身份。注册完成后，用户会获得一个 token，用于在后续的请求中证明自己的身份，就像登录成功一样。

在 packages 文件夹下创建 model 文件夹，用于放置所有协议模型。在 model 文件夹下创建 package.json，内容为：

```
1.    // packages/model/package.json
2.
3.    {
4.      "name": "@monorepo/model",
5.      "version": "1.0.0",
6.      "description": "",
7.      "type": "module",
8.      "main": "./dist/index.js",
9.      "module": "./dist/index.js",
10.     "types": "./dist/index.d.ts",
11.      "scripts": {
12.      "build": "tsup src/index.ts --sourcemap --format esm --dts"
13.      }
14.    }
```

复制 @ monorepo/types 的 tsconig.json、.eslintrc.cjs、.eslintignore 到 model 文件夹。在 Monorepo 项目根目录安装 tsup。

```
1.    pnpm i tsup -w
```

在 @ monorepo/model 项目下新建 src/user 目录，存放用户接口输入端的协议模型。

新建 created.ts 文件，存放 /v1/user 的 POST 接口 body 的 JSON Schema 和类型。使用 TypeBox 的校验功能定义一个名为 createdSchema 的变量。这个类型有 4 个属性：email、accountName、password 和 verificationCode。

每个属性都是 Type.String 类型，并且有一些额外的限制。

- email 属性必须是一个合法的电子邮件地址。
- accountName 属性必须是一个字符串，长度必须在 6 ~ 18 之间，且只能包含字母、数字和下画线。
- password 属性必须是一个字符串，长度必须在 8 ~ 18 之间。
- verificationCode 属性必须是一个长度为 6 的字符串，且只能包含数字。

最后，定义一个名为 CreatedSchema 类型（createdSchema 的静态类型）。其他位置使用 createdSchema 时，可以使用 CreatedSchema 类型来获得更好的代码提示和错误检查。

```
1.   // packages/model/src/user/created.ts
2.   import { type Static, Type } from '@sinclair/typebox';
3.
4.   export const createdSchema = Type.Object({
5.     email: Type.String({ format:'email' }),
6.     accountName: Type.String({
7.       minLength: 6,
8.       maxLength: 18,
9.       pattern: '^[a-zA-Z0-9_]+$',
10.    }),
11.    password: Type.String({
12.      minLength: 8,
13.      maxLength: 18,
14.    }),
15.    verificationCode: Type.String({
16.      minLength: 6,
17.      maxLength: 6,
18.      pattern: '^[0-9]+$',
19.    }),
20.  });
21.
22.  export type CreatedSchema = Static<typeof createdSchema>;
```

因为发送验证码和注册用户是两个接口，还需新建发送校验码的模型文件 send-verification-code.ts，用于发送验证码时的校验邮箱格式。

```
1.   // packages/model/src/user/send-verification-code.ts
2.   import { type Static, Type } from '@sinclair/typebox';
3.
4.   export const sendVerificationCodeSchema = Type.Object({
5.     email: Type.String({ format:'email' }),
6.   });
7.   export type SendVerificationCodeSchema = Static<typeof sendVerificationCodeSchema>;
```

新建注册或者登录成功的 token 的模型文件 token.ts。

```
1.   // packages/model/src/user/token.ts
2.   import { type Static, Type } from '@sinclair/typebox';
3.
4.   export const tokenSchema = Type.Object({
5.     token: Type.String(),
6.   });
7.   export type TokenSchema = Static<typeof tokenSchema>;
```

在 user 文件夹下，新建文件 index.ts，对模型文件进行集中导出，内容如下。

```
1.    export * from './created.js';
2.    export * from './send-verification-code.js';
3.    export * from './token.js';
```

在 src 文件夹下，新建项目的导出文件 index.ts，内容如下。

```
1.    export * as UserModel from './user/index.js';
```

运行 build 脚本，使用 tsup 进行构建。在@ baas/server 项目中安装@ monorepo/model，安装完成后会在@ baas/server 项目的 package.json 文件依赖中出现"@ monorepo/model"："workspace:^1.0.0"。

```
1.    pnpm i @monorepo/model --filter @baas/server
```

截至目前已完成了创建用户接口的输入端的协议模型。对于创建用户的接口，接收到用户创建账号的信息，如果成功，则返回登录的 token。下一步需要构建创建用户的服务层。在@ baas/server/src 目录下新建 service/user 目录，用于存放和用户相关的服务，src 目录的结构如下。

```
1.    src
2.    ├── main.ts
3.    ├── plugins
4.    │        └── my-authenticate.ts
5.    ├── routes
6.    │        ├── login.ts
7.    │        ├── user
8.    │        │       └── index.ts
9.    │        └── users.ts
10.   ├── service
11.   │        └── user
12.   │                └── private
13.   ├── server.ts
14.   └── utils
15.            └── prisma.ts
```

在 user 文件夹下新建 private 文件夹，将内部函数和变量隐藏起来，避免在外部被访问和使用，这样可以更好地管理代码，防止出现不必要的错误。因为 JavaScript 没有类似 Rust 文件夹级别的权限访问控制标识符，可以通过约定一些目录名称来实现同样的目的。而通过约定目录名称来实现的这种做法也是一种规范，可以让团队中的其他成员更好地理解和维护代码。

新建 check-email-unique.ts 文件，用于检查邮箱是否已注册。导入 Prisma 模块，使用 prisma.user.findUnique 方法来查询数据库中是否存在 email 与传入参数相同的用户。如果找到了这样的用户，则说明邮箱已被注册，函数抛出一个错误，错误信息为"邮箱已存在"；如果没有找到，则说明邮箱未被注册，函数继续执行。

```
1.    // baas/server/src/service/user/private/check-email-unique.ts
2.    import { prisma } from '@/utils/prisma.js';
3.
```

```
4.   export async function checkEmailUnique(email: string): Promise<void> {
5.     const user = await prisma.user.findUnique({
6.       where: {
7.         email,
8.       },
9.     });
10.    if (user) {
11.      throw new Error('邮箱已存在');
12.    }
13.  }
```

新建 send-verification-code-mail.ts 文件，用于发送验证码邮件。sendVerificationCodeMail 函数接收两个参数，一个是收件人的邮箱地址 toMail，另一个是验证码 verificationCode。在函数体内，使用 fetch 函数发起了一个 HTTP POST 请求，请求的目的地是 http://localhost:8000/api/v1/mail/send，是注册中心中的邮件服务地址。请求的内容包括收件人邮箱地址，邮件主题为"verificationCode"，邮件内容是验证码。

```
1.   // baas/server/src/service/user/private/send-verification-code-mail.ts
2.   export async function sendVerificationCodeMail(
3.     toMail: string,
4.     verificationCode: string,
5.   ): Promise<void> {
6.     await fetch('http://localhost:8000/api/v1/mail/send', {
7.       method: 'POST',
8.       headers: {
9.         'Content-Type': 'application/json',
10.       },
11.       body: JSON.stringify({
12.         toMail,
13.         topic: 'verificationCode',
14.         args: { emailCode: verificationCode },
15.       }),
16.     });
17.  }
```

在 user 文件夹下新建发送验证码的服务文件 send-verification-code.ts，函数内部除了调用 checkEmailUnique、getVerificationCode、sendVerificationCodeMail 函数外，还增加验证码刷新时长和验证码过期时间校验，以保证验证码的安全性和有效性。get-verification-code.ts 文件用于生成随机校验码。

```
1.   // baas/server/src/service/user/send-verification-code.ts
2.   import type { UserModel } from '@monorepo/model';
3.   import { getVerificationCode } from './private/get-verification-code.js';
4.   import { checkEmailUnique } from './private/check-email-unique.js';
5.   import { sendVerificationCodeMail } from './private/send-verification-code-mail.js';
6.   import { prisma } from '@/utils/prisma.js';
7.   export async function sendVerificationCode(
8.     input: UserModel.SendVerificationCodeSchema,
```

```
9.    ): Promise<void> {
10.      const { email } = input;
11.      await checkEmailUnique(email);
12.      const emailVerification = await
prisma.emailVerification.findUnique({
13.        where: {
14.          email,
15.        },
16.      });
17.      // 重试时间,每一分钟只能重试一次验证码发送
18.      if (
19.        emailVerification &&
20.        new Date(new Date().getTime() -
new Date().getTimezoneOffset() * 60 * 1000).getTime() -
21.          new Date(emailVerification.updatedAt).getTime() <
22.          60000
23.      ) {
24.        throw new Error('验证码发送过于频繁');
25.      }
26.      const verificationCode = getVerificationCode();
27.      // 验证码过期时间为 5min
28.      const expires = new Date(new Date().getTime() + 60 * 5 * 1000);
29.      await prisma.emailVerification.upsert({
30.        where: {
31.          email,
32.        },
33.        update: {
34.          verificationCode,
35.          expires,
36.        },
37.        create: {
38.          email,
39.          verificationCode,
40.          expires,
41.        },
42.      });
43.      await sendVerificationCodeMail(email, verificationCode);
44.    }
```

在 src/service/user 文件夹下新建导出服务层文件 index.ts。

```
1.    // baas/server/src/service/user/index.ts
2.    export { sendVerificationCode } from './send-verification-code.js';
```

在 src/service 文件夹下新建文件 index.ts，实现进一步封装。

```
1.    // baas/server/src/service/index.ts
2.    export * as UserService from './user/index.js';
```

在@baas/server/src/routes 目录下新建 user/verification-code 目录，并新建文件 index.ts，定义一个

Fastify 插件，客户端可以通过发送 HTTP POST 请求来调用/user/verification-code。

```
1.  // baas/server/src/routes/user/verification-code/index.ts
2.  import type { FastifyPluginAsync } from 'fastify';
3.  import { UserModel } from '@monorepo/model';
4.  import { UserService } from '@/service/index.js';
5.
6.  const user: FastifyPluginAsync = async (fastify) ⇒ {
7.    fastify.post<{
8.      Body: UserModel.SendVerificationCodeSchema;
9.    }>(
10.     '/user/verification-code',
11.     {
12.       schema: {
13.         body: UserModel.sendVerificationCodeSchema,
14.       },
15.     },
16.     async (req, rep) ⇒ {
17.       try {
18.         await UserService.sendVerificationCode(req.body);
19.       } catch (e) {
20.         rep.log.error(e);
21.         if (e instanceof Error) {
22.           rep.status(500).send({ message: e.message });
23.         }
24.         rep.status(500).send({ message: '未知错误' });
25.       }
26.     },
27.   );
28. };
29.
30. export default user;
```

在 src/server.ts 中注册插件，并设置了前缀"/v1"。这样，所有的路由都会在"/v1"之后继续，如/v1/user/verification-code。

```
1.  // baas/server/src/server.ts
2.  server.register(import('./routes/user/verification-code/index.js'), {
3.    prefix: '/v1',
4.  });
```

这样就完成了验证码的接口编写，下面对其进行测试。在 VS Code 扩展菜单栏搜索 REST Client，单击"安装"按钮进行安装，如图 7-4 所示。本书将使用此插件在 VS Code 内部发送 HTTP 请求并查看响应。

确保注册中心、邮箱服务、发送验证码服务、MySQL 容器已启动，具体流程如下。

● 图 7-4　VS Code REST Client 插件

1）启动一个终端，在 Monorepo 根目录执行以下命令启动注册中心。

```
1.    pnpm --filter @faas/registry -- start
```

2）启动一个新的终端，在 Monorepo 的根目录执行以下命令启动邮箱服务。

```
1.    pnpm --filter @faas/mail -- start
```

3）启动一个新的终端，启动后端服务器。

```
1.    pnpm --filter @baas/server -- start
```

4）在 Docker Desktop 界面，启动 MySQL 容器。在 src/test 目录下新建 test.http 文件，内容如下。

```
1.    POST http://localhost:3000/v1/user/verification-code HTTP/1.1
2.    content-type: application/json
3.
4.    {
5.        "email": "monorepo_combat@163.com"
6.    }
```

单击 Send Request 按钮，会弹出对应的响应信息 200。登录邮箱可以看到已收到验证码邮件，如图 7-5 所示，登录 MySQL 数据库查看 EmailVerification 表，也能看到相应的记录，说明测试成功。

• 图 7-5   验证码发送成功截图

▶▶ 7.4.2 实现用户注册接口

获取了验证码之后就可以进行用户注册。在 src/service/user/private 目录下新建用户密码加盐去盐的工具函数文件 hash.ts，定义两个函数：hashPassword 和 verifyPassword。hashPassword 函数接收参数 password，并生成一个哈希值和盐。盐是一个随机的二进制数据，它被添加到用户的密码中，这意味着每个密码的哈希值都是唯一的。verifyPassword 函数用于验证密码是否正确。

```
1.    // baas/server/src/service/user/private/hash.ts
2.    import crypto from 'node:crypto';
3.
```

```
4.   export function hashPassword(password: string): {
5.     hash: string;
6.     salt: string;
7.   } {
8.     // 创建一个唯一的盐数据
9.     const salt = crypto.randomBytes(16).toString('hex');
10.
11.    // 使用 1000 次迭代生成哈希值
12.    const hash = crypto.pbkdf2Sync(password, salt, 1000, 64, 'sha512').toString('hex');
13.
14.    return { hash, salt };
15.  }
16.
17.  export function verifyPassword({
18.    candidatePassword,
19.    salt,
20.    hash,
21.  }: {
22.    candidatePassword: string;
23.    salt: string;
24.    hash: string;
25.  }): boolean {
26.    const candidateHash = crypto
27.      .pbkdf2Sync(candidatePassword, salt, 1000, 64, 'sha512')
28.      .toString('hex');
29.
30.    // 如果哈希和生成的哈希一致,说明密码正确
31.    return candidateHash === hash;
32.  }
```

由于创建用户时需要校验验证码是否正确，在 src/service/user/private 文件下新建校验验证码的函
数文件 verify-code.ts。当业务不复杂时，服务函数的编写可以不捕获错误，捕获错误的职责在路由控
制层进行统一处理。

```
1.   // baas/server/src/service/user/private/verify-code.ts
2.   import { prisma } from '@/utils/prisma.js';
3.   export async function verifyCode(email: string,
verificationCode: string): Promise<void> {
4.     const emailVerification = await
prisma.emailVerification.findUnique({
5.       where: {
6.         email,
7.       },
8.     });
9.     if (!emailVerification) {
10.      throw new Error('验证码不存在');
11.    }
12.    if (emailVerification.verificationCode !== verificationCode) {
```

```
13.        throw new Error('验证码错误');
14.      }
15.    if (new Date() > new Date(emailVerification.expires)) {
16.        throw new Error('验证码已过期');
17.      }
18.  }
```

在 user 文件夹下新建 create.ts 文件，将新注册用户信息进行存储。

```
1.    // baas/server/src/service/user/create.ts
2.    import type { UserModel } from '@monorepo/model';
3.    import { hashPassword } from './private/hash.js';
4.    import { verifyCode } from './private/verify-code.js';
5.    import { prisma } from '@/utils/prisma.js';
6.
7.    export async function create(user: UserModel.CreatedSchema): Promise<void> {
8.      await verifyCode(user.email, user.verificationCode);
9.      const { salt, hash } = hashPassword(user.password);
10.     await prisma.user.create({
11.       data: {
12.         accountName: user.accountName,
13.         email: user.email,
14.         hash,
15.         salt,
16.         role: 'USER',
17.       },
18.     });
19.   }
```

在用户的服务层导出文件中注册此函数，即在 src/service/user/index.ts 中添加如下命令。

```
1.    // baas/server/src/service/user/index.ts
2.    ...
3.    export { create } from './create.js';
```

在@ baas/server 项目的 src/routes/user 目录下，新建文件 index. ts，user 插件首先会调用 UserService.create 方法来创建用户。创建用户成功后，服务器会使用 JWT 生成一个 token，并将其作为响应的一部分返回给客户端。如果在处理请求时发生错误，服务器会返回一个 HTTP 500 错误，并在响应体中包含错误信息。

```
1.    // baas/server/src/routes/user/index.ts
2.    import type { FastifyPluginAsync } from 'fastify';
3.    import errors from 'http-errors';
4.    import { UserModel } from '@monorepo/model';
5.    import { UserService } from '@/service/index.js';
6.
7.    const user: FastifyPluginAsync = async (fastify) ⇒ {
8.
```

```
9.    fastify.post<{
10.      Body: UserModel.CreatedSchema;
11.      Reply: UserModel.TokenSchema;
12.    }>(
13.      '/user',
14.      {
15.        schema: {
16.          body: UserModel.createdSchema,
17.          response: {
18.            200: UserModel.tokenSchema,
19.          },
20.        },
21.      },
22.      async (req, rep) => {
23.        try {
24.          const { accountName } = req.body;
25.          await UserService.create(req.body);
26.          req.log.info('创建用户');
27.          rep.status(200).send({ token: fastify.jwt.sign({accountName }) });
28.        } catch (e) {
29.          req.log.error(e);
30.          if (e instanceof Error) {
31.            throw new errors.InternalServerError(e.message);
32.          }
33.          throw new errors.InternalServerError('未知错误');
34.        }
35.      },
36.    );
37.  };
38.
39.  export default user;
```

在 src/server.ts 中注册 user 路径。

```
1.    // baas/server/src/server.ts
2.    server.register(import('./routes/user/index.js'), {
3.      prefix: '/v1',
4.    });
```

这样就完成了注册用户的接口编写。

按照注册用户的业务流程，首先需要调用发送验证码接口，获取验证，然后调用用户注册接口进行注册。注意，修改完代码后，需要重启服务。重新启动@ baas/server 项目，在 test.http 文件中添加如下内容，REST client 支持用三个或多个连续#开头的行分隔的请求，这样可以很方便地在一个文件中写多个测试。

```
1.    // 注册测试
2.    POST http://localhost:3000/v1/user HTTP/1.1
3.    content-type: application/json
```

```
4.
5.   {
6.       "email": "monorepo_combat@163.com",
7.       "accountName": "monorepo_combat",
8.       "password": "12345678",
9.       "verificationCode": "109187"
10.  }
```

单击 Send Request 按钮会弹出对应的响应信息，服务成功地返回了 token。登录 MySQL 数据库查看 user 表已有 monorepo_combat@ 163.com 用户记录。

▶▶ 7.4.3　实现用户登录接口

本节编写用户登录相关的代码，首先在@ monorepo/model 项目中的 src/user 目录下新增 login.ts 文件，用于描述登录模型的结构，loginSchema 对象和 LoginSchema 类型将用来在后面的代码中验证登录请求的请求体。

```
1.   // packages/model/src/user/login.ts
2.   import { type Static, Type } from '@sinclair/typebox';
3.
4.   export const loginSchema = Type.Object({
5.     accountName: Type.String(),
6.     password: Type.String(),
7.   });
8.
9.   export type LoginSchema = Static<typeof loginSchema>;
```

在 user 的导出中注册，即在 src/user/index.ts 文件中添加 export 语句。

```
1.   // packages/model/src/user/index.ts
2.   ...
3.   export * from './login.js';
```

运行@ monorepo/model 的 build 脚本命令。

在@ baas/server 项目的 src/service/user 目录下新建登录的服务文件 login.ts。用户登录业务逻辑相对简单，首先查找用户是否已经在系统中注册过，如果已注册，则验证登录密码是否正确。

```
1.   // baas/server/src/service/user/login.ts
2.   import type { UserModel } from '@monorepo/model';
3.   import { prisma } from '../../utils/prisma.js';
4.   import { verifyPassword } from './private/hash.js';
5.
6.   export async function login(input: UserModel.LoginSchema):Promise<boolean> {
7.     const user = await prisma.user.findUnique({
8.       where: {
9.         accountName: input.accountName,
10.      },
```

```
11.     });
12.     if (!user) {
13.       throw new Error('用户名或密码错误！');
14.     }
15.     const isValid = verifyPassword({
16.       candidatePassword: input.password,
17.       salt: user.salt,
18.       hash: user.hash,
19.     });
20.
21.     return isValid;
22.   }
```

注册到用户服务的导出中。

```
1.    // baas/server/src/service/user/index.ts
2.    ...
3.    export { login } from './login.js';
```

修改 src/routes/login.ts 文件如下。

```
1.    // baas/server/src/routes/login.ts
2.    ...
3.    import { UserModel } from '@monorepo/model';
4.    import { UserService } from '@/service/index.js';
5.
6.    const login: FastifyPluginAsync = async (fastify) ⇒ {
7.      fastify.post<{ Body: UserModel.LoginSchema; Reply:UserModel.TokenSchema }>(
8.        '/login',
9.        {
10.         schema: {
11.           body: UserModel.loginSchema,
12.           response: {
13.             200: UserModel.tokenSchema,
14.           },
15.         },
16.       },
17.       async (req, rep) ⇒ {
18.         const { accountName } = req.body;
19.         let isValid;
20.         try {
21.           isValid = await UserService.login(req.body);
22.         } catch (e) {
23.           if (e instanceof Error) {
24.             throw new errors.InternalServerError(e.message);
25.           }
26.           throw new errors.InternalServerError('未知错误');
27.         }
28.         if (!isValid) {
```

```
29.         throw new errors.Unauthorized('用户名或密码错误');
30.       }
31.     rep.status(200).send({ token:fastify.jwt.sign({accountName}) });
32.     },
33.   );
34. };
35.
36. export default login;
```

在 src/server.ts 中注册路由。

```
1.  // baas/server/src/server.ts
2.  server.register(import('./routes/login.js'), {
3.    prefix:'/v1',
4.  });
```

在 test.http 文件中添加如下内容，使用注册的 monorepo_combat 用户测试。

```
1.  // 登录测试
2.  POST http://localhost:3000/v1/login HTTP/1.1
3.  content-type: application/json
4.
5.  {
6.    "accountName": "monorepo_combat",
7.    "password": "12345678"
8.  }
```

单击 Send Request 按钮，生成返回信息，登录测试成功。

```
1.  HTTP/1.1 200 OK
2.  ...
3.  {
4.    "token": "eyJhbGciO...Gz6zcNg6CA"
5.  }
```

▶▶ 7.4.4　实现获取用户信息接口

本节实现获取用户信息的接口。在@ monorepo/model 项目中的 src/user 目录新建文件 get.ts，用来存放 GET /v1/user 接口的返回协议。

```
1.  // packages/model/src/user/get.ts
2.  import { type Static, Type } from '@sinclair/typebox';
3.
4.  export const getSchema = Type.Object({ accountName: Type.String(), email: Type.String() });
5.  export type GetSchema = Static<typeof getSchema>;
```

在 user 的导出中注册，即在 src/user/index.ts 中添加如下代码。

```
1.   // packages/model/src/user/index.ts
2.   ...
3.   export * from './get.js';
```

运行@ monorepo/model 的 build 脚本命令。在@ baas/server 项目的 src/service/user 目录下新建文件
get.ts，由于 token 会被 JWT 插件转化为账户名，所以根据账户名到数据库中寻找用户信息即可。

```
1.   // baas/server/src/service/user/get.ts
2.   import type { UserModel } from '@monorepo/model';
3.   import { prisma } from '@/utils/prisma.js';
4.
5.   export async function get(accountName: string): Promise<UserModel.GetSchema> {
6.   console.log(accountName);
7.   const user = await prisma.user.findUnique({
8.     where: {
9.       accountName,
10.    },
11.  });
12.  if (!user) {
13.    throw new Error('用户不存在');
14.  }
15.  return {
16.    accountName: user.accountName,
17.    email: user.email,
18.  };
19.  }
```

在 src/service/user/index.ts 中注册。

```
1.   // src/service/user/index.ts
2.   export { get } from './get.js';
```

在 src/routes/user/index.ts 添加 user 的 GET 方法。

```
1.   // baas/server/src/routes/user/index.ts
2.   ...
3.   fastify.get<{ Reply: UserModel.GetSchema }>(
4.     '/user',
5.     {
6.       onRequest: [fastify.authenticate],
7.       schema: {
8.         response: {
9.           200: UserModel.getSchema,
10.        },
11.      },
12.    },
13.    async (req, rep) ⇒ {
14.      req.log.info('user 路由被访问! ');
15.      console.log(req.user);
```

```
16.
17.       try {
18.         const userRes = await
UserService.get(req.user.accountName);
19.          rep.status(200).send(userRes);
20.       } catch (e) {
21.          req.log.error(e);
22.          if (e instanceof Error) {
23.            throw new errors.InternalServerError(e.message);
24.          }
25.          throw new errors.InternalServerError('未知错误');
26.        }
27.     },
28.   );
29. ...
```

由于此 user 路由已经注册了，所以不需要再注册了。

最后进行测试，先使用用户登录测试获取 token，将其放入下列测试内容中，在 test.http 文件中添加测试代码如下。

```
1.    // 登录获取 user 信息
2.    GET http://localhost:3000/v1/user HTTP/1.1
3.    Authorization: Bearer eyJhbG...JTuvDAfp3k
4.    content-type: application/json
```

单击 Send Request 按钮，返回用户邮箱信息，测试成功。

第 8 章

实现活动管理服务

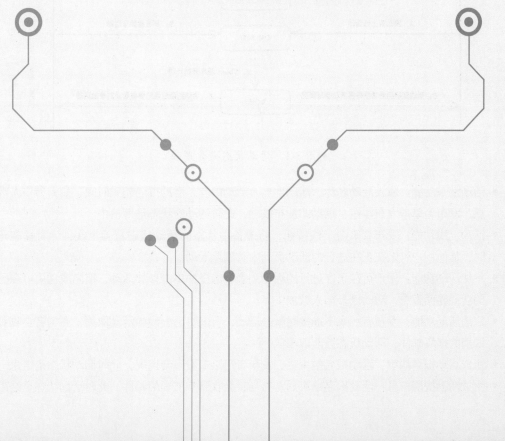

活动管理服务是报名应用系统的核心，它负责管理所有与活动相关的信息和流程，包括活动的创建、发布、取消等。通过该服务，用户可以方便地浏览和搜索活动信息，参与感兴趣的活动，同时也能够方便地管理自己创建的活动。活动管理服务还能够提供丰富的统计功能，当活动取消或结束时，及时触发邮件服务，提醒发布者和参与者，从而提升系统的使用体验。

本章将主要介绍：

- 实现活动管理服务的基本功能。
- 整合用户管理服务和活动管理服务。

8.1 业务概览

活动会经历 4 个状态，分别是筹备中（PREPARE）、上线（ONLINE）、结束（DONE）和取消（CANCELLED）。状态之间的转换需要有一些不同的操作和业务逻辑触发。相关业务逻辑和状态变化如图 8-1 所示。

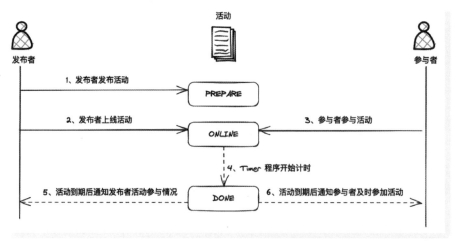

● 图 8-1　活动状态变化逻辑

- 活动发布功能：填入活动名称、活动地点、活动内容、活动报名起止时间、最大参与人数等信息，发布者单击发布按钮，活动即发布成功，此时活动的状态是筹备中。
- 活动上线功能：发布者单击上线按钮，将筹备中状态的活动状态置为上线，计时程序开始计时，其他用户可以在正在进行的活动页面中看到此活动。
- 参加活动功能：用户可在正在进行的活动列表中选择并单击参加活动，报名成功后可在已参加的活动界面查看，活动已参与人数加 1。
- 取消活动功能：发布者如果不能按时举办活动，可以将已上线的活动取消，参与者会收到活动取消的提醒邮件，活动状态置为取消。
- 生成活动报名清单：活动报名结束后，发布者可以查看参与情况，此时活动状态是结束。
- 生成活动提醒信息：活动报名结束后，参与者会收到参加提醒邮件，此时活动状态是结束。

8.2 实现活动管理服务的功能

在本节中，将实现以下 4 个功能。

- 发布活动：负责新建活动。
- 上线活动：负责上线筹备中的活动。
- 结束活动：活动报名结束后，负责将活动的状态置为结束，并给发布者和参与者发送邮件。实际此功能由计时程序调用。
- 取消活动：负责取消上线的活动，并给参与者发送提醒邮件。

具体接口如表 8-1 所示。

表 8-1　活动相关接口列表

方　　法	URL 路径	描　　述
POST	/v1/activity/publish	发起一场活动，活动进入筹备中
	/v1/activity/online	将活动上线，其他用户可以看到
	/v1/activity/cancel	取消活动，不再可以报名
	/v1/activity/done	结束活动报名

▶▶ 8.2.1　实现活动发布的流程

首先实现的是活动发布的流程。在 @ monorepo/model 项目的 src 目录下新建 activity 和 files 两个文件夹，分别用于存放与活动相关和文件相关的模型文件。对于活动发布接口，/v1/activity/publish 的输入为活动的详情，返回 200 则活动发布成功。

首先新建 src/files/files.ts 文件，定义名为 fileMetaSchema 的对象类型，用于描述一个文件的元数据，包含文件的 URL、名称、类型、属性类型。

```
1.  // packages/model/src/files/files.ts
2.  import { type Static, Type } from '@sinclair/typebox';
3.
4.  export const fileMetaSchema = Type.Object({
5.    url: Type.String(),
6.    name: Type.String(),
7.    type: Type.Union([Type.Literal('PNG')]),
8.    attributeType: Type.Union([Type.Literal('ACTIVITY_POSTER')]),
9.  });
10. export type FileMetaSchema = Static<typeof fileMetaSchema>;
```

新建导出文件 src/files/index.ts，内容如下。

```
1.  // packages/model/src/files/index.ts
2.  export * from './files.js';
```

在 activity 文件夹下创建 activity.ts 文件，表示活动的数据结构，包括活动的名称、地点、内容、海报（可选）、报名开始时间、报名结束时间、最大参与人数。因为是内部的模型文件，可以直接引用。

```
1.  // packages/model/src/activity/activity.ts
2.  import { type Static, Type } from '@sinclair/typebox';
3.  import { fileMetaSchema } from '../files/files.js';
4.
5.  // 新建活动协议
6.  export const activitySchema = Type.Object({
7.    name: Type.String(),
8.    location: Type.String(),
9.    content: Type.String(),
10.   poster: Type.Optional(fileMetaSchema),
11.   enrollmentStartTime: Type.String(),
12.   enrollmentEndTime: Type.String(),
13.   maxParticipants: Type.Number(),
14.  });
15.
16.  export type ActivitySchema = Static<typeof activitySchema>;
```

在 src/activity 目录下新建导出文件 index.ts，导出活动协议。

```
1.  // packages/model/src/activity/index.ts
2.  export * from './activity.js';
```

在 src/index.ts 中注册这两个新增的模型。

```
1.  // packages/model/src/index.ts
2.  ...
3.  export * as ActivityModel from './activity/index.js';
4.  export * as FileModel from './files/index.js';
```

@ monorepo/model 项目执行 build 脚本命令。因为构建的过程生成了类型，所以也相当于进行了类型检查。

在@ baas/server 项目的 src/service 目录下新建 activity 文件夹，用于放置活动相关的服务文件。在 activity 下新建 private 目录，用于放置内部工具函数。在 private 目录下，新建通过账户名获取用户 ID 的函数文件 get-user-id.ts。

```
1.  // baas/server/src/service/activity/private/get-user-id.ts
2.  import { prisma } from '@/utils/prisma.js';
3.
4.  export async function getUserId(accountName: string):Promise<number> {
5.    const user = await prisma.user.findUnique({
6.      where: {
7.        accountName,
8.      },
```

```
9.     });
10.    if (!user) {
11.      throw new Error('用户不存在');
12.    }
13.    return user.id;
14.  }
```

在 src/service/activity 目录下新建文件 publish.ts，用于发布活动。先使用 accountName 获取用户 ID，再判断报名开始时间和报名结束时间是否合法，如果不合法就抛出错误。使用 prisma.activity.create 方法，将活动信息存储到数据库。

```
1.   // baas/server/src/service/activity/publish.ts
2.   import type { ActivityModel } from '@monorepo/model';
3.   import { getUserId } from './private/get-user-id.js';
4.   import { prisma } from '@/utils/prisma.js';
5.
6.   export async function publish(
7.     activityInput: ActivityModel.ActivitySchema,
8.     accountName: string,
9.   ): Promise<void> {
10.    const publisherId = await getUserId(accountName);
11.    const poster = activityInput.poster ?? {
12.      url: 'default.png',
13.      name: 'default.png',
14.      type: 'PNG',
15.    };
16.    if (
17.      new Date(activityInput.enrollmentStartTime).getTime() >
18.      new Date(activityInput.enrollmentEndTime).getTime()
19.    ) {
20.      throw new Error('报名开始时间不能晚于报名结束时间');
21.    }
22.    if (new Date(activityInput.enrollmentEndTime).getTime() < new Date().getTime()) {
23.      throw new Error('报名结束时间不能早于当前时间');
24.    }
25.
26.    await prisma.activity.create({
27.      data: {
28.        name: activityInput.name,
29.        content: activityInput.content,
30.        location: activityInput.location,
31.        publisher: {
32.          connect: {
33.            id: publisherId,
34.          },
35.        },
36.        maxParticipants: activityInput.maxParticipants,
```

```
37.        enrollmentStartTime: new Date(activityInput.enrollmentStartTime),
38.        enrollmentEndTime: new Date(activityInput.enrollmentEndTime),
39.        activityPoster: {
40.          create: {
41.            url: poster.url,
42.            name: poster.name,
43.            type: poster.type,
44.            attributeType: 'ACTIVITY_POSTER',
45.          },
46.        },
47.      },
48.    });
49.  }
```

在 src/service/activity 目录下新建导出文件 index.ts。

```
1.  // baas/server/src/service/activity/index.ts
2.  export { publish } from './publish.js';
```

在注册文件中注册 activity 服务。

```
1.  // src/service/index.ts
2.  ...
3.  export * as ActivityService from './activity/index.js';
```

在 src/routes 目录下新建 activity 文件夹，放置 activity 路径相关的路由文件。新建 publish 文件夹，并且新建路由导出文件 index.ts。

```
1.  // baas/server/src/routes/activity/publish/index.ts
2.  import type { FastifyPluginAsync } from 'fastify';
3.  import { ActivityModel } from '@monorepo/model';
4.  import errors from 'http-errors';
5.  import { ActivityService } from '@/service/index.js';
6.  const users: FastifyPluginAsync = async (fastify) => {
7.    fastify.post<{ Body: ActivityModel.ActivitySchema }>(
8.      '/activity/publish',
9.      {
10.       onRequest: [fastify.authenticate],
11.       schema: {
12.         body: ActivityModel.activitySchema,
13.       },
14.     },
15.     async (req, rep) => {
16.       try {
17.         req.log.info('创建活动');
18.         await ActivityService.publish(req.body, req.user.accountName);
19.         rep.status(200);
20.       } catch (e) {
```

```
21.        req.log.error(e);
22.        if (e instanceof Error) {
23.          throw new errors.InternalServerError(e.message);
24.        }
25.          throw new errors.InternalServerError('未知错误');
26.        }
27.      },
28.    );
29.  };
30.
31.  export default users;
```

在 src/server.ts 中注册/activity/publish/路径。

```
1.    // baas/server/src/server.ts
2.    server.register(import('./routes/activity/publish/index.js'), {
3.      prefix:'/v1',
4.      });
```

重新启动@ baas/server 项目，执行 start 脚本。按照业务逻辑，用户成功登录后才有权限发布活动。首先执行用户登录测试，获取 token，在 test.http 文件中新增如下信息，这里 file 以作者之前传入 S3 存储的图片为例，读者可以自行选择图片上传。

```
1.    // 发布活动测试
2.    POST http://localhost:3000/v1/activity/publish HTTP/1.1
3.    Authorization: Bearer eyJhb...r79gCyDkSeAJw
4.    content-type: application/json
5.
6.    {
7.      "file": {
8.        "url": "<http://localhost:8080/s3/v1/m-logo.png>",
9.        "name":"poster.png",
10.        "type":"PNG",
11.        "attributeType":"ACTIVITY_POSTER"
12.      },
13.      "enrollmentStartTime": "2023-01-28 00:00:00",
14.      "enrollmentEndTime": "2023-02-01 00:00:00",
15.      "name": "测试发布活动",
16.      "maxParticipants": 100,
17.      "content": "活动内容",
18.      "location":"活动地点"
19.
20.    }
```

单击 Send Request 按钮，返回响应 200。在 MySQL 数据库中查询 activity 表，可查询到测试发布的活动，测试成功。读者可以自行测试活动报名开始时间和报名结束时间不符合逻辑的情况，如报名开始时间晚于报名结束时间，查看程序是否能够正确抛出错误。另外，读者也可以测试未上传海报的情形，查看程序是否能够正确使用默认海报。

▶▶ 8.2.2 实现活动上线接口

本节实现活动上线接口，对于活动上线的接口，由于使用 token 来判断上线者的 ID 是否是发布者 ID，只需要传入活动 ID 即可。

在@ monorepo/model 项目的 src/activity 目录下新建文件 activity-id.ts，存储活动 id 的协议。

```
1.    // packages/model/src/activity/activity-id.ts
2.    import { type Static, Type } from '@sinclair/typebox';
3.
4.    // 活动 id 的协议,用户的信息由 token 解析得到
5.    export const activityIdSchema = Type.Object({
6.      activityId: Type.Number(),
7.    });
8.
9.    export type ActivityIdSchema = Static<typeof activityIdSchema>;
```

在 activity/index.ts 导出文件中注册。

```
1.    // packages/model/src/activity/index.ts
2.    ...
3.    export * from './activity-id.js';
```

重新对@ monorepo/model 项目执行 build 脚本。

在@ baas/server 的 src/service/activity/private 中新建检查活动发布者、获得活动和检查活动状态函数。为了确保系统安全性，需要采取以下措施。

1）在发布活动时验证当前登录用户是否为活动的发布者，如果不是则拒绝上线活动。

2）在发布活动时验证活动的状态是否为筹备中，如果不是则拒绝上线活动。

检查活动发布者的代码，如下所示。

```
1.    // baas/server/src/service/activity/private/check-activity-publisher.ts
2.    import type { Activity } from '@prisma/client';
3.
4.    export function checkActivityPublisher(activity: Activity, publisherId: number): void {
5.      if (activity.publisherId !== publisherId) {
6.        throw new Error('活动发起者不匹配');
7.      }
8.    }
```

检查活动状态的代码如下所示。

```
1.    // baas/server/src/service/activity/private/check-activity-status.ts
2.    import type { Activity } from '@prisma/client';
3.
4.    export function checkActivityStatus(activity: Activity, status: Activity['status']): void {
5.      if (activity.status !== status) {
6.        throw new Error('活动状态不匹配,期望 ${status},实际 ${activity.status}');
7.      }
8.    }
```

获取活动信息的代码如下所示。

```
1.   // baas/server/src/service/activity/private/get-activity.ts
2.   import type { Activity } from '@prisma/client';
3.   import { prisma } from '@/utils/prisma.js';
4.
5.   export async function getActivity(activityId: number): Promise<Activity> {
6.     const activity = await prisma.activity.findUnique({
7.       where: {
8.         id: activityId,
9.       },
10.    });
11.    if (!activity) {
12.      throw new Error('活动不存在');
13.    }
14.    return activity;
15.  }
```

在 src/service/activity 目录下新建上线服务函数文件 online.ts，主要完成两项工作。

1）如果活动报名结束时间已过，抛出异常。否则，会使用 prisma.activity.update 进行数据库更新，将活动状态设置为"上线"。

2）调用 4.2 节的计时器接口，用于在活动报名结束后自动调用结束接口。

```
1.   // baas/server/src/service/activity/online.ts
2.   import { checkActivityPublisher } from './private/check-activity-publisher.js';
3.   import { getUserId } from './private/get-user-id.js';
4.   import { getActivity } from './private/get-activity.js';
5.   import { checkActivityStatus } from './private/check-activity-status.js';
6.   import { prisma } from '@/utils/prisma.js';
7.
8.   export async function online(activityId: number, accountName:string): Promise<void> {
9.     const publisherId = await getUserId(accountName);
10.    const activity = await getActivity(activityId);
11.    checkActivityPublisher(activity, publisherId);
12.    checkActivityStatus(activity, 'PREPARE');
13.
14.    if (activity.enrollmentEndTime < new Date()) {
15.      throw new Error('当前时间已超过报名截止时间！');
16.    }
17.
18.    // 活动结束后,调用 Done 计时器接口
19.    await fetch('http://localhost:8000/api/v1/timer/register', {
20.      method: 'POST',
21.      headers: {
22.        'Content-Type': 'application/json',
23.      },
24.      body: JSON.stringify({
```

```
25.        delay: activity.enrollmentEndTime.getTime() -new Date().getTime(),
26.        event: {
27.          type: 'http',
28.          url: 'http://localhost:3000/v1/activity/done',
29.          method: 'POST',
30.          body: {
31.            activityId,
32.          },
33.          headers: {
34.            'content-type': 'application/json',
35.          },
36.        },
37.      }),
38.    });
39.
40.    await prisma.activity.update({
41.      where: {
42.        id: activityId,
43.      },
44.      data: {
45.        status: 'ONLINE',
46.      },
47.    });
48.  }
```

在 src/service/activity/index.ts 中注册 online 函数。

```
1.  // baas/server/src/service/activity/index.ts
2.  ...
3.  export { online } from './online.js';
```

在 src/routes/activity 目录下新建 online 文件夹，并且新建文件 index.ts 放置该路由的 controller 函数。使用 fastify.authenticate 中间件进行身份验证，确保只有登录的用户才能进行活动上线操作。

```
1.  // baas/server/src/routes/activity/online/index.ts
2.  import type { FastifyPluginAsync } from 'fastify';
3.  import { ActivityModel } from '@monorepo/model';
4.  import errors from 'http-errors';
5.  import { ActivityService } from '@/service/index.js';
6.  const users: FastifyPluginAsync = async (fastify) ⇒ {
7.    fastify.post<{ Body: ActivityModel.ActivityIdSchema }>(
8.      '/activity/online',
9.      {
10.        onRequest: [fastify.authenticate],
11.        schema: {
12.          body: ActivityModel.activityIdSchema,
13.        },
14.      },
```

```
15.     async (req, rep) ⇒ {
16.       const { activityId } = req.body;
17.       try {
18.         req.log.info('上线活动 ${activityId}');
19.         await ActivityService.online(activityId, req.user.accountName);
20.         rep.status(200);
21.       } catch (e) {
22.         req.log.error(e);
23.         if (e instanceof Error) {
24.           throw new errors.InternalServerError(e.message);
25.         }
26.         throw new errors.InternalServerError('未知错误');
27.       }
28.     },
29.   );
30. };
31.
32. export default users;
```

在 src/server.ts 中注册。

```
1.  // baas/server/src/server.ts
2.  server.register(import('./routes/activity/online/index.js'), {
3.    prefix: '/v1',
4.  });
```

▶▶ 8.2.3 实现活动结束接口

本节实现活动结束接口。首先在 src/service/activity/private 中新建活动结束后给发布者和参与者发送邮件的工具函数 send-organizer-mail.ts 和 send-participant-mail.ts，调用发送邮件服务，选择不同的主题，发送不同类型的邮件。

```
1.  // baas/server/src/service/activity/private/send-organizer-mail.ts
2.  // eslint-disable-next-line max-params
3.  export async function sendOrganizerMail(
4.    toMail: string,
5.    activityName: string | undefined,
6.    time: string | undefined,
7.    number: string | undefined,
8.  ): Promise<void> {
9.    await fetch('http://localhost:8000/api/v1/mail/send', {
10.     method: 'POST',
11.     headers: {
12.       'Content-Type': 'application/json',
13.     },
14.     body: JSON.stringify({
```

```
15.        toMail,
16.        topic: 'organizerNotification',
17.        args: { activityName, time, number },
18.      }),
19.    });
20.  }
```

下面是发送邀请模板邮件的代码。

```
1.   // baas/server/src/service/activity/private/send-participant-mail.ts
2.   // eslint-disable-next-line max-params
3.   export async function sendParticipantMail(
4.     toMail: string,
5.     activityName: string | undefined,
6.     time: string | undefined,
7.     location: string | undefined,
8.     publisherName: string | undefined,
9.   ): Promise<void> {
10.    await fetch('http://localhost:8000/api/v1/mail/send', {
11.      method: 'POST',
12.      headers: {
13.        'Content-Type': 'application/json',
14.      },
15.      body: JSON.stringify({
16.        toMail,
17.        topic: 'participateNotification',
18.        args: { activityName, time, location, publisherName },
19.      }),
20.    });
21.  }
```

创建活动完结服务函数 done.ts。

1）调用 getActivity 函数获取活动信息，使用 checkActivityStatus 函数检查活动状态是否为"ONLINE"。如果活动状态不是"ONLINE"，则会抛出错误。

2）使用 prisma.activity.update 更新活动状态为"DONE"。

3）调用 sendParticipantMail 和 sendOrganizerMail 函数发送邮件给参与者和发布者。

```
1.   // baas/server/src/service/activity/done.ts
2.   import { sendParticipantMail } from
     './private/send-participant-mail.js';
3.   import { sendOrganizerMail } from './private/send-organizer-mail.js';
4.   import { getActivity } from './private/get-activity.js';
5.   import { checkActivityStatus } from './private/check-activity-status.js';
6.   import { prisma } from '@/utils/prisma.js';
7.
8.   export async function done(activityId: number): Promise<void> {
9.     const activity = await getActivity(activityId);
10.    checkActivityStatus(activity, 'ONLINE');
```

```
11.    await prisma.activity.update({
12.      where: {
13.        id: activityId,
14.      },
15.      data: {
16.        status: 'DONE',
17.      },
18.    });
19.
20.    const emailListResult = await prisma.usersOnActivities.findMany({
21.      where: { activityId },
22.      select: {
23.        user: {
24.          select: { email: true },
25.        },
26.      },
27.    });
28.    const activityInfo = await prisma.activity.findUnique({
29.      where: { id: activityId },
30.      select: {
31.        name: true,
32.        enrollmentEndTime: true,
33.        location: true,
34.        publisherId: true,
35.      },
36.    });
37.    const publisher = await prisma.user.findUnique({
38.      where: { id: activityInfo!.publisherId },
39.      select: {
40.        accountName: true,
41.        email: true,
42.      },
43.    });
44.    for (const email of emailListResult) {
45.      sendParticipantMail(
46.        email.user.email,
47.        activityInfo?.name,
48.        activityInfo?.enrollmentEndTime.toISOString(),
49.        activityInfo?.location,
50.        publisher?.accountName,
51.      );
52.    }
53.    sendOrganizerMail(
54.      publisher!.email,
55.      activityInfo?.name,
56.      activityInfo?.enrollmentEndTime.toISOString(),
57.      emailListResult?.length.toString(),
58.    );
59.  }
```

在活动服务导出文件 index.ts 中进行导出。

```
1.  // baas/server/src/service/activity/index.ts
2.  ...
3.  export { done } from './done.js';
```

新建完成活动的 controller 文件 index.ts。

```
1.  // baas/server/src/routes/activity/done/index.ts
2.  import type { FastifyPluginAsync } from 'fastify';
3.  import { ActivityModel } from '@monorepo/model';
4.  import errors from 'http-errors';
5.  import { ActivityService } from '@/service/index.js';
6.  const users: FastifyPluginAsync = async (fastify) ⇒ {
7.    fastify.post<{ Body: ActivityModel.ActivityIdSchema }>(
8.      '/activity/done',
9.      {
10.       onRequest: [fastify.authenticate],
11.       schema: {
12.         body: ActivityModel.activityIdSchema,
13.       },
14.     },
15.     async (req, rep) ⇒ {
16.       try {
17.         const { activityId } = req.body;
18.         req.log.info('完成活动 ${activityId}');
19.         await ActivityService.done(activityId);
20.         rep.status(200);
21.       } catch (e) {
22.         req.log.error(e);
23.         if (e instanceof Error) {
24.           throw new errors.InternalServerError(e.message);
25.         }
26.         throw new errors.InternalServerError('未知错误');
27.       }
28.     },
29.   );
30. };
31.
32. export default users;
```

在 src/server.ts 中注册。

```
1.  // baas/server/src/server.ts
2.  server.register(import('./routes/activity/done/index.js'), {
3.    prefix: '/v1',
4.  });
```

使用上一节的测试活动进行本节的测试。启动@ faas/timer 项目，登录账号获取 token，在 test.http 中添加如下代码，activityId 填入需要上线的活动 ID，单击 Send Request 按钮，获得返回 200，请求成功。

```
1.    // 登录后上线活动
2.    POST http://localhost:3000/v1/activity/online HTTP/1.1
3.    Authorization: Bearer eyJhbGciO...03FE4SHDYlrUrc
4.    content-type: application/json
5.
6.    {
7.        "activityId": "6"
8.    }
```

查看数据库中活动的状态，已置为"ONLINE"。如果@ faas/timer 项目 store 目录下 data.json 文件里已有需要计时的任务，说明测试成功。

▶▶ 8.2.4   实现活动取消接口

本节实现活动取消接口，首先在 src/service/activity/private 目录创建取消后发送取消通知邮件的工具函数。

```
1.    // baas/server/src/service/activity/private/send-cancel-mail.ts
2.    export async function sendCancelMail(
3.      toMail: string,
4.      activityName: string | undefined,
5.      publisherName: string | undefined,
6.    ): Promise<void> {
7.      await fetch('http://localhost:8000/api/v1/mail/send', {
8.        method: 'POST',
9.        headers: {
10.         'Content-Type': 'application/json',
11.       },
12.       body: JSON.stringify({
13.         toMail,
14.         topic: 'cancelNotification',
15.         args: { activityName, publisherName },
16.       }),
17.     });
18.   }
```

新建取消活动文件 cancel.ts，实现两个作用：一是将数据库中活动状态置为"CANCELLED"；二是给参与用户发送活动取消邮件。

```
1.    // baas/server/src/service/activity/cancel.ts
2.    import { sendCancelMail } from './private/send-cancel-mail.js';
3.    import { checkActivityPublisher } from './private/check-activity-publisher.js';
4.    import { getUserId } from './private/get-user-id.js';
5.    import { getActivity } from './private/get-activity.js';
6.    import { checkActivityStatus } from './private/check-activity-status.js';
```

```
7.    import { prisma } from '@/utils/prisma.js';
8.
9.    export async function cancel(activityId: number,
accountName:  string): Promise<void> {
10.     const publisherId = await getUserId(accountName);
11.     const activity = await getActivity(activityId);
12.     checkActivityPublisher(activity, publisherId);
13.     checkActivityStatus(activity, 'ONLINE');
14.     await prisma.activity.update({
15.       where: {
16.         id: activityId,
17.       },
18.       data: {
19.         status: 'CANCELLED',
20.       },
21.     });
22.
23.     const emailListResult = await
prisma.usersOnActivities.findMany({
24.       where: { activityId },
25.       select: {
26.         user: {
27.           select: { email: true },
28.         },
29.       },
30.     });
31.     const activityName = await prisma.activity.findUnique({
32.       where: { id: activityId },
33.       select: {
34.         name: true,
35.       },
36.     });
37.     const publisherName = await prisma.user.findUnique({
38.       where: { id: publisherId },
39.       select: {
40.         accountName: true,
41.       },
42.     });
43.     for (const email of emailListResult) {
44.       sendCancelMail(email.user.email, activityName?.name,  publisherName?.accountName);
45.     }
46.   }
```

在 src/service/activity/index.ts 中注册。

```
1.    // src/service/activity/index.ts
2.    ...
3.    export { cancel } from './cancel.js';
```

创建活动取消的 controller 函数。

```
1.   // src/routes/activity/cancel/index.ts
2.   import type { FastifyPluginAsync } from 'fastify';
3.   import { ActivityModel } from '@monorepo/model';
4.   import errors from 'http-errors';
5.   import { ActivityService } from '@/service/index.js';
6.
7.   const users: FastifyPluginAsync = async (fastify) => {
8.     fastify.post<{ Body: ActivityModel.ActivityIdSchema }>(
9.       '/activity/cancel',
10.      {
11.        onRequest: [fastify.authenticate],
12.        schema: {
13.          body: ActivityModel.activityIdSchema,
14.        },
15.      },
16.      async (req, rep) => {
17.        try {
18.          const { activityId } = req.body;
19.          req.log.info('user 用户取消活动 id 为  ${activityId}');
20.          await ActivityService.cancel(activityId, req.user.accountName);
21.          rep.status(200);
22.        } catch (e) {
23.          req.log.error(e);
24.          if (e instanceof Error) {
25.            throw new errors.InternalServerError(e.message);
26.          }
27.          throw new errors.InternalServerError('未知错误');
28.        }
29.      },
30.    );
31.  };
32.
33.  export default users;
```

在 src/server.ts 中注册。

```
1.   // baas/server/src/server.ts
2.   server.register(import('./routes/activity/cancel/index.js'), {
3.     prefix: '/v1',
4.   });
```

重新启动 "start"："tsx src/main.ts"，先用户登录测试，获取用户登录 token，在 test.http 中添加如下代码，activityId 填入需要取消的活动 ID，注意活动的状态必须是"ONLINE"。单击 Send Request 按钮，获得返回，请求成功。登录 MySQL 数据库查看 id 是 7 的活动状态，如果为"CANCELLED"，说明测试成功。

```
1.   // 登录后取消活动
2.   POST http://localhost:3000/v1/activity/cancel HTTP/1.1
3.   Authorization: Bearer eyJhbGc...NOjk1Ggw
4.   content-type: application/json
5.
6.   {
7.     "activityId": "7"
8.   }
```

8.3 实现用户与活动相关接口

截至目前已经实现了用户接口和活动接口的相关代码，本节将编写用户与活动相关接口的连通与实现，具体实现接口如表 8-2 所示。

表 8-2　用户与活动相关接口列表

方　　法	URL 路径	描　　述
POST	/v1/activity/join	参与一场活动
GET	/v1/activities	获得所有的活动，包括所有可以参与的活动，用户发起的活动，用户已经参与的活动

▶▶ 8.3.1　实现用户参与活动接口

本节编写用户参与活动相关的代码。首先是模型侧，在@ monorepo/model 的 src/activity 目录下创建 join-activity.ts，因为本书业务比较简单，所以 joinActivitySchema 的内容和 activityIdSchema 是一样的，但是因为参与活动是活动流程比较特殊的环节，所以单独创建一个 schema，便于后续的扩展和维护。

```
1.   // packages/model/src/activity/join-activity.ts
2.   import { type Static, Type } from '@sinclair/typebox';
3.
4.   export const joinActivitySchema = Type.Object({
5.     activityId: Type.Number(),
6.   });
7.
8.   export type JoinActivitySchema = Static<typeof
joinActivitySchema>;
```

在 src/activity/index.ts 中注册。

```
1.   // packages/model/src/activity/index.ts
2.   ...
3.   export * from './join-activity.js';
```

执行 build 脚本，重新构建@ monorepo/model 项目。

在 @ baas/server 项目中的 src/service/activity 目录创建参与活动函数 join。

```
1.    // baas/server/src/service/activity/join.ts
2.    import type { ActivityModel } from '@monorepo/model';
3.    import { getUserId } from './private/get-user-id.js';
4.    import { checkActivityStatus } from './private/check-activity-status.js';
5.    import { getActivity } from './private/get-activity.js';
6.    import { prisma } from '@/utils/prisma.js';
7.
8.    export async function join(
9.      input: ActivityModel.JoinActivitySchema,
10.     accountName: string,
11.   ): Promise<void> {
12.     const userId = await getUserId(accountName);
13.
14.     const activity = await getActivity(input.activityId);
15.     checkActivityStatus(activity, 'ONLINE');
16.     if (activity.publisherId === userId) {
17.       throw new Error('不能参加自己发起的活动');
18.     }
19.     if (activity.enrollmentEndTime < new Date()) {
20.       throw new Error('报名已结束');
21.     }
22.     if (activity.enrollmentStartTime > new Date()) {
23.       throw new Error('报名未开始');
24.     }
25.
26.     // 当前被定的票数,被当成乐观锁版本使用
27.     const participantsCountCurrent = activity.participantsCount;
28.     if (participantsCountCurrent >= activity.maxParticipants) {
29.       throw new Error('活动人数已满');
30.     }
31.     const participantsCountNew = participantsCountCurrent + 1;
32.
33.     const joined = await prisma.usersOnActivities.findFirst({
34.       where: {
35.         activityId: input.activityId,
36.         userId,
37.       },
38.     });
39.     if (joined) {
40.       throw new Error('已经参加过了');
41.     }
42.
43.     console.log(
44.       `userId: ${userId} activityId: ${input.activityId}
participantsCountCurrent: ${participantsCountCurrent}
participantsCountNew: ${participantsCountNew}`,
45.     );
```

```
46.      // 如果两个用户同时在订票数为 10 时去参加活动
47.      // 那么第一个用户参加成功,第二个用户参加失败
48.   await prisma.$transaction(async (tx) => {
49.     const res = await tx.activity.updateMany({
50.       where: {
51.         id: input.activityId,
52.         // participantsCount 作为版本控制字段
53.         //只有当前数据库中存储的字段与之前查询的数据一致,才能执行
54.         participantsCount: participantsCountCurrent,
55.       },
56.       data: {
57.         participantsCount: participantsCountNew,
58.       },
59.     });
60.     console.log('${userId}', res);
61.     if (res.count === 0) {
62.       throw new Error('发生冲突,请重试');
63.     }
64.     await tx.usersOnActivities.create({
65.       data: {
66.         activityId: input.activityId,
67.         userId,
68.       },
69.     });
70.   });
71. }
```

在发起活动时，需要设置最大参与人数，这就形成了一个抢票模型，每个用户参加活动前需要查询当前活动是否已经满员，如果没有，则可以参加。

上述代码实现了以下功能。

1）活动如果不存在，则不能报名。

2）用户不能参与自身发起的活动。

3）活动人数已满，不能报名。每次报名前都需要计算一下当前参与人数，将其与活动最大允许人数比较。如果人数未满，则可以报名。

4）最后用户可以参与活动，在 UsersOnActivities 模型中生成新的记录。

但是每次报名前都计算人数，会明显带来系统瓶颈。所以本书将活动当前参与人数作为版本号存储在 Activity 表，初始值为 0。

```
1.   model Activity {
2.     ...
3.     // 当前活动已报名人数
4.     participantsCount  Int           @default(0)
5.   }
```

用户参与活动前只要判断 participantsCount 是否小于 maxParticipants。将整个参与活动放到 $transaction API 中，确保这些操作按顺序执行，保证整体成功或失败。如果用户紫霞和至尊宝同时参与某一活动，执行顺序如下。

1）用户紫霞查询活动，当前参与人数小于最大参与人数，如当前参与人数 participantsCount = 10。

2）用户至尊宝查询活动，当前参与人数小于最大参与人数，如当前参与人数 participantsCount = 10。

3）用户紫霞参与活动，当前参与人数 participantsCount = 11。

4）用户至尊宝参与活动，当前参与人数 participantsCount = 11 不等于最初查询的 participantsCount = 10，事务回退，请求重试。

在 src/service/activity/index.ts 中注册。

```
1.   // baas/server/src/service/activity/index.ts
2.   ...
3.   export { join } from './join.js';
```

继续添加参与活动的路由函数。

```
1.   // baas/server/src/routes/activity/join/index.ts
2.   import type { FastifyPluginAsync } from 'fastify';
3.   import { ActivityModel } from '@monorepo/model';
4.   import errors from 'http-errors';
5.   import { ActivityService } from '@/service/index.js';
6.
7.   const users: FastifyPluginAsync = async (fastify) => {
8.     fastify.post<{ Body: ActivityModel.JoinActivitySchema }>(
9.       '/activity/join',
10.      {
11.        onRequest: [fastify.authenticate],
12.        schema: {
13.          body: ActivityModel.joinActivitySchema,
14.        },
15.      },
16.      async (req, rep) => {
17.        try {
18.          req.log.info('用户 ${req.user.accountName} 加入活动
${req.body.activityId}');
19.          await ActivityService.join(req.body, req.user.accountName);
20.          rep.status(200);
21.        } catch (e) {
22.          req.log.error(e);
23.          if (e instanceof Error) {
24.            throw new errors.InternalServerError(e.message);
25.          }
26.          throw new errors.InternalServerError('未知错误');
27.        }
28.      },
29.    );
30.  };
31.
32.  export default users;
```

在 src/server.ts 中注册 join 路由。

```
1.    // baas/server/src/server.ts
2.    server.register(import('./routes/activity/join/index.js'), {
3.      prefix:'/v1',
4.    });
```

因为用户无法参与自己发起的活动，所以需要两个用户测试参与活动。重新启动"start" : "tsx src/main.ts"，使用用户 1 发布活动，如图 8-2 所示。

● 图 8-2　测 试 数 据

用户 2 登录，获取 token，在 test.http 中添加如下代码，单击 Send Request 按钮，获得返回，请求成功。登录 MySQL 数据库查看 Acitivity 表 id＝7 的活动，已参与人数变为 1，查看 UserOnActivities 表新增用户 id 与活动 id＝7 的关联数据，如图 8-3 所示。

🔑 id ÷	🔑 status ÷	🔑 publisherId ÷	🔑 content ÷	🔑 location	🔑 fileId ÷	🔑 enrollmentStartTime ÷	🔑 enrollmentEndTime ÷	🔑 name	🔑 maxParticipants	🔑 participantsCount
1	7 ONLINE	6	活动内容	活动地点	7	2023-01-27 16:00:00	2023-02-07 16:00:00	测试参与活动	100	1

	🔑 id ÷	🔑 userId ÷	🔑 activityId ÷	🔑 createdAt ÷	🔑 updatedAt ÷
1	4	2	7	2023-02-05 11:57:14	2023-02-05 11:57:14

● 图 8-3　参 与 活 动 测 试 结 果

```
1.    // 用户 2 参与用户 1 的活动
2.    POST http://localhost:3000/v1/activity/join HTTP/1.1
3.    Authorization: Bearer eyJhbGci...pvuO6m0C4
4.    content-type: application/json
5.
6.    {
7.      "activityId": "7"
8.    }
```

▶▶ 8.3.2　实现获取活动信息接口

本节实现获取活动信息。本书为了简化流程，将活动信息相关的接口聚合成一个接口。在 @monorepo/model 项目中的 src/activity 目录下新建 activities.ts 模型文件。

```
1.    // packages/model/src/activity/activities.ts
2.    import { type Static, Type } from '@sinclair/typebox';
3.    import { activitySchema } from './activity.js';
4.
5.    // 展示活动协议,展示的活动比新建活动增加了 ID
6.    // 已经参与的人数,以及当前的状态
```

```
7.    const activityShowSchema = Type.Intersect([
8.      activitySchema,
9.      Type.Object({
10.       participantsCount: Type.Number(),
11.       id: Type.Number(),
12.       status: Type.Union([
13.         Type.Literal('PREPARE'),
14.         Type.Literal('ONLINE'),
15.         Type.Literal('DONE'),
16.         Type.Literal('CANCELLED'),
17.       ]),
18.     }),
19.   ]);
20.
21.   export const activitiesSchema = Type.Object({
22.     activities: Type.Array(activityShowSchema),
23.     userPublishActivities: Type.Array(activityShowSchema),
24.     userJoinActivities: Type.Array(activityShowSchema),
25.   });
26.   export type ActivitiesSchema = Static<typeof activitiesSchema>;
27.   export type ActivityShowSchema = Static<typeof activityShowSchema>;
```

导出模型文件。

```
1.    // packages/model/src/activity/index.ts
2.    ...
3.    export * from './activities.js';
```

重新构建@ monorepo/ model 项目。

编写获取当前所有活动信息的服务函数。活动的来源有三个：用户参与的活动、用户发起的活动、用户可以参与的活动。在 src/service/activity/private 目录下编写 prisma 从数据库中查询用户参与的活动的 get-user-join-activities.ts 文件，主要分为两个函数。

1）getUserJoinActivitiesRecord：查询用户加入的活动记录，并返回一个包含活动详情的数组。

2）getUserJoinActivities：对 getUserJoinActivitiesRecord 返回的结果进行处理，只返回活动的部分信息。

```
1.    // baas/server/src/service/activity/private/get-user-join-activities.ts
2.    import type { ActivityModel } from '@monorepo/model';
3.    import type { Activity, File, UsersOnActivities } from '@prisma/client';
4.    import { prisma } from '@/utils/prisma.js';
5.
6.    export async function getUserJoinActivitiesRecord(userId: number): Promise<
7.      (UsersOnActivities & {
8.        activity: Activity & {
9.          activityPoster: File;
10.       };
11.     })[]
```

```
12.    > {
13.      return prisma.usersOnActivities.findMany({
14.        where: {
15.          userId,
16.        },
17.        include: {
18.          activity: {
19.            include: {
20.              activityPoster: true,
21.            },
22.          },
23.        },
24.      });
25.    }
26.    export async function getUserJoinActivities(
27.      userId: number,
28.    ): Promise<ActivityModel.ActivitiesSchema['userJoinActivities']> {
29.      const usersOnActivities = await
getUserJoinActivitiesRecord(userId);
30.
31.      return usersOnActivities.map(({ activity }) => ({
32.        id: activity.id,
33.        status: activity.status,
34.        poster: {
35.          url: activity.activityPoster.url,
36.          name: activity.activityPoster.name,
37.          type: activity.activityPoster.type,
38.          attributeType: activity.activityPoster.attributeType,
39.        },
40.        enrollmentStartTime: activity.enrollmentStartTime.toString(),
41.        enrollmentEndTime: activity.enrollmentEndTime.toString(),
42.        name: activity.name,
43.        content: activity.content,
44.        location: activity.location,
45.        maxParticipants: activity.maxParticipants,
46.        participantsCount: activity.participantsCount,
47.      }));
48.    }
```

编写获取所有发布活动的函数 get-all-user-publish-activities.ts，接收用户 userId，并返回一个 Promise 类型的活动数组。该函数使用 prisma.activity.findMany 从数据库中检索活动信息，其中 publisherId 与传入的 userId 参数匹配。该函数还将活动的 ID、状态、海报等信息映射到一个新的数组作为结果返回。

```
1.    // baas/server/src/service/activity/private/get-all-user-publish-activities.ts
2.    import type { ActivityModel } from '@monorepo/model';
3.    import { prisma } from '@/utils/prisma.js';
4.    export async function getAllUserPublishActivities(
```

```
5.     userId: number,
6.   ): Promise<ActivityModel.ActivitiesSchema['userPublishActivities']> {
7.     const activities = await prisma.activity.findMany({
8.       where: {
9.         publisherId: userId,
10.      },
11.      include: {
12.        activityPoster: true,
13.      },
14.    });
15.    return activities.map((activity) => ({
16.      id: activity.id,
17.      status: activity.status,
18.      poster: {
19.        url: activity.activityPoster.url,
20.        name: activity.activityPoster.name,
21.        type: activity.activityPoster.type,
22.        attributeType: activity.activityPoster.attributeType,
23.      },
24.      enrollmentStartTime: activity.enrollmentStartTime.toString(),
25.      enrollmentEndTime: activity.enrollmentEndTime.toString(),
26.      name: activity.name,
27.      content: activity.content,
28.      location: activity.location,
29.      maxParticipants: activity.maxParticipants,
30.      participantsCount: activity.participantsCount,
31.    }));
32.  }
```

编写获取可以参与活动列表的函数 get-all-online-activities.ts。这段代码实现了一个 getAllOnlineAc-tivities 函数，从数据库查询所有在线状态的活动，然后返回给调用者一个活动列表，该列表过滤了用户自己发起的活动和用户已经参加过的活动。

```
1.   // baas/server/src/service/activity/private/get-all-online-activities.ts
2.   import type { ActivityModel } from '@monorepo/model';
3.   import { getUserJoinActivitiesRecord } from './get-user-join-activities.js';
4.   import { prisma } from '@/utils/prisma.js';
5.   export async function getAllOnlineActivities(
6.     userId: number,
7.   ): Promise<ActivityModel.ActivitiesSchema['activities']> {
8.     const activities = await prisma.activity.findMany({
9.       where: {
10.        status: 'ONLINE',
11.      },
12.      include: {
13.        activityPoster: true,
14.      },
15.    });
```

```
16.
17.     const userJoinActivitiesIds = (await
getUserJoinActivitiesRecord(userId)).map(
18.       (record) => record.activityId,
19.     );
20.
21.     return (
22.       activities
23.         // 过滤用户自己发起的活动
24.         .filter((activity) => activity.publisherId !== userId)
25.         // 过滤用户已经参加的活动
26.         .filter((activity) => !userJoinActivitiesIds.includes(activity.id))
27.         .map((activity) => ({
28.           id: activity.id,
29.           status: activity.status,
30.           poster: {
31.             url: activity.activityPoster.url,
32.             name: activity.activityPoster.name,
33.             type: activity.activityPoster.type,
34.             attributeType: activity.activityPoster.attributeType,
35.           },
36.           enrollmentStartTime: activity.enrollmentStartTime.toString(),
37.           enrollmentEndTime: activity.enrollmentEndTime.toString(),
38.           name: activity.name,
39.           content: activity.content,
40.           location: activity.location,
41.           maxParticipants: activity.maxParticipants,
42.           participantsCount: activity.participantsCount,
43.         }))
44.     );
45.   }
```

编写集中获取活动信息的服务函数。

```
1.    // baas/server/src/service/activity/get-for-user.ts
2.    import type { ActivityModel } from '@monorepo/model';
3.    import { getAllOnlineActivities } from './private/get-all-online-activities.js';
4.    import { getAllUserPublishActivities } from './private/get-all-user-publish-activities.js';
5.    import { getUserJoinActivities } from './private/get-user-join-activities.js';
6.    import { getUserId } from './private/get-user-id.js';
7.
8.    export async function getForUser(accountName: string): Promise<ActivityModel.
ActivitiesSchema> {
9.      const userId = await getUserId(accountName);
10.     return {
11.       activities: await getAllOnlineActivities(userId),
```

```
12.        userPublishActivities: await getAllUserPublishActivities( userId),
13.        userJoinActivities: await getUserJoinActivities(userId),
14.    };
15.  }
```

导出 getForUser 服务函数。

```
1.   // baas/server/src/service/activity/index.ts
2.   ...
3.   export { getForUser } from './get-for-user.js';
```

在 src/routes 下创建 activities 文件夹，并且新建路径 activities 的路由注册文件 index.ts。

```
1.   // baas/server/src/routes/activities/index.ts
2.   import type { FastifyPluginAsync } from 'fastify';
3.   import { ActivityModel } from '@monorepo/model';
4.   import { ActivityService } from '@/service/index.js';
5.
6.   const user: FastifyPluginAsync = async (fastify) ⇒ {
7.     fastify.get<{ Reply: ActivityModel.ActivitiesSchema }>(
8.       '/activities',
9.       {
10.        onRequest: [fastify.authenticate],
11.        schema: {
12.          response: {
13.            200: ActivityModel.activitiesSchema,
14.          },
15.        },
16.      },
17.      async (req, rep) ⇒ {
18.        const activities = await ActivityService.getForUser(req.user.accountName);
19.        rep.status(200).send(activities);
20.      },
21.    );
22.  };
23.
24.  export default user;
```

在 src/server.ts 中注册此地址。

```
1.   // src/server.ts
2.   server.register(import('./routes/activities/index.js'), {
3.     prefix: '/v1',
4.   });
```

重新启动"start"："tsx src/main.ts"，用户登录，获取 token，在 test.http 中添加如下代码，单击
Send Request 按钮，获得返回，请求成功。

```
1.    // 获取所有活动
2.    GET  http://localhost:3000/v1/activities HTTP/1.1
3.    Authorization: Bearer eyJhbGc...BuVdXqQ
4.    content-type: application/json
5.
6.    {}
```

可以看到返回结果分了三部分：activities、userPublishActivities、userJoinActivities，与上面代码逻辑一致，测试成功。

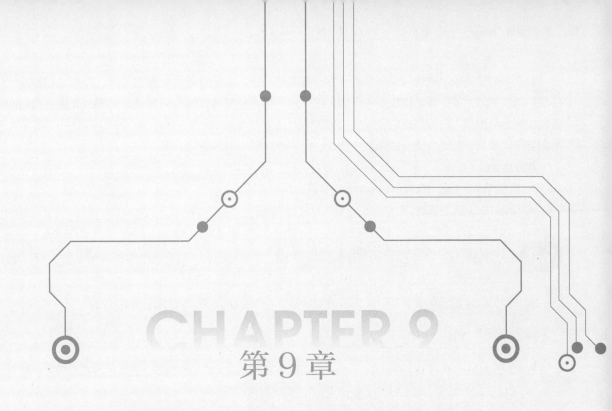

CHAPTER 9

第 9 章

实现报名登记应用的前端

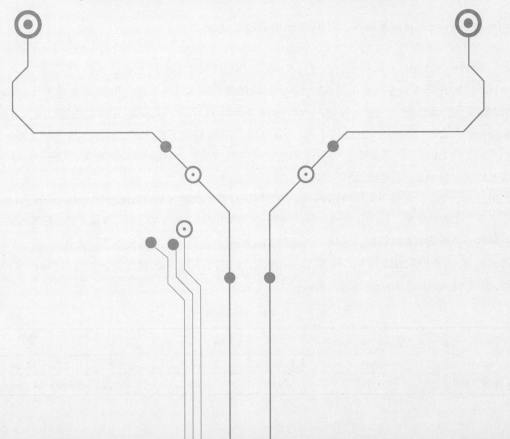

截至目前已完成了软件后端部分的开发，本章将介绍前端部分开发所需要的库，并初始化前端代码项目。前端的主要任务是构建用户界面，接收用户输入并将其传递给后端进行处理，并将后端返回的数据展示给用户。在编写报名登记应用的前端时，需要考虑用户体验和界面设计，确保应用易于使用和导航。最后，前端应该与后端配合良好，以实现完整的报名登记应用。

本章主要介绍：
- 使用 Vue、Vite、Tailwind 构建报名登记应用的前端。
- 使用 Pinia 状态管理。

9.1 初始化报名登记应用前端项目

本节的目标是初始化报名登记应用的前端项目，在 Monorepo 项目中引入 Vue、Vite。

▶▶ 9.1.1 Vue 简介

Vue 3 于 2020 年 9 月 18 日发布，是 Vue 发布以来变化非常大的一个版本，主要体现在以下几个方面。
- 项目重构为基于 pnpm 的 Monorepo 项目，模块解耦更佳。
- 引入组合式接口，提供类似 React Hook 的能力，更适合构建复杂大型应用。
- 性能提升显著，打包大小减小 41%，初始渲染提升 55%，更新速度提升 133%，内存使用减小 54%。
- 使用 TypeScript 重新编写，对 TypeScript 的支持更强。
- 对于单文件组件（Singe-File Components，SFC），即以 vue 结尾的文件，通过<script setup>标签提升组合式接口的编写体验，通过<style vars>提供状态驱动的 CSS 变量能力。

Vue 在 2021 年 8 月 5 日发布了 3.2 版本，目前最新的版本是 3.2.47。2022 年 2 月 7 日，Vue 正式宣布 Vue 3 成为默认版本，进入稳定的生产阶段。到 2022 年底，大多数主流插件都已支持 Vue 3 和 TypeScript。从 2022 年 1 月—2023 年 1 月，Vue 3 周下载量增长了近 3 倍，达到 124 万次。Vue 2.7 版本也开始支持 Vue 3 的一些特性，如原生的组合式 API 支持、<script setup> 标签、CSS v-bind 等。如果读者初次接触 Vue，笔者建议使用 Vue 3 的版本开始 Vue 的学习。

2022 年，Vue 社区在 IDE 和 TypeScript 的支持上进行了改善。VS Code 插件 Volar 发布了 1.0 版本，改善了开发体验和性能。vue-tsc 对 Vue SFC 的组件类型提供了更好的支持。Volar 核心框架 Volar.js 已经发展成一个框架中立的结构，不仅可以支持 Vue 框架，还可以支持其他框架，如 Astro 等。Vue 受到 Solid.js 的启发，计划 2023 年开始探索 Vapor 模式，目的是去除 Vue 模板编译生成的代码中的 Vue 运行时，以期提高性能。Vue 详情如表 9-1 所示。

表 9-1　Vue 详情

GitHub	https://github.com/vuejs/vue	官网	https://vuejs.org/	标志	▼
Stars	202600	上线时间	2016 年 4 月	创建者	尤雨溪（Evan You）
npm 包月下载量	1670 万次	协议	MIT	语言	TypeScript、JavaScript

▶▶ 9.1.2　Vite：下一代前端开发与构建工具

Vite 是一款轻量级的前端构建工具，它采用原生 ESM 模块系统，避免了复杂的构建流程，从而在开发过程中可以获得快速反应时间和低性能开销。Vite 支持 ESM、JSX 和 TypeScript，并且通过充分利用浏览器的 ESM 支持，可以在生产环境中提供高效的代码分离和懒加载。

Vite 自首个版本发布以来，受到了越来越多项目的喜爱。2021 年 4 月，Vite 在 npmjs.com 周下载量只有 10 万次，但到 2022 年，它的下载量已经飙升至 150 万次，到 2023 年 1 月，这一数字更是突破了 281 万次。Vite 使用了 esbuild 和 Rollup 双引擎，在打包时使用更成熟的 Rollup，在开发时使用性能更快的 esbuild。严格来说，这造成了一定的开发生产不一致的问题，但是由于 esbuild 确实带来了极好的开发体验，总体的收益还是大于其不足。由于其优秀的开发体验，Vite 受到很多框架的青睐，如 Nuxt 3、Sveltekit、Astro、Hydrogen、SolidStart，甚至 PHP 的框架 Laravel。2022 年举办的 State Of JS 2021 的结束语中有："可以说 2021 年是 Vite 年"。Vite 目前已经推出第三版，由于本身和 Rollup 的插件体系有一定的融合，其生态发展也非常好。Vite 详情如表 9-2 所示。

表 9-2　Vite 详情

GitHub	https://github.com/vitejs/vite	官网	https://vitejs.dev/	标志	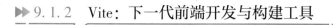
Stars	53500	上线时间	2020 年 4 月	创建者	尤雨溪（Evan You）
npm 包月下载量	1420 万次	协议	MIT	语言	TypeScript、JavaScript

▶▶ 9.1.3　使用 Vite 初始化 Vue 环境

本节使用 Vite 官方模板初始化一个 Vue 项目。在 web 文件夹下，删除.gitkeep 文件，执行如下命令。

```
1.    pnpm create vite
```

在交互式的过程中，项目名称为 vite-demo，依次选择 Vue、TypeScript。

```
1.    √ Project name: ... vite-demo
2.    √ Select a framework: 〉vue
3.    √ Select a variant: 〉TypeScript
4.
5.    Scaffolding project in .../monorepo-combat/web/@monorepo/vite-demo...
6.
7.    Done. Now run:
8.
9.      cd vite-demo
10.     pnpm install
11.     pnpm run dev
```

使用 vite create 创建的目录结构如下。

```
1.    web
2.    ├── README.md
3.    ├── index.html
4.    ├── package.json
5.    ├── public
6.    │          └── vite.svg
7.    ├── src
8.    │   ├── App.vue              // 入口组件
9.    │   ├── assets              // 资源目录
10.   │   │          └── vue.svg
11.   │   ├── components          // 组件目录
12.   │   │          └── HelloWorld.vue
13.   │   ├── main.ts             // 程序入口
14.   │   ├── style.css           // 默认是样式
15.   │   └── vite-env.d.ts       // Vite 的类型文件
16.   ├── tsconfig.json           // 默认生成的 tsconfig
17.   ├── tsconfig.node.json      // 默认生成的 Node.js 环境的 tsconfig
18.   └── vite.config.ts          // Vite 配置文件
```

- public 文件夹包含了 Icon 等静态资源，这些资源 Vite 默认不会做任何处理，会直接移动到最后打包好的 dist 文件夹中。
- index.html 是标准的 Vue 入口页面，最终会被复制到 dist 文件夹下，作为整个 Web 应用的入口。
- src 文件夹下的子文件夹为：
  - components 是组件目录，放置 vue components。
  - App.vue 是当前 Web 应用的初始化页面。
  - main.ts 是当前 Web 应用的初始化程序。

现在开始把这个项目改造为 Monorepo 的子项目，首先把 package.json 的项目名称改为：

```
1.    "name": "@monorepo/vite-demo",
```

由于在 Monorepo 项目中，需要控制全局的 Vue 和 Vite 版本，所以，Vue 和 Vite 相关的依赖全部提升到根工作目录。因为已经在根工作目录安装了 TypeScript，所以删除 @ monorepo/vite-demo 项目中 TypeScript 的依赖。

```
1.    // 删除子项目的 TypeScript 依赖
2.    pnpm uninstall vue vue-tsc vite @vitejs/plugin-vue typescript --filter @monorepo/
vite-demo
3.
4.    // 把这些依赖提升为全局依赖
5.    pnpm install vue vue-tsc vite @vitejs/plugin-vue -w
```

配置 ESLint，在 vite-demo 文件夹下新建 .eslintrc.cjs 文件，关闭一些对 Vue 不友好的 import 设置。

```
1.    module.exports = {
2.      extends: ['@skimhugo/eslint-config-ts', '@skimhugo/eslint-config-vue'],
3.      globals: {
```

```
4.        // 全局变量声明
5.      },
6.      rules: {
7.        // common
8.
9.        // import
10.       'import/first':'off',
11.       'import/no-unresolved':'off',
12.       'import/no-named-default':'off',
13.       // ts
14.
15.       // vue
16.       'vue/prefer-separate-static-class':'off',
17.     },
18.   };
```

9.2 配置 Tailwind 环境

前端项目处理样式需要 CSS（Cascading Style Sheets）。然而，由于 CSS 的功能较为复杂，如果在没有充分了解的情况下进行调试和编写，其成本较高。因此，为了解决这些问题，出现了 Tailwind 的 CSS 框架。Tailwind 官方自称为"工具优先"的 CSS 框架，可以快速构建现代网页。

在 Tailwind 出现之前，像 Bootstrap、Foundation、Bulma 及 Vue 生态里的 Vuetify 这样基于组件的框架更为流行。这些框架将样式封装成组件，如按钮、卡片，方便开发者使用。如果开发者想改变的样式在组件提供的范围之内，只需要学习组件的参数即可，这是类 Bootstrap 框架的优势，但是如果开发者需要突破预定义参数的范围，还想复用框架代码，这时候需要学习类 Bootstrap 框架内部的样式框架的逻辑关系。这通常是比较复杂的，每个框架有自己一套非常深且互相嵌套的逻辑关系。而 Tailwind 则不同，Tailwind 不是一个预制组件框架，它提供了预制组件框架内部通常都会自研的样式 DSL，提供了一种更低层面的统一语言层。例如，不再直接使用 1rem 或者 1px，而是 text-lg、text-sm，就像消费者去咖啡店买咖啡，只需要选择大杯还是小杯，而不是具体到是 350ml 还是 250ml。Tailwind 详情如表 9-3 所示。

表 9-3　Tailwind 详情

GitHub	https://github.com/tailwindlabs/tailwindcss	官网	https://tailwindcss.com/	标志	
Stars	65700	上线时间	2017 年 7 月	创建者	Adam Wathan
npm 包月下载量	2240 万次	协议	MIT	语言	HTML、JavaScript

使用传统的 UI 框架的逻辑通常如下。

```
1.   <!--封装成 class 的框架-->
2.   <button class="fa-button fa-primary">单击</button>
```

```
3.      <! --封装成组件-->
4.      <v-btn elevation="2" small></v-btn>
```

其中封装成 class 的框架是框架预制好的，通常使用 CSS 和 SASS 编写。封装成组件的方式为 JavaScript 提供了更友好的有语义含义的接口。

类似的组件使用 Tailwind 实现的方法如下，其中 bg-black-500、text-red、font-bold 等是工具类，每一个都代表一组 CSS 设置。这种低层级的集成带给开发者很大的自由度，可以根据需求自由组合。

```
1.      <button
2.      class="bg-black-500 text-red font-bold
3.      rounded-lg text-center">
4.      单击
5.      </button>
```

Tailwind 建议开发者把一个样式所有的信息写在这个标签中。这样的好处是，对于上述 button，它所有的行为都在上面的代码中，不再需要额外的 CSS 文件。当然，实际上也可以把 Tailwind 封装成组件来使用，社区也有像 daisyui 这样的项目，封装 Tailwind，提供了类似 bootstrap 的体验。Tailwind 的这种做法是否合适争议很大，但是在熟悉了 Tailwind 后，开发原型的速度确实比较快。并且因为 Tailwind 提供的本质是 CSS 的一个子集，使用和学习 Tailwind 本身要比学习 CSS 要简单一些。

Tailwind 是一个以工具类为中心的 CSS 框架，主要包括工具类和围绕这些工具类构建的工具。它的命令行工具可以扫描配置文件中指定的位置，找出项目中使用的所有 Tailwind 预定义的工具类，然后生成项目中使用的最终 CSS 文件。如果项目中使用的 Tailwind 工具类使用了变量拼接，则可能导致 Tailwind 扫描的结果不准确，因此需要对 Tailwind 进行一些配置。

执行如下命令，安装 Tailwind。

```
1.      pnpm i tailwindcss postcss autoprefixer --filter @monorepo/vite-demo -D
```

在@ monorepo/vite-demo 项目下新建文件 postcss.config.cjs，用于导入 Tailwind 插件。Autoprefixer 是一个用于自动添加 CSS 兼容性前缀的工具。

```
1.      // web/vite-demo/postcss.config.cjs
2.      module.exports = {
3.        plugins: {
4.          tailwindcss: {},
5.          autoprefixer: {},
6.        },
7.      }
```

新建 Tailwind 配置文件 tailwind.config.cjs，用于定制 Tailwind 的样式和行为，使其适合特定的项目需求。

- content：包含了需要被 Tailwind 解析的文件。
- safelist：用于保留自定义 CSS 中使用的类。Tailwind 会扫描 content 下的文件来解析使用的 CSS，如果某些工具类未被显式包含在文件中，可在 safelist 中设置以直接加载到最终项目中。

- theme：定义了项目的样式主题，可以扩展 Tailwind 的默认主题。
- plugins：包含了需要应用的 Tailwind 插件。

```
1.    /** @type {import('tailwindcss').Config} */
2.    module.exports = {
3.      content: ['./index.html', './src/**/*.{vue,js,ts,jsx,tsx}'],
4.      safelist: [],
5.      theme: {
6.        extend: {},
7.      },
8.      plugins: [],
9.    };
```

删除 src 文件夹下 style.css 里的内容，添加如下内容。这些是 Tailwind 官方提供的几组 CSS 规则集，其中 base 是 Tailwind 的 CSS 重置集。使用重制 CSS 集是为了相对好地抹去一部分浏览器差异。这部分 CSS 在目录/node_modules/tailwindcss/lib/css/preflight.css（3.1.8 版本）中。components 是组件相关的 CSS 集，utilities 是工具类相关的 CSS 集。

```
1.    @tailwind base;
2.    @tailwind components;
3.    @tailwind utilities;
```

为了方便使用这个项目，在根工作目录增加 demo 脚本。

```
1.    // package.json
2.    "scripts": {
3.        "demo": "pnpm --filter @monorepo/vite-demo --"
4.    },
```

现在就可以在根工作目录执行下述命令来开发这个项目了。

```
1.    pnpm demo dev
```

在浏览器打开 http://localhost:5173/可以实时看到代码更新产生的后果。在 HelloWorld.vue 文件最下面增加 Tailwind 样式的 Hello world。

```
1.    // web/vite-demo/src/components/HelloWorld.vue
2.    <h1 class="text-3xl font-bold underline">
3.        Hello world!
4.    </h1>
```

可以看到 Tailwind 样式已经生效了，如图 9-1 所示。

Hello world!

- 图 9-1　Tailwind 样式

修改 HelloWorld.vue 代码如下。

```
1.    // web/vite-demo/src/components/HelloWorld.vue
2.    <script setup lang="ts"></script>
3.
4.    <template>
5.      <div class="flex">
6.        <div>
7.          <img src="/vite.svg" />
8.        </div>
9.        <div>
10.          <h1>Vite:下一代前端开发与构建工具</h1>
11.          <h2>使用原生 ESM 文件,无需打包!</h2>
12.          <button>前往官网</button>
13.        </div>
14.      </div>
15.    </template>
16.
17.    <style scoped></style>
```

将 App.vue 中的模板与样式改为如下代码。

```
1.    // web/vite-demo/src/App.vue
2.    <template>
3.      <HelloWorld />
4.    </template>
5.
6.    <style scoped></style>
```

可以看到，Vite 的热更新功能使得页面更新为只有 Logo 的空页面，如图 9-2 所示。

增加一些 Tailwind 样式，如图 9-3 所示。

● 图 9-2　修改 HelloWorld.vue 内容　　　● 图 9-3　增加样式后的 Hello World 页面

- <div class="flex justify-center gap-4">：使用了 Tailwind 中的 flex 布局，flexbox 容器中有一个图片和一段文字两个元素，并通过 justify-center 和 gap-4 类设置了布局对齐方式和元素间隔。
- <div class="order-last">：使用了 order-last 类，表示图片元素应该放在最后一个位置。
- <div class="self-center">：使用了 self-center 类，表示文字元素应该在它的父元素中居中对齐。

```
1.    // web/vite-demo/src/components/HelloWorld.vue
2.    <template>
3.      <div class="flex justify-center gap-4">
```

```
4.    <div class="order-last">
5.      <img src="/vite.svg" />
6.    </div>
7.    <div class="self-center">
8.      <h1>Vite:下一代前端开发与构建工具</h1>
9.      <h2>使用原生 ESM 文件,无须打包!</h2>
10.     <button>前往官网</button>
11.    </div>
12.   </div>
13. </template>
```

继续丰富样式。

```
1.  // web/vite-demo/src/components/HelloWorld.vue
2.  <template>
3.    <div class="flex justify-center gap-4">
4.      <div class="order-last">
5.        <img class="h-28" src="/vite.svg" />
6.      </div>
7.      <div class="self-center text-center">
8.        <h1 class="text-4xl font-bold tracking-tight text-gray-900">
9.          <span class="block text-indigo-600 xl:inline">Vite:</span>
10.         <span class="block xl:inline">下一代前端开发与构建工具</span>
11.        </h1>
12.        <h2 class="mx-auto mt-3 max-w-md text-base text-gray-500">使用原生 ESM 文件,无须打
包!</h2>
13.        <button
14.          class="w-full items-center justify-center rounded-md border bordertransparent
bg-indigo-600 px-8 py-3 text-base font-medium text-white hover:bg-indigo-700"
15.        >
16.          前往官网
17.        </button>
18.      </div>
19.    </div>
20.  </template>
```

对以上代码解释如下。

- h-28:设置图片高度为 112px。在 CSS 中,元素的高度和宽度是非常难以管理的。Tailwind 提供了 w-{size} 和 h-{size},即宽度和高度工具类,方便快速设置元素的尺寸,而无须编写自定义 CSS。将指针指向 h-28 可以看到对应的 CSS 定义,如图 9-4 所示。

- 图 9-4 h-28 工具类的 CSS 定义

工具类是 Tailwind 中一个很重要的概念,Tailwind 官方提供了近千个工具类,每一个工具类实际是一个或多个 CSS 属性的组合。在 IDE 中通过安装 Tailwind 的插件可以查看具体的 CSS 属性。对于工具类有预定义和自定义两种,通常预定义都是形如 text-{size} 这样的格式,可以通过扩展 Tailwind 的

配置、安装插件来增加。自定义的工具类型，如 m-[52px]，具体哪些变量支持实时计算可以查看官网。一些文章也称工具类为原子 CSS，因为工具类相当于对一部分 CSS 变量进行了一定的标准化。

- "text-4xl font-bold tracking-tight text-gray-900"：定义了标题的字体大小为 4xl，加粗，紧凑，颜色为灰色。
- "block text-indigo-600 xl:inline"：定义了元素的文本颜色为深紫色，在 xl 尺寸下为内联元素。当浏览器窗口宽度超过 1280 px 时，"Vite："和"下一代前端开发与构建工具"这两个元素变为内联元素，如图 9-5 所示。
- "w-full items-center justify-center rounded-md border border-transparent bg-indigo-600 px-8 py-3 text-base font-medium text-white hover:bg-indigo-700"：定义了一个中心对齐、圆角边框、紫色背景、白色文本的按钮。当鼠标悬停在元素上时，按钮的背景颜色变为更深的紫色。

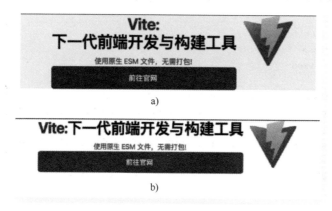

- 图 9-5　当浏览器窗口宽度变化时，页面布局变化

a）宽度小于 1280 px 时，"Vite："和"下一代前端开发与构建工具"这两个元素布局

b）宽度大于 1280 px 时，"Vite："和"下一代前端开发与构建工具"这两个元素变为内联元素

刚开始学习和使用 Tailwind，会很不习惯变得特别长的 class 列表。但是熟练和做必要的组件封装以后，情况会改善一些。得益于 Tailwind 的平台无关性，互联网有很多 Tailwind 资源，任何找到的资源都可以根据需要加入项目。

1. 创建应用项目

在 web 文件夹下新建 app 子文件夹，将 vite-demo 里除了 node_modules 以外的内容复制到 app 下，并修改 package.json 文件。

```
1.    {
2.      "name":"@web/app",
3.    }
```

在根目录执行 pnpm i，安装依赖。在 Monorepo 项目中，为节省配置一个项目起始状态的时间花费，通常会维护一个模板项目，例如，目前 vite-demo 项目就可以作为一个模板项目，后续如果想要开发更多的 Web App，可以直接复制该项目除了 node_modules 文件夹以外的内容快速创建项目。

2. 安装 SVG 图标库

Tailwind 官方维护了 heroicons 项目。该项目有超过 450 个 MIT 协议的 SVG 图标，可以满足常见的用途。

```
1.    pnpm i @heroicons/vue --filter @web/app
```

由于把 Vue 的依赖提升到了根工作目录，所以安装这个依赖时会报错。

```
1.    pnpm i @heroicons/vue --filter @web/app
2.    .                                      |  +1 +
3.    Progress: resolved 73, reused 72, downloaded 1, added 1, done
4.      WARN Issues with peer dependencies found
5.    web/app
6.    └─┬ @heroicons/vue 2.0.10
7.        └── ✕ missing peer vue@">= 3"
8.    Peer dependencies that should be installed:
9.      vue@">= 3"
```

需要在根工作目录的 package.json 文件中新增下列配置，让 pnpm 了解不需要报没有 Vue 的 peer 依赖的警告。

```
1.    {
2.      "pnpm": {
3.        "peerDependencyRules": {
4.          "ignoreMissing": ["vue"]
5.        }
6.      }
7.    }
```

在之前的安装里，根工作目录是不会有任何应用的，一般会区别对待 devDependencies 和 dependencies。在根工作目录，devDependencies 中的依赖一般指环境类依赖，dependencies 中为运行时依赖，Vue 就是典型的运行时依赖，即最终打包的项目，会打包 Vue 依赖，为了统一管理，这里将根工作目录的 Vue 设为 dependencies。

```
1.    "devDependencies": {
2.        "@skimhugo/eslint-config": "^0.2.8",
3.        "@skimhugo/tsconfig": "^1.0.3",
4.        "eslint": "^8.32.0",
5.        "prettier": "^2.8.3",
6.        "tsx": "^3.12.2",
7.        "typescript": "^4.9.4",
8.        "vitest": "^0.28.1"
9.    },
10.   "dependencies": {
11.       "@sinclair/typebox": "^0.25.21",
12.       "@vitejs/plugin-vue": "^4.0.0",
13.       "fastify": "^4.12.0",
14.       "fastify-plugin": "^4.5.0",
```

```
15.        "pino-pretty": "^9.1.1",
16.        "tsup": "^6.5.0",
17.        "vite": "^4.1.1",
18.        "vue": "^3.2.47",
19.        "vue-tsc": "^1.0.24"
20.    },
```

如何划分 devDependencies 和 dependencies 并没有硬性规定，读者可以根据需要进行更改。在一个复杂的 Monorepo 项目中，配置文件的管理是一项持续且复杂的工作。Monorepo 带来的好处是一个项目可以有无限多的包，但是同时带来的副作用是，这些包的配置文件和根工作目录的配置文件之间有依赖关系。这个依赖关系会随着项目的改变而改变，这产生了一定的运维的成本。

3. 安装 Headless UI

Tailwind 标准化了 CSS 的使用，但是纯粹的 CSS 并不能完成常用的 UI 需求，Tailwind 官方还维护了一套非常优秀的跨 React、Vue 的无样式组件库 Headless UI，运行下列命令就可以在@ web/app 项目中完成 Headless UI 的安装。

```
1.    pnpm i @headlessui/vue --filter @web/app
```

9.3 配置 Vue Router 及规划页面

Vue Router 是 Vue.js 官方的路由管理器。它和 Vue.js 配合使用，能够实现单页面应用中的路由功能，如切换页面、路由参数、路由导航等。Vue Router 的 API 清晰，易于使用，为 Vue.js 应用提供了高效、灵活的路由解决方案。Vue Router 详情如表 9-4 所示。

表 9-4   Vue Router 详情

GitHub	https://github.com/vuejs/vue-router	官网	https://v3.router.vuejs.org/	标志	Vue Router
Stars	19000	上线时间	2016 年 7 月	创建者	Eduardo San Martin Morote
npm 包月下载量	1040 万次	协议	MIT	语言	JavaScript、TypeScript

vue-router 属于比较基础的依赖，将 vue-router 安装到根工作空间，方便管理版本。

```
1.    pnpm i vue-router -w
```

整个报名登记系统的页面主要是两个。

1）登录页面。在没有登录状态时默认进入该页面，在登录页面有注册和登录两个子页面，分别对应登录和注册功能。

2）报名登记的仪表盘页面。这个页面有三个子页面，分别是仪表盘主页、发布活动页面、活动详情展示页面。仪表盘主页用于展示用户信息、用户发布活动信息、用户可参与的活动信息等，是用户登录后的默认界面。

登录页面较为简单，不再新增路由，登录和注册的区分通过登录页面内部状态控制。仪表盘页面较为复杂，使用 Vue Router 的子路由功能进行开发。

在 src 文件夹下新建 page、router 子文件夹，用来放置各页面和路由配置信息。整个项目的目录结果如下。

```
1.    .
2.    ├── App.vue                        // 应用程序的根组件
3.    ├── assets
4.    │   └── vue.svg
5.    ├── main.ts                        // 应用程序的入口文件
6.    ├── page                          // 应用程序中的页面组件
7.    │   ├── NotFound.vue
8.    │   ├── dashboard                 // 仪表盘页面
9.    │   │   ├── activity-display      // 活动详情展示页面
10.   │   │   │   └── index.vue
11.   │   │   ├── activity-publish      // 发布活动页面
12.   │   │   │   └── index.vue
13.   │   │   ├── index.vue
14.   │   │   └── main-page             // 仪表盘主页
15.   │   │       └── index.vue
16.   │   └── login                     // 登录界面
17.   │       └── index.vue
18.   ├── router                        // 应用程序的路由配置文件
19.   │   └── index.ts
20.   ├── style.css
21.   └── vite-env.d.ts
```

因为本节主要讲解路由配置，所以页面部分只使用简单的占位符进行开发，以仪表盘页面为例，内容如下。

```
1.    // web/app/src/page/dashboard/index.vue
2.    <script setup lang="ts"></script>
3.
4.    <template>
5.      <div>报名登记应用仪表盘页面</div>
6.    </template>
7.
8.    <style scoped></style>
```

其他.vue 文件和 dashboard/index.vue 结构一样，仅在<div>标签内做了区分，在此不再赘述。

修改 NotFound.vue 文件，新增一个"回到首页"的链接，单击回到首页。

```
1.    // web/app/src/page/NotFound.vue
2.    <template>
3.      <div class="min-h-full bg-white px-4 py-16 mx-auto max-w-max">
```

```
4.        <main>
5.          <p class="text-4xl font-bold tracking-tight text-indigo-600">404</p>
6.          <div class="text-center">
7.            <h1 class="text-4xl font-bold tracking-tight text-indigo-600">页面找不到</h1>
8.            <p class="mt-1 text-base text-gray-500">请检查路径。</p>
9.            <div class="mt-10">
10.              <a href="#" class="inline-flex items-center rounded-md border border-trans-
parent bg-indigo-600 px-4 py-2 text-sm font-medium text-white shadow-sm hover:bg-indigo-700
focus:outline-none focus:ring-2 focus:ring-indigo-500 focus:ring-offset-2">回到首页</a>
11.            </div>
12.          </div>
13.        </main>
14.      </div>
15.  </template>
```

在 src 子文件夹下新建 router 子文件夹和 index.ts 文件，定义以下路由。

- 根路径（'/'）重定向到/dashboard。
- 仪表盘（'/dashboard'）默认跳转到仪表盘主页，包含三个子路由。
  - 仪表盘主页（'/dashboard/main-page'）。
  - 发布活动（'/dashboard/activity-publish'）。
  - 活动详情展示（'/dashboard/activity-display/：id'）。
- 登录（'/login'）。
- 其他任意路径（'/＊'）重定向到 404 页面。

```
1.  // web/app/src/router/index.ts
2.  import { createRouter, createWebHistory } from 'vue-router';
3.  import Dashboard from '../page/dashboard/index.vue';
4.  import Login from '../page/login/index.vue';
5.  import NotFound from '../page/NotFound.vue';
6.  import ActivityPublish from '../page/dashboard/activity-publish/index.vue';
7.  import MainPage from '../page/dashboard/main-page/index.vue';
8.  import ActivityDisplay from '../page/dashboard/activity-display/index.vue';
9.
10.  // 定义路由
11.  const routes = [
12.    {
13.      path: '/',
14.      // 如果是根路径,重定向到/dashboard
15.      redirect: '/dashboard',
16.    },
17.    {
18.      path: '/dashboard',
19.      name: 'Dashboard',
20.      props: true,
```

```
21.        // 仪表盘布局页面
22.        component: Dashboard,
23.        // 默认跳转到仪表盘主页
24.        redirect: { name: 'DashboardMainPage' },
25.        children: [
26.          {
27.            // 仪表盘主页
28.            path: 'main-page',
29.            name: 'DashboardMainPage',
30.            component: MainPage,
31.          },
32.          {
33.            // 发布活动页面
34.            path: 'activity-publish',
35.            name: 'ActivityPublish',
36.            component: ActivityPublish,
37.          },
38.          {
39.            // 活动详情展示页面
40.            path: 'activity-display/:id',
41.            name: 'ActivityDisplay',
42.            component: ActivityDisplay,
43.          },
44.        ],
45.      },
46.      {
47.        // 登录页面
48.        path: '/login',
49.        name: 'Login',
50.        component: Login,
51.        props: true,
52.      },
53.      {
54.        // 如果是任意其他路径,则跳转到 404 页面
55.        path: '/:catchAll(.*)',
56.        name: 'NotFound',
57.        component: NotFound,
58.      },
59.    ];
60.    // 创建路由
61.    const router = createRouter({
62.      history: createWebHistory(),
63.      routes,
64.    });
65.
66.    export default router;
```

此时 NotFound 页面中跳回到首页功能并没有实现，需要修改 NotFound.vue 代码 <a> 标签代码
如下。

```
1.    <router-link class="inline-flex items-center rounded-md border border-transparent
bg-indigo-600 px-4 py-2 text-sm font-medium text-white shadow-sm hover:bg-indigo-700 focus:
outline-none focus:ring-2 focus:ring-indigo-500 focus:ring-offset-2" to="/">回到首页</
router-link>
```

在 main.ts 文件中，注册路由。

```
1.   // web/app/src/main.ts
2.   import { createApp } from 'vue';
3.   import './style.css';
4.   import App from './App.vue';
5.   import router from './router';
6.
7.   const app = createApp(App);
8.
9.   app.use(router);
10.  app.mount('#app');
```

修改 App.vue 文件，添加 <RouterView />，这是 Vue-Router 库中的一个组件，表示当前匹配的路由组件的视图。

```
1.   // web/app/src/App.vue
2.   <script setup lang="ts"></script>
3.
4.   <template>
5.     <div class="flex h-full flex-col">
6.       <RouterView />
7.     </div>
8.   </template>
9.
10.  <style scoped></style>
```

9.4 报名登记前端应用状态

前端项目的状态管理很重要，经常有一个概念叫"Single Source of Truth"，即"唯一的真实来源"。随着前端项目复杂度的增加，状态的管理变得越来越重要，否则很容易失控。简单来说，只要使用了响应式变量，那么所有响应式应该存放在唯一的地方，需要使用接口改变变量，而不能直接改变。最好能根据用途把响应式变量收束到各自组件的内部，这样每次只处理局部的关系即可。如果组件和组件要进行交互，不直接修改变量，使用接口交互，让状态封装在组件内部。

▶▶ 9.4.1 Pinia：Vue 新一代状态管理工具

状态是组件所依赖和呈现的数据，如发布的活动、参与的活动等。随着应用程序的发展，如果没有状态管理，每个 Vue 组件可能都有自己的状态版本。例如，常见的计数器组件，状态就是当前的计数值，交互信息就是用户单击按键的次数，最终状态是通过视图展现给用户的，体现了用户交互行为的结果。这是个典型的单向数据流，即只有用户单击行为影响状态，最终状态也只有自己消费。当一个组件改变了自己的状态，而另一个组件也恰恰在使用该状态，这时就需要传递这个状态的变化。非统一状态管理与统一状态管理的区别如图 9-6 所示。

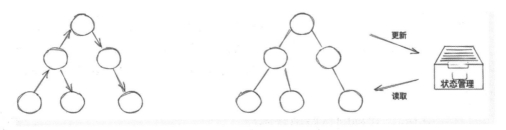

● 图 9-6　非统一状态管理与统一状态管理

为了让传递状态过程简单，通常把整个应用程序的状态存放到同一位置，也就是将所有的状态放到状态管理工具中，每个组件都可以直接访问这个全局状态管理工具。Pinia 是 Vue 官方的状态管理库，由 Eduardo San Martin Morote 编写，同时他也是 Vue Router 的作者。作为 Vuex 继承者，Pinia 的主要目的是帮助开发者构建跨应用程序的组件管理响应性数据和状态。Pinia 详情如表 9-5 所示。

表 9-5　Pinia 详情

GitHub	https://github.com/vuejs/pinia	官网	https://pinia.vuejs.org/	标志	
Stars	10000	上线时间	2019 年 11 月	创建者	Eduardo San Martin Morote
npm 包月下载量	220 万次	协议	MIT	语言	TypeScript、JavaScript

Vue 3 提供了非常好的内置响应式状态 ref 和 reactive。当业务不复杂时，使用内置 ref 可以很好地完成工作。但是当业务变得复杂后，这些响应式变量通常会通过业务规则串联在一起，如果不进行集中管理就可能产生 Bug。使用 Pinia 避免了直接访问响应式变量的风险。随着开发的进行，对于状态的调试是比较频繁的，如果只是用内置的 ref，需要在代码中使用 console.log 进行调试。Pinia 支持了 Chrome 的开发插件，使开发和调试问题变得更加容易，如可获取状态变化的时间轴，清楚地看到状态是如何随时间更新的。可以一次性查看所有当前状态，以及哪个组件正在使用它。

对于 Vuex 的用户，Pinia 更简单，只有 getters 和 actions 两种方法，不需要定义 mutation。

```
1.    export const usePlayerStore = defineStore('player', {
2.      state: () => ({ name:'至尊宝', role:'Warrior',level:2,damage:50 }),
3.      getters: {
4.        doubleDamage: (state) => state.damage * 2,
5.      },
6.      actions: {
```

```
7.        incrementLevel() {
8.          this.level++
9.        },
10.    },
11.  })
```

Pinia 对 TypeScript 的支持比 Vuex 更好，更多的类型可以帮助开发者快速开发并减少编译错误，同时对于团队协作开发和长期维护项目都非常有益。Pinia 已经是 Vue 官方指定的状态管理工具。Vuex 已经进入维护期，不再增加新的功能。实际上，2022 年，Vuex 的主要维护者 Kia King Ishii 已开始专注于 vitepress 项目。

▶▶ 9.4.2 用 Pinia 实现网页应用状态层

Pinia 属于非常常用的依赖，可以安装在 Monorepo 根工作空间进行管理。

```
1.    pnpm i pinia -w
```

因为应用状态由 HTTP 协议自后端应用获取，而后端接口的返回协议都可从@ monorepo/model 获取，所以@ web/app 里安装@ monorepo/model 依赖。对于存入 Pinia 的一些关键变量，需要使用 vueuse 项目提供的 localStorage 能力进行存储，使用下列命令安装@ vueuse/core 依赖。

```
1.    pnpm i @monorepo/model @vueuse/core --filter @web/app
```

为了方便修改服务器的链接地址，在@ web/app 的根目录新建.env 文件。

```
1.    VITE_API_URL=http://localhost:3000
```

这样，就可以通过 import.meta.env.VITE_API_URL 来访问这个变量。如果后续需要改动这个变量，只需要更改.env 里的内容即可。VITE_为前缀的变量是 Vite 的特殊环境变量，在编译以后，VITE_的环境变量会暴露给客户端的代码。可以通过修改 Vite 的配置文件中 envPrefix 来修改这个前缀的命名。

在@ web/app 项目的 src 文件夹下创建 utils 子文件夹，并新建 fetch-utils.ts 文件，实现一个简单的 fetch 工具。

```
1.    // web/app/src/utils/fetch-utils.ts
2.    // 定义一个类型,表示 HTTP 方法
3.    type HTTPMethod = 'GET' |'POST' |'PUT' |'DELETE';
4.    // 导出一个包含 HTTP 方法的对象
5.    export const fetchWrapper = {
6.      get: request('GET'),
7.      post: request('POST'),
8.      put: request('PUT'),
9.      delete: request('DELETE'),
10.   };
11.   // 定义一个函数,该函数接受 HTTP 方法作为参数,并返回一个异步函数
12.   function request(method: HTTPMethod) {
13.     // 该异步函数接受两个参数:请求的 URL 和请求体(可选)
```

```
14.    return async <T extends Record<string, any>>(url: string,    body?: T) => {
15.        // 定义请求选项
16.        const requestOptions: RequestInit = {
17.          method, // 请求方法
18.          headers: authHeader(url), // 设置请求头
19.        };
20.        // 如果存在请求体,则设置请求体的内容类型为 application/json,并将请求体转换为 JSON 字符串
21.        if (body) {
22.          (requestOptions.headers as any)['Content-Type'] = 'application/json';
23.          requestOptions.body = JSON.stringify(body);
24.        }
25.        // 使用 fetch() 函数发起请求
26.        const res = await fetch(url, requestOptions);
27.        // 处理请求结果
28.        return handleResponse(res);
29.      };
30.    }
31.    // 该函数根据请求的 URL 返回包含身份验证信息的请求头
32.    function authHeader(_url: string): Record<string, string> {
33.      // 待完成 user 的状态函数后进行补充
34.      return {};
35.    }
36.    // 定义一个异步函数,用于处理请求的响应结果
37.    async function handleResponse(response: Response) {
38.      // 将响应体转换为文本
39.      const text = await response.text();
40.      // 将响应文本转换为对象
41.      const data = text && JSON.parse(text);
42.      // 如果响应状态码不是 200,则抛出错误
43.      if (!response.ok) {
44.        throw data;
45.      }
46.      // 返回响应数据
47.      return data;
48.    }
```

目前系统中已完成了很多接口,通过上面这个简单的 fetch wrapper 包装后端的 API 调用,将业务与 Vue 的视图层进行交互的接口都放置在 Pinia 这一层。

在 src 文件夹下新建 store 子文件夹,用于存放 Pinia 的相关文件。新建 user.store.ts 文件,用于实现用户信息的存储和管理,如下所示。

```
1.    // web/app/src/store/user.store.ts
2.    import { defineStore } from 'pinia';
3.    import { type Ref } from 'vue';
4.    import { StorageSerializers, useStorage } from '@vueuse/core';
5.    import type { UserModel } from '@monorepo/model';
```

```
6.    import { fetchWrapper } from '../utils/fetch-utils';
7.    import router from '../router';
8.
9.    // 定义 Store 状态接口
10.   interface State {
11.     token: Ref<string | null>;
12.     user: Ref<UserModel.GetSchema> | null;
13.   }
14.   export const useUserStore = defineStore({
15.     // store 的 id
16.     id: 'user',
17.     // 定义 store 的初始状态
18.     state: (): State => ({
19.       // 从 localStorage 中读取 token 值,如果不存在则返回 null
20.       token: useStorage('token', null),
21.       // 从 localStorage 中读取 user 值,如果不存在则返回 null
22.       user: useStorage<UserModel.GetSchema>('user', null, undefined, {
23.         // 使用 StorageSerializers.object 序列化器将对象存储在 localStorage 中
24.         serializer: StorageSerializers.object,
25.       }),
26.     }),
27.     getters: {
28.       // 通过 token 判断是否已经登录
29.       isAuthenticated: (state) => !!state.token,
30.       // 返回用户账号名称
31.       userAccountName: (state) => {
32.         if (state.user) {
33.           return state.user.accountName;
34.         } else {
35.           throw new Error('用户没有登录!');
36.         }
37.       },
38.     },
39.     actions: {
40.       // 用户相关的行为方法
41.     },
42.   });
```

userStore 中存储着成功登录后，从服务器获取的 token 和用户的信息，这些信息通过 vueuse 项目的 useStorage 功能获得了响应式且存储在 localStorage 中的能力。在 getters 中，定义了两个状态，一个是用户是否已经登录，以 token 是否存在作为判断条件；另一个是返回用户的账户名称。

actions 定义了用户的 4 个行为：登录、登出、发送验证码和注册。首先编写登录方法 login。

```
1.    // web/app/src/store/user.store.ts
2.    // 登录
3.      actions: {
4.        async login(accountName: string, password: string) {
5.          const res = await fetchWrapper.post('${import.meta.env.VITE_API_URL}/v1/login', {
```

```
6.        accountName,
7.        password,
8.      }) as UserModel.TokenSchema;
9.      console.log('发起登录请求,获取响应数据', res);
10.     // 设置 token 值
11.     this.token = res.token;
12.     // 获取用户信息
13.     const user = await
fetchWrapper.get('${import.meta.env.VITE_API_URL}/v1/user') as UserModel.GetSchema;
14.     // 设置 user 值
15.     this.user = user;
16.     // 登录成功,跳转到 dashboard 页面
17.     router.push('/dashboard');
18.   },
19.   },
```

因为 login 函数使用 fetchWrapper 获取/v1/user 和/v1/login 的 GET 方法后，获得的类型是 any，所以使用 UserModel.GetSchema 和 UserModel.TokenSchema 进行相对安全的类型转换。这里相对安全的原因是，根据 fetchWrapper 的设计，如果接口报错或者不成功，则直接抛出异常，如果正确，则返回为/v1/user 的响应结果。而/v1/user 的正确响应结果，由 Fastify 的 JSON Schema 机制保证形状一定为@ monorepo/model 中定义的模型文件。所以，这里转换后的结果即为/v1/user 在正确的返回时的类型。在登录成功以后，路由从登录页面切换到仪表盘页面。

其次是登出 logout 方法。登出操作相对简单，只包含两个操作：清空状态和退回到登录页面。

```
1.    // web/app/src/store/user.store.ts
2.    ...
3.    actions: {
4.    ...
5.    // 登出
6.      logout() {
7.        // 清空 token 和 user 值
8.        this.token = null;
9.        this.user = null;
10.       // 跳转到登录页面
11.       router.push('/login');
12.     },
13.   }
```

下面是发送验证码的逻辑，发送验证码，通常会有 60s 的等待。在后端的接口设计中，已经增加了这个时间的校验，对于前台也需要做校验，对于发送验证码的 60s 等待逻辑，放置在 Vue 的组件中实现，对于 sendVerifyCode 函数，直接提交请求即可。

```
1.    actions: {
2.    ...
3.    // 发送验证码
```

```
4.     async sendVerifyCode(email: string) {
5.        // 发送验证码请求
6.        await fetchWrapper.post('${import.meta.env.VITE_API_URL}/v1/user/verifica-
tion-code', {
7.          email,
8.        });
9.     },
10.  }
```

最后是注册的逻辑。从前台的角度看，注册的逻辑是输入符合后端注册接口需要的信息，这一信息由 UserModel.CreatedSchema 进行不严格的限制。这里的不严格是指，只要求邮箱类型的字段是字符串类型，而这个字符串是否真为邮箱的格式由前台输入时限制。后台代码因为使用了 type-box，所以也实现了对邮箱格式的运行时检查。在创建用户成功以后，等同于登录，获取到 token，进行页面跳转。

```
1.   actions: {
2.   ...
3.     // 注册
4.     async register(input: UserModel.CreatedSchema) {
5.        // 注册请求,获取响应数据
6.        const { token } = await fetchWrapper.post('${import.meta.env.VITE_API_URL}/
v1/user', input) as UserModel.TokenSchema;
7.        // 设置 token 值
8.        this.token = token;
9.        // 获取用户信息
10.       const user = await fetchWrapper.get('${import.meta.env.VITE_API_URL}/v1/user');
11.       this.user = user;
12.       router.push('/dashboard');
13.     },
14.  }
```

为了方便前台代码的编写，扩展活动展示的协议，将协议存放在后续编写活动展示卡片的视图组件处。在 src/page/dashboard/main-page 下新建 activity-item-props.ts 文件，添加了两个额外的属性 canJoin 和 isJoined。canJoin 表示当前用户是否能够参加该活动，如果能够参加活动意味着当前用户既不是发起者且尚未参加该活动。isJoined 表示该活动是否已经被当前用户参加。

```
1.   // web/app/src/page/dashboard/main-page/activity-item-props.ts
2.   import type { ActivityModel } from '@monorepo/model';
3.   export interface ActivityItemProps extends
ActivityModel.ActivityShowSchema {
4.     // 此活动可以被参加,表示当前用户不为发起者且没有参加活动
5.     canJoin: boolean;
6.     // 此活动是否已被参加
7.     isJoined: boolean;
8.   }
```

有了用户状态后，再对 fetch-utils.ts 进行补充，把 token 写入 header 部分。

```
1.   // web/app/src/utils/fetch-utils.ts
2.   import { useUserStore } from '../store';
3.   ...
4.   // 该函数根据请求的 URL 返回包含身份验证信息的请求头。
5.   function authHeader(url: string): Record<string, string> {
6.     // 获取用户存储
7.     const authStore = useUserStore();
8.     // 判断用户是否已登录
9.     const isLoggedIn = authStore.isAuthenticated;
10.    // 判断请求的 URL 是否是 API 的路径
11.    const isApiUrl = url.startsWith(import.meta.env.VITE_API_URL);
12.    // 如果有 token,且请求的 URL 是 API 的路径
13.    if (isLoggedIn && isApiUrl) {
14.      // 返回包含身份验证信息的请求头
15.      return { Authorization: 'Bearer ${authStore.token}' };
16.    } else {
17.      // 否则,返回空请求头
18.      return {};
19.    }
20.  }
21.  ...
```

接下来创建管理活动相关状态的 activity.store.ts 文件。

```
1.   // web/app/src/store/activity.store.ts
2.   import { defineStore } from 'pinia';
3.   import type { ActivityModel } from '@monorepo/model';
4.   import { fetchWrapper } from '../utils/fetch-utils';
5.   import type { ActivityItemProps } from
'../page/dashboard/main-page/activity-item-props';
6.   import router from '../router';
7.   // 定义状态接口
8.   interface State {
9.     // 活动列表
10.    activities: ActivityModel.ActivitiesSchema['activities'];
11.    // 用户发布的活动列表
12.    userPublishActivities:ActivityModel.ActivitiesSchema['userPublishActivities'];
13.    // 用户加入的活动列表
14.    userJoinActivities:ActivityModel.ActivitiesSchema['userJoinActivities'];
15.  }
16.  // 定义活动存储
17.  export const useActivityStore = defineStore({
18.    id:'activity', // 存储 id
19.    state: (): State => ({
20.      activities: [],
```

```
21.        userPublishActivities: [],
22.        userJoinActivities: [],
23.    })
24.  });
```

活动状态的功能是，从后端获取到和用户有关的活动信息，并且提供用户对于这些互动操作的封装，最终的 Vue 页面只是展示这些状态，并触发封装好的行为。Pinia 可以看作 MVVM 模型的 viewmodel 层的实现。实现 viewmodel 的方式很多，Vue 3 提供了强大的 ref，在 ref 的基础上自己封装简单的 viewmodel 层也比较方便，但是 Pinia 本身有非常丰富的生态和插件，可以节省一些开发时间。

接下来创建 getters 方法。

```
1.  // web/app/src/store/activity.store.ts
2.  ...
3.  export const useActivityStore = defineStore({
4.    ...
5.  getters: {
6.    // 用户发布的活动
7.    publishActivities(state): ActivityItemProps[] {
8.      return state.userPublishActivities.map((activity) => {
9.        return {
10.          ...activity,
11.          canJoin: false,
12.          isJoined: false,
13.        };
14.      });
15.    },
16.    // 用户加入的活动
17.    joinActivities(state): ActivityItemProps[] {
18.      return state.userJoinActivities.map((activity) => {
19.        return {
20.          ...activity,
21.          canJoin: true,
22.          isJoined: true,
23.        };
24.      });
25.    },
26.    // 所有活动
27.    allActivities(state): ActivityItemProps[] {
28.      return state.activities.map((activity) => {
29.        return {
30.          ...activity,
31.          canJoin: true,
32.          isJoined: false,
33.        };
34.      });
35.    },
36.  },
37.  });
```

结合系统需求，getters 用于展示用户发布、已参加、可以加入的活动的数据信息，这里扩展了两个字段 canJoin 和 isJoined。为了让页面代码简单，可以把和业务有关的代码封装在 store 函数中。

最后编写 actions。

```
1.   // web/app/src/store/activity.store.ts
2.   ...
3.   export const useActivityStore = defineStore({
4.   ...
5.   actions: {
6.       // 获取所有活动列表
7.       async fetchActivities() {
8.          // 发送请求获取活动列表
9.          const { activities, userPublishActivities, userJoinActivities } = await fetchWrapper.get(
10.           '${import.meta.env.VITE_API_URL}/v1/activities',
11.          );
12.          console.log('获取活动数据', userPublishActivities);
13.          // 设置 store 中的活动数据
14.          this.activities = activities;
15.          this.userPublishActivities = userPublishActivities;
16.          this.userJoinActivities = userJoinActivities;
17.       },
18.       // 创建活动
19.       async createActivity(input: ActivityModel.ActivitySchema) {
20.          // 发送请求，创建活动
21.          await fetchWrapper.post ('${import.meta.env.VITE_API_URL}/v1/activity/
publish', input);
22.          // 重新获取活动列表
23.          await this.fetchActivities();
24.          // 跳转到 dashboard 页面
25.          router.push('/dashboard');
26.       },
27.       // 加入活动
28.       async joinActivity(input: ActivityModel.JoinActivitySchema) {
29.          // 发送请求，加入活动
30.          await fetchWrapper.post('${import.meta.env.VITE_API_URL}/v1/activity/join', input);
31.          // 重新获取活动列表
32.          await this.fetchActivities();
33.       },
34.       // 活动上线
35.       async onlineActivity(input: ActivityModel.ActivityIdSchema) {
36.          // 发送请求，上线活动
37.          await fetchWrapper.post('${import.meta.env.VITE_API_URL}/v1/activity/online', input);
38.          // 重新获取活动列表
39.          await this.fetchActivities();
40.       },
41.       // 活动取消
42.       async cancelActivity(input: ActivityModel.ActivityIdSchema) {
43.          // 发送请求,取消活动
```

```
44.        await fetchWrapper.post('${import.meta.env.VITE_API_URL}/v1/activity/cancel
', input);
45.        // 重新获取活动列表
46.        await this.fetchActivities();
47.      },
48.      // 清空活动列表
49.      async clear() {
50.        this.activities = [];
51.        this.userPublishActivities = [];
52.        this.userJoinActivities = [];
53.      },
54.    },
55.  });
```

fetchActivities 方法获取所有活动的数据，然后把这些数据存入 store 中。createActivity 方法进行创建活动的操作，成功后，重新获取活动列表，然后跳转到 dashboard 页面，这里为了简化，没有处理创建操作异常。joinActivity、onlineActivity 和 cancelActivity 是用户对活动的操作，在前台的视角中，只要传入的协议正确，即可发起对后端的请求，鉴权由 JWT 提供，所以三个方法的内容是近似的。

clear 操作是为了登出准备的清除状态操作。在 logout 函数中，只考虑了用户的状态，此时又多了活动的状态，所以在登出以后，要维护活动的状态，由于这些状态会被自动维护进 localStorage 中，所以这里的操作相当于维护了 localStorage 的状态。

然后在 user.store.ts 中添加维护活动状态的代码。

```
1.    // web/app/src/store/user.store.ts
2.    import { useActivityStore } from './activity.store';
3.    ...
4.    export const useUserStore = defineStore({
5.    ...
6.    actions: {
7.    ...
8.    // 登出
9.      logout() {
10.       // 清空 token 和 user 值
11.       this.token = null;
12.       this.user = null;
13.       // 获取 activity store
14.       const activityStore = useActivityStore();
15.       // 清空 activity store
16.       activityStore.clear();
17.       // 跳转到登录页面
18.       router.push('/login');
19.     },
20.   ...
21.     },
22.   });
```

至此，就完成了报名登记应用状态层的编写。由@ monorepo/model 对相关接口的输入和输出进行类型和运行时的限制以后，前台相关代码是比较模板化的。如果不清楚一个接口的输入和输出，只需要去@ monorepo/model 查看相关定义即可。

在 store 文件夹下新建 index.ts 文件，导出 UserStore 和 ActivityStore。

```
1.    // web/app/src/store/index.ts
2.    export * from './user.store';
3.    export * from './activity.store';
```

需要注意在 main.ts 中添加 Pinia 的安装程序。

```
1.    // web/app/src/main.ts
2.    import { createPinia } from 'pinia';
3.    ...
4.    app.use(createPinia());
5.    ...
```

在 Chrome 应用商店搜索 Vue.js devtools，单击添加到 Chrome，如图 9-7 所示。Vue Devtools 是 Vue 官方推出的浏览器插件，可方便地用于 Vue 开发调试，能够在浏览器实时的编辑数据并立即看到其反映出来的变化。

● 图 9-7　Vue.js devtools 插件

启动 Vue 的项目，开发者工具里多了个 Vue 面板，显示了当前页面用到的 Vue 组件，单击组件，可以比较直观地看到 Vue 的相关信息，如图 9-8 所示。

● 图 9-8　使用 Vue.js devtools 插件查看 Vue 相关信息

简单测试一下 Pinia。修改 index.ts 文件的代码如下，调用 userStore。

```
1.    // web/app/src/page/dashboard/index.vue
2.    <script setup lang="ts">
3.      import {useUserStore} from '../../store';
4.
5.      const userStore = useUserStore();
6.      console.log(userStore)
7.      try {
8.        await userStore.login('monorepo_combat','12345678');
9.      } catch (error) {
10.       console.log(error)
11.     }
12.   </script>
13.
14.   <template>
15.     <div>报名登记应用仪表盘页面</div>
16.   </template>
17.
18.   <style scoped></style>
```

重新启动"dev" : "vite"脚本，发现浏览器 console 页面和@ baas/server 项目报错，如图 9-9 所示。

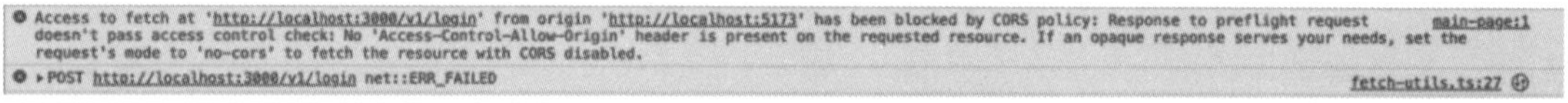

```
Access to fetch at 'http://localhost:3000/v1/login' from origin 'http://localhost:5173' has been blocked by CORS policy: Response to preflight request
doesn't pass access control check: No 'Access-Control-Allow-Origin' header is present on the requested resource. If an opaque response serves your needs, set the
request's mode to 'no-cors' to fetch the resource with CORS disabled.                                                        main-page:1
▶ POST http://localhost:3000/v1/login net::ERR_FAILED                                                                       fetch-utils.ts:27
```

● 图 9-9　跨域资源共享报错

查看项目后台报错信息。

```
1.    [16:47:18 UTC] INFO: Route OPTIONS:/v1/login not found
2.        reqId: "req-d"
```

这里需要在@ baas/server 项目开启跨域资源共享，安装@ fastify/cors 插件。Fastify CORS 是一个 Fastify 插件，用于处理跨域资源共享（Cross-Origin Resource Sharing，CORS）请求。它允许开发者定义 CORS 选项，如允许的来源、方法、标头和暴露的标头。它还可以在请求头中添加额外的信息，如 Access-Control-Allow-Credentials。使用该插件可以更轻松地管理 API 的跨域请求，并且比手动设置 CORS 选项更简单。

```
1.    pnpm i @fastify/cors --filter @baas/server
```

在 server.ts 文件中增加如下代码。

```
1.    // baas/server/src/server.ts
2.    server.register(cors, {
3.      origin: '*',
4.    });
```

重新启动@ baas/server 项目，可以在 Vue.js devtools 插件的 Pinia 标签看到当前 userStore 状态，如

图 9-10 所示。

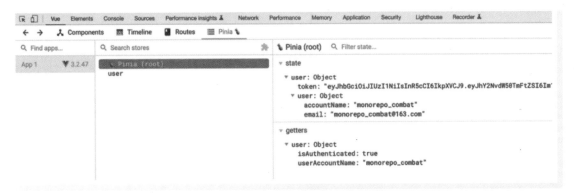

• 图 9-10　Pinia 中 userStore 状态

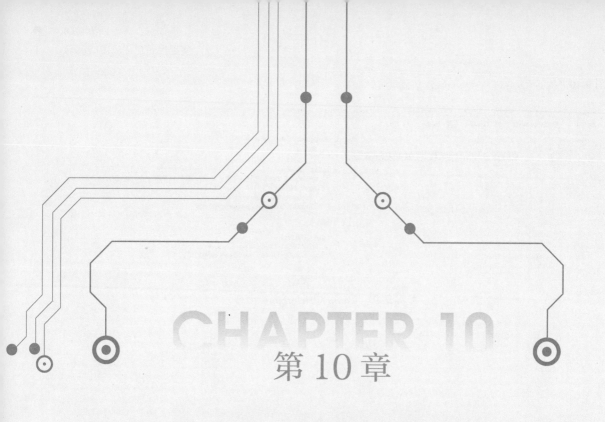

第 10 章

报名登记应用页面设计

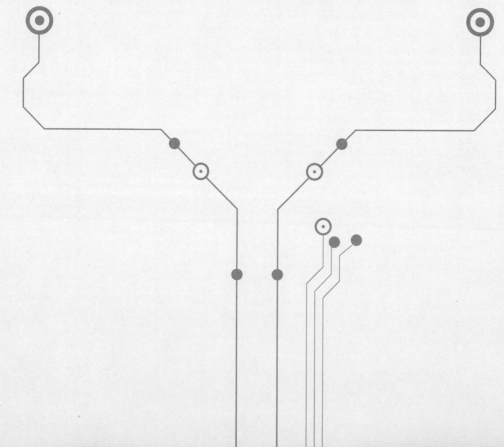

完成前 9 章工作后，就可以开始在 @ web/app 项目中编写报名登记应用的前端页面代码。前端页面需要处理用户的输入，为此我们将制作表单，以便用户可以方便地提交信息并完成报名。表单的样式由 Tailwind 来解决，表单验证使用 Vue 生态中最流行和成熟的 VeeValidate 项目。在之前的章节已经完成了后端接口代码的编写，并且封装在 Pinia 编写的 userStore 和 activityStore 中，本章将整合 Pinia 提供的接口，完成页面逻辑的编写。

本章将主要介绍：

- 编写首页。
- 编写仪表盘页面。
- Monorepo 项目的构建工具。

10.1　实现首页

首页主要有两个功能：登录和注册。这里把登录和注册作为两个卡片，内嵌到首页的 Tab 组件中。Tab 组件是 @ headlessui/vue 提供的无样式组件，可以实现一个切换卡片的样式。因为登录和注册页都需要制作表单让用户填写，所以引入 VeeValidate 作为表单验证的库。使用下列命令安装需要的依赖。

```
1.    pnpm i vee-validate yup --filter @web/app
```

▶▶ 10.1.1　使用 VeeValidate 实现表单验证

客户端验证一直是前端开发的难点，因为不仅要确保提交的值正确，还要为用户提供及时反馈，提高用户体验。这并不是指不需要服务器端验证，由于客户端验证可以在浏览器中禁用，因此最佳做法是在客户端和服务器端同时进行验证。

VeeValidate 是一个用于验证表单有效的库，提供了两种表单验证方式，即组件和组合式接口。组件方法是使用 VeeValidate 最简单的方法，但它要求使用预先绑定的输入组件。因为开发者往往希望使用定制的组件，尽可能多地控制表单，所以本书将使用组合式接口方法，允许定义状态中的哪些数据片段作为需要验证的字段。VeeValidate 详情如表 10-1 所示。

表 10-1　VeeValidate 详情

GitHub	https://github.com/logaretm/ vee-validate/	官网	https://vee-validate.logaretm. com/v4/	标志	V
Stars	9600	上线时间	2016 年 7 月	创建者	Abdelrahman Awad
npm 包 月下载量	180 万次	协议	MIT	语言	TypeScript、JavaScript

▶▶ 10.1.2　实现登录卡片与注册卡片

登录卡片的内容比较简单，分为表单、登录按钮、报错显示区域和协议同意框，如图 10-1 所示。

登录组件不需要 props，收到的状态为用户输入。用户填写完账户名、密码后，单击登录按钮，输入信息会按照 VeeValidate 的规则进行绑定校验。如果验证失败，会在报错显示区域显示报错信息。如果验证通过，则进行登录操作。根据 9.3 节配置的路由信息，如果登录成功，会进行路由跳转，进入仪表盘主页。

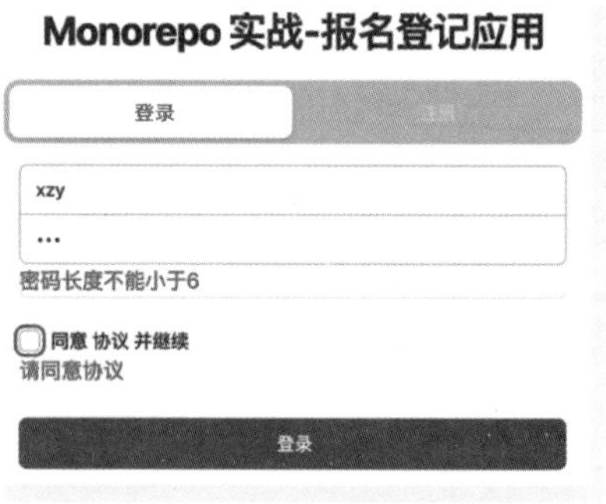

在 src/page/login 下新建 components 文件夹、LoginCard.vue 文件。

● 图 10-1 登录卡片

```
1.    // web/app/src/page/login/components/LoginCard.vue
2.    <script setup lang="ts">
3.    import { LockClosedIcon } from '@heroicons/vue/20/solid'
4.    import { ErrorMessage, Field, useForm } from "vee-validate";
5.    import * as Yup from 'yup';
6.    import {ref} from 'vue'
7.    import {useUserStore} from '../../../store';
8.    // 声明表单填写的 schema
9.    const schema = Yup.object().shape({
10.       accountName: Yup.string().required('账户名不能为空'),
11.       password: Yup.string().min(6,'密码长度不能小于 6').required('密码不能为空'),
12.       agreement: Yup.boolean().required("请同意协议").oneOf([true],'请同意协议'),
13.    });
14.    // 获得 userStore
15.    const userStore = useUserStore();
16.    // 获得表单发送的方法和正在发送的状态
17.    const { handleSubmit, isSubmitting } = useForm({
18.       validationSchema: schema,
19.       initialValues: {
20.         accountName: ",
21.         password: ",
22.         agreement: false,
23.       },
24.    });
25.    // 错误信息
26.    const error=ref<string|null>(null)
27.    // 登录
28.    const onSubmit = handleSubmit(async ({accountName,agreement,password}) ⇒ {
29.      if(agreement){
30.        try{
31.        await userStore.login(accountName,password);
32.        }catch(e:any){
33.          console.log(e);
34.          error.value=e.message
35.        }
36.      }
```

```
37.    });
38.  </script>
```

声明表单填写的 schema，使用 yup 提供的校验功能对需要填写的字段进行业务的限制。对于登录业务，主要有三个关注点，即账户名、密码和是否同意协议。通过 VeeValidate 验证后，使用 handle-Submit 方法处理 schema 限制下的登录信息。调用 userStore 的 login 方法，进行登录尝试。因为有一些报错信息需要友好地反馈给用户，所以在前台的异常捕获设计时，在视图层之下都不进行错误捕获，只进行错误抛出，即便有 try catch 也尽量都 throw 出来，最后在页面统一进行捕获。

继续制作注册卡片，样式如图 10-2 所示。在 src/page/login/components 下新建 RegisterCard.vue 文件，代码如下所示。注册卡片和登录卡片一样，不需要 props。用户填入邮箱信息，单击"获取验证码"按钮，继续填入其余信息，发起注册请求，注册成功则跳转到仪表盘主页。

因为要发送验证码，所以实现了 doLoop 函数进行倒计时读秒。在 60s 间，发送验证码的前台按钮不能单击，但是因为这个状态没有存储到 localStorage 中，所以如果刷新页面，仍然可以单击按钮。同时因为数据库也对验证码时间进行了校验，所以仍能解决验证码发送过于频繁的问题。抛开这个附加逻辑，注册和登录的逻辑是一样的，用 yup 声明要填写内容的 schema，用 VeeValidate 的组合式接口获得发送方法和发送状态，在发送方法中，调用注册方法，进行错误处理。页面的样式部分查看 web/app/src/page/login/components/RegisterCard.vue。

● 图 10-2　注册卡片

```
1.   // web/app/src/page/login/components/RegisterCard.vue
2.   <script setup lang="ts">
3.   import { LockClosedIcon } from '@heroicons/vue/20/solid'
4.   import { ErrorMessage, Field,useField, useForm } from "vee-validate";
5.   import * as Yup from 'yup';
6.   import { ref } from 'vue'
7.   import {useUserStore} from '../../../store';
8.
9.   const userStore = useUserStore();
10.
11.  const emailSchema=Yup.string().required('邮箱名不能为空').email('邮箱格式不正确')
12.  const schema = Yup.object().shape({
13.      email: emailSchema,
14.      verificationCode: Yup.string().required('验证码不能为空').matches(/^[ \d]{6}$/,
     "验证码是长度为 6 位的数字"),
15.      accountName: Yup.string().required('账户名不能为空').matches(/^[a-zA-Z_\d]{6,18}
     $/,"长度为 6 到 18 位,只能出现数字、字母、下划线"),
16.      password: Yup.string().min(8,'密码长度为 8 到 18 位').max(18,'密码长度为 8 到 18 位').
     required('密码不能为空'),
```

```
17.      confirmPassword: Yup.string().oneOf([Yup.ref('password')], '密码不一致'),
18.      agreement: Yup.boolean().required("请同意协议").oneOf([true], '请同意协议'),
19.    });
20.
21.    const { handleSubmit, isSubmitting } = useForm({
22.      validationSchema: schema,
23.      initialValues: {
24.        email: ",
25.        verificationCode: ",
26.        accountName: ",
27.        password: ",
28.        confirmPassword:",
29.        agreement: false,
30.      },
31.    });
32.
33.    const registerErr=ref<string |null>(null);
34.    const {value:email}=useField<string>('email');
35.    const codeTitle=ref("获取验证码");
36.    const disabled=ref(false);
37.    // 60 秒倒计时
38.    function doLoop(init = 60) {
39.      let seconds = init;
40.      codeTitle.value = '${seconds.toString()}s 后获取';
41.      const countdown = setInterval(() ⇒ {
42.        if (seconds > 0) {
43.          codeTitle.value = '${seconds.toString()}s 后获取';
44.          --seconds;
45.        } else {
46.          codeTitle.value = '获取验证码';
47.          disabled.value = false;
48.          clearInterval(countdown);
49.        }
50.      }, 1000);
51.    }
52.    // 发送验证码
53.    function sendVerificationCode() {
54.      emailSchema.isValid(email.value).then(async (valid) ⇒ {
55.        if (valid) {
56.          console.log('sendVerificationCode', email.value);
57.          disabled.value = true;
58.          setTimeout(() ⇒ {
59.            doLoop(60);
60.          }, 500);
61.          try {
62.            await userStore.sendVerifyCode(email.value);
63.          } catch (e: any) {
64.            registerErr.value = '注册失败: ${e.message}';
65.          }
```

```
66.      }
67.    });
68.  }
69.
70.  // 通过 vee-validate 提供的 handleSubmit 方法来处理表单提交
71.  // 进行注册
72.  const onSubmit = handleSubmit(async
({accountName,agreement,password,email,verificationCode}) ⇒ {
73.    if(agreement){
74.      try{
75.        await userStore.register({
76.        accountName,
77.        password,
78.        email,
79.        verificationCode,
80.      })}}catch(e:any){
81.        registerErr.value='注册失败:${e.message}';
82.      }
83.    }
84.  });
85.  </script>
```

10.2 实现仪表盘页面

用户成功登录后，路由会跳转到仪表盘页面。仪表盘页面是报名登记应用的应用展示区域，用户可以在这里发布报名，参与活动，以及上线自己发布的报名活动。仪表盘页面整体布局比较简单，主要分为顶部导航栏和主页，其中主页是/dashboard 的子路由页面。

▶▶ 10.2.1 实现仪表盘导航栏

本节实现顶部导航栏部分，包含两个按钮；一个是左侧的按钮，在页面处于不同的状态时，切换成不同的按钮，如在主页时为发布活动按钮，在非主页页面为回到主页按钮；另一个是右侧的用户账户按钮，账户按钮提供一个下拉菜单，展示账户详情，进行登出的操作。

首先实现顶部栏左侧的路由按钮。在 src/page/dashboard 下新建 components 文件夹，存放 dashboard 内部的组件，新建 NavBarRouterButton.vue 文件，作为顶部栏组件。

```
1.  // web/app/src/page/dashboard/components/NavBarRouterButton.vue
2.  <script setup lang="ts">
3.  import { useRoute, useRouter } from 'vue-router';
4.  const router = useRouter();
5.  const route = useRoute();
6.  </script>
7.
```

```
8.    <template>
9.      <button
10.       v-if="route.name === 'ActivityPublish' || route.name === 'ActivityDisplay'"
11.       type="button"
12.       class="order-1  inline-flex items-center rounded-md   px-4 py-4   font-medium text-white  hover:bg-indigo-700 "
13.       @click="router.push('/dashboard/main-page')"
14.      >
15.        回到主页
16.      </button>
17.      <button
18.       v-if="route.name === 'DashboardMainPage'"
19.       type="button"
20.        class="order-0 inline-flex items-center rounded-md   px-4 py-4 font-medium text-white  hover:bg-indigo-700 "
21.       @click="router.push('/dashboard/activity-publish')"
22.      >
23.        发起活动
24.      </button>
25.    </template>
26.
27.    <style scoped></style>
```

该组件虽然不需要外部的状态，但是依赖路由的状态。使用 Vue Router 的组合式接口获取当前的路由状态，如果当前页面是活动发布或者活动展示页面，则显示回到主页按钮，如果是主页，则显示发起活动按钮。

使用@ headlessui/vue 的 Popover 组件实现用户账户按钮单击后弹出的下拉菜单，Popover 详细的文档请参阅 https://headlessui.com/vue/popover。在 src/page/dashboard/components 下新建 UserItemsButton.vue 文件。这个组件需要引入用户的状态，单击"登出"按钮后，调用 userStore 的 logout 方法。

```
1.    // web/app/src/page/dashboard/components/UserItemsButton.vue
2.    <script setup lang="ts">
3.    import { Popover, PopoverButton, PopoverPanel } from '@headlessui/vue';
4.    import { UserCircleIcon } from '@heroicons/vue/20/solid';
5.    import { useUserStore } from "../../../store/user.store";
6.
7.    const userStore = useUserStore();
8.    </script>
9.
10.   <template>
11.    <div>
12.      <Popover v-slot="{ open }" class="relative">
13.       <PopoverButton
14.         :class="open ?'text-opacity-70' : ""
15.         class="inline-flex items-center rounded-md   px-4 py-4 font-medium text-white  hover:bg-indigo-700 "
16.          >账户
```

```
17.        </PopoverButton>
18.
19.        <PopoverPanel class="absolute w-screen z-10  max-w-sm -translate-x-[80%] transform px-2">
20.         <div class=" overflow-hidden   rounded-lg shadow-lg ring-1 ring-black ring-opacity-5">
21.           <div class="relative grid gap-4 bg-white p-7 grid-rows-2">
22.            <a class="-m-3 flex items-center rounded-lg p-2  hover:bg-gray-50 ">
23.              <UserCircleIcon class="h-10 w-10 text-indigo-600" />
24.              <div class="ml-4">
25.                <p class="text-sm font-medium text-gray-900">
26.                   {{ userStore.user?.accountName }}
27.                </p>
28.                <p class="text-sm text-gray-500">
29.                   {{ userStore.user?.email }}
30.                </p>
31.              </div>
32.            </a>
33.            <button
34.              class="w-full text-center rounded-md border
        border-transparent bg-indigo-600 px-4 py-2 text-sm font-medium text-white shadow-sm"
35.              @click="userStore.logout"
36.            >
37.              登出
38.            </button>
39.           </div>
40.         </div>
41.        </PopoverPanel>
42.       </Popover>
43.     </div>
44.   </template>
45.
46.   <style scoped></style>
```

最后实现仪表盘页面, 把 src/page/dashboard/index.vue 的内容替换如下。

```
1.    // web/app/src/page/dashboard/index.vue
2.    <script setup lang="ts">
3.    import UserItemsButton from './components/UserItemsButton.vue';
4.    import NavBarRouterButton from './components/NavBarRouterButton.vue';
5.    </script>
6.
7.    <template>
8.      <div class="mx-auto w-full">
9.        <!-- 主页顶部栏 -->
10.       <div
11.         class="border-b bg-gradient-to-r from-indigo-600 to-indigo-800
      flex text-xl  items-center  justify-between px-16"
12.       >
13.         <div class="">
```

```
14.          <! -- 左侧按钮栏 -->
15.          <div class="my-2 flex items-center">
16.            <NavBarRouterButton />
17.          </div>
18.        </div>
19.        <div class="">
20.          <! -- 右侧按钮栏 -->
21.          <div class="my-2 flex items-center">
22.            <UserItemsButton />
23.          </div>
24.        </div>
25.      </div>
26.      <! -- 主页 -->
27.
28.      <main>
29.        <router-view />
30.      </main>
31.    </div>
32.  </template>
33.
34.  <style scoped></style>
```

再次启动应用，登录刚刚注册的用户，单击"账户"按钮，则会显示下拉菜单，效果如图 10-3
所示。

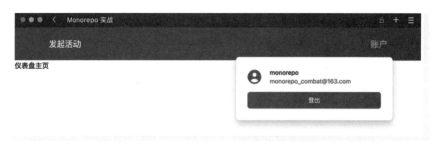

● 图 10-3　账户按钮下拉菜单

▶▶ 10.2.2　实现仪表盘主页

仪表盘主页如图 10-4 所示，功能是获取所有和用户相关的信息，把相关活动以 Tab 页面的方式进
行展示。仪表盘主页从上到下分为 Tab 栏和活动卡片展示区域。

Tab 栏分为"发起的活动""参加的活动""正在进行的活动"三个子页，分别用于展示用户发起
的活动、用户参加的活动和用户可以参与的活动。使用@ headlessui/vue 的 Tab 组件实现仪表盘主页
Tab 栏，相关文档可参见 https://headlessui.com/vue/tabs，每一个子页展示符合业务规则的活动卡片。

将 src/page/dashboard/main-page/index.vue 的内容修改如下，仪表盘的代码比较简单，从 Pinia 中
根据活动的状态取出 publishActivities、joinActivities、allActivities 填入对应的 Tab 页中即可。

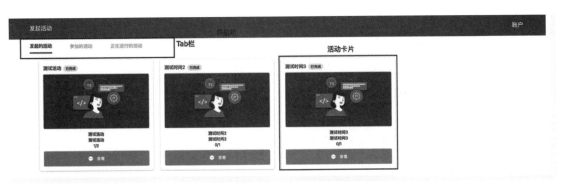

● 图 10-4　仪表盘主页

```
1.    // web/app/src/page/dashboard/main-page/index.vue
2.    <script setup lang="ts">
3.    import { Tab, TabGroup, TabList, TabPanel, TabPanels } from '@headlessui/vue';
4.    import { computed, onMounted, watchEffect } from 'vue';
5.    import { useActivityStore } from '../../../store/index';
6.    import ActivityItems from './components/ActivityItems.vue';
7.
8.    // 获取活动状态
9.    const activityStore = useActivityStore();
10.   onMounted(async () ⇒ {
11.     await activityStore.fetchActivities();
12.     console.log(activityStore);
13.   });
14.   const publishActivities = computed(() ⇒
      activityStore.publishActivities);
15.   const joinActivities = computed(() ⇒ activityStore.joinActivities);
16.   const allActivities = computed(() ⇒ activityStore.allActivities);
17.   </script>
18.
19.   <template>
20.     <div class=" px-20 ">
21.       <TabGroup>
22.         <TabList class="flex flex-wrap justify-start gap-16 ">
23.           <Tab v-slot="{ selected }" class="focus:outline-none">
24.             <button
25.               :class="[
26.                 'w-full py-2.5 text-md font-medium',
27.                 selected
28.                   ?'border-b-4  border-indigo-700 text-indigo-700 '
29.                   : ' text-indigo-200    hover:text-indigo-400 hover:border-b-4 hover:
      border-indigo-400',
30.               ]"
31.             >
32.                 发起的活动
```

```
33.            </button>
34.          </Tab>
35.          <Tab v-slot="{ selected }" class="focus:outline-none">
36.            <button
37.              :class="[
38.                'w-full py-2.5 text-md font-medium ',
39.                selected
40.                  ? 'border-b-4 border-indigo-700 text-indigo-700'
41.                  : 'text-indigo-200  hover:text-indigo-400 hover:border-b-4 hover:
border-indigo-400',
42.              ]"
43.            >
44.              参加的活动
45.            </button>
46.          </Tab>
47.          <Tab v-slot="{ selected }" class="focus:outline-none">
48.            <button
49.              :class="[
50.                'w-full py-2.5 text-md font-medium',
51.                selected
52.                  ? 'border-b-4 border-indigo-700 text-indigo-700'
53.                  : 'text-indigo-200  hover:text-indigo-400 hover:border-b-4 hover:
border-indigo-400',
54.              ]"
55.            >
56.              正在进行的活动
57.            </button>
58.          </Tab>
59.        </TabList>
60.        <TabPanels class="w-full p-4">
61.          <! -- 发起的活动 -->
62.          <TabPanel class="mt-2 px-4"><ActivityItems :activities="publishActivities"
/></TabPanel>
63.          <! -- 参加的活动 -->
64.          <TabPanel class="mt-2
px-4"><ActivityItems :activities="joinActivities" /></TabPanel>
65.          <! -- 正在进行的活动 -->
66.          <TabPanel class="mt-2 px-4"><ActivityItems :activities="allActivities" />
</TabPanel>
67.        </TabPanels>
68.      </TabGroup>
69.    </div>
70.  </template>
71.
72.  <style scoped></style>
```

在实现活动卡片前，首先实现一个弹窗组件。活动卡片在进行业务操作以后，弹窗组件负责将结果反馈给用户。使用@ headlessui/vue 提供的 Dialog 组件来实现一个应用内可以随处调用的弹窗组件，

@ headlessui/vue 的 Dialog 组件相关文章请参考 https://headlessui.com/vue/dialog。因为要实现全局可调用的组件，所以将弹窗组件的相关代码放置在 src/components 文件夹下。新建 my-dialog.ts 文件存放全局弹窗组件相关的协议和触发函数。

```
1.  // web/app/src/components/my-dialog.ts
2.  import { ref } from 'vue';
3.  import { FaceFrownIcon, FaceSmileIcon } from '@heroicons/vue/20/solid';
4.
5.  // 表情图标绑定到属性名上
6.  export const iconDict = {
7.    smile: FaceSmileIcon,
8.    frown: FaceFrownIcon,
9.  };
10.
11. // 用来记录弹框是否打开
12. export const isOpen = ref(false);
13. // 弹框的属性类型
14. interface MyDialogProps {
15.   title: string;
16.   content: string;
17.   icon?: keyof typeof iconDict;
18. }
19. // 弹框的协议
20. export const dialogProto = ref<MyDialogProps>({
21.   title: '',
22.   content: '',
23. });
24. // 打开与关闭弹框
25. export function setIsOpen(value: boolean): void {
26.   isOpen.value = value;
27. }
28. // 设置弹框的协议
29. export function setDialogProto(value: MyDialogProps): void {
30.   dialogProto.value = value;
31. }
```

MyDialogProps 定义了弹窗的协议，样式比较简单，只有题目、内容及图标。使用 TypeScript 的能力把 Icon 限制为预定义的两种情况。其他页面可以使用 setIsOpen 让弹窗打开或者关闭，使用 setDialogProto 传输要展示的内容。

新建弹窗组件的页面文件 MyDialog.vue，使用 Dialog 的模板代码，具体内容在 DialogPanel 标签中间，使用 component 动态选择预定义的图标文件，弹窗样式如图 10-5 所示。

● 图 10-5　弹窗样式

```
1.   // web/app/src/components/MyDialog.vue
2.   <script setup lang="ts">
3.   import {
4.     Dialog,
5.     DialogDescription,
6.     DialogPanel,
7.     DialogTitle,
8.   } from '@headlessui/vue'
9.   import {dialogProto,iconDict,isOpen,setIsOpen} from './my-dialog'
10.  </script>
11.
12.  <template>
13.    <Dialog :open="isOpen" class="relative z-50" @close="setIsOpen">
14.      <div class="fixed inset-0 bg-black/30" aria-hidden="true" />
15.      <div class="fixed inset-0 flex items-center justify-center p-4">
16.        <DialogPanel
17.          class="w-full flex flex-col max-w-md transform overflow-hidden rounded-2xl bg-white p-6 text-left align-middle shadow-xl "
18.          >
19.          <div class="flex items-center gap-4">
20.            <component
21.              :is="iconDict[dialogProto.icon!]"
22.              v-if="dialogProto.icon"
23.              class="h-10 w-10 text-indigo-500"
24.            />
25.            <DialogTitle as="h3" class="text-lg font-medium leading-6 text-indigo-800">
26.              {{ dialogProto.title }}
27.            </DialogTitle>
28.          </div>
29.          <DialogDescription class="ml-14 mt-2 text-indigo-400">
30.            {{ dialogProto.content }}
31.          </DialogDescription>
32.
33.          <button
34.            class="mt-4 inline-flex justify-center rounded-md bg-indigo-100 px-4 py-2 text-sm font-medium text-indigo-800 hover:bg-indigo-200 focus-visible:ring-2 focus-visible:ring-indigo-500 "
35.            @click="setIsOpen(false)"
36.            >
37.            关闭
38.          </button>
39.        </DialogPanel>
40.      </div>
41.    </Dialog>
42.  </template>
```

把弹窗组件挂载到 App.vue 中。

```
1.    // src/App.vue
2.    <script setup lang="ts">
3.    import MyDialog from './components/MyDialog.vue'
4.    </script>
5.
6.    <template>
7.      <div class="flex h-full flex-col">
8.        <RouterView />
9.      </div>
10.     <MyDialog />
11.   </template>
12.
13.   <style scoped></style>
```

这样就可以通过使用 my-dialog.ts 中的函数使用这个弹窗了。

接着要实现活动卡片功能，图 10-6~图 10-8 展示了最终系统实现的界面。每个活动卡片的布局分为三个区域，即活动状态、活动信息与活动按钮区域。

● 图 10-6　发起的活动 Tab 页

● 图 10-7　参加的活动 Tab 页

● 图 10-8　正在进行的活动 Tab 页

- 活动状态中，将预设的活动状态标志位映射为对应的中文展示。
- 活动信息展示截断的相关信息，详细的信息单击"查看"按钮以后再活动展示页面进行展示。
- 活动按钮区域，根据一开始描述的业务规则，进行对应的按钮展示。

活动卡片上的状态和按钮会根据状态不同进行不同显示。

每一个活动卡片都有"查看"按钮，单击"查看"按钮会跳转到活动详情页面，因此需要传递当前页面状态到活动展示页面。新建 activity-display-info.ts 文件，定义一个 ref 变量作为变量传递的桥梁。使用这种方式，相当于实现了一个单例性质的组件 props 参数。Vue 3 的 ref 可以作为 TypeScript 和 Vue SFC 的信息沟通渠道。

```
1.   // web/app/src/page/dashboard/activity-display/activity-display-info.ts
2.   import { ref } from 'vue';
3.   import type { ActivityItemProps } from '../main-page/components/activity-item-props';
4.   export const activityDisplayInfo = ref<ActivityItemProps>();
```

在 src/page/dashboard/main-page 下新建 components 文件夹，并把 activity-item-props.ts 文件移入该文件夹，在 components 文件夹下新建活动卡片页面 ActivityItems.vue。通过调用 defineProps 函数定义了一个 props 变量，用于存储组件的输入，即 activities 的活动信息数组。

```
1.   // web/app/src/page/dashboard/main-page/components/ActivityItems.vue
2.   <script setup lang="ts">
3.   import {CursorArrowRippleIcon,EllipsisHorizontalCircleIcon,UserPlusIcon,XCircleIcon}
from '@heroicons/vue/20/solid';
4.   import {useRouter} from 'vue-router';
5.   import {activityDisplayInfo} from '../../activity-display/activity-display-info';
6.   import {useActivityStore} from '../../../../store';
```

```
7.    import {setDialogProto,setIsOpen} from '../../../../components/my-dialog';
8.    import type { ActivityItemProps } from './activity-item-props';
9.    // 传入的活动信息
10.   const props = defineProps<{
11.     activities: ActivityItemProps[]
12.   }>();
13.
14.   // 获取路由和活动状态
15.   const router = useRouter();
16.   const activityStore=useActivityStore();
17.
18.   </script>
```

对于活动上线、下线和取消，逻辑是类似的，调用 activityStore 对应的方法，如果成功，则调用弹窗组件显示成功，如果失败，则弹窗显示失败信息。

```
1.    // src/page/dashboard/main-page/components/ActivityItems.vue
2.    <script setup lang="ts">
3.    ...
4.
5.    // 取消活动
6.    const cancelActivity = async (id: number) ⇒ {
7.      console.log('取消', id);
8.      try {
9.        await activityStore.cancelActivity({ activityId: id });
10.       setDialogProto({
11.         title:'活动取消成功',
12.         content: ",
13.         icon:'smile',
14.       });
15.       setIsOpen(true);
16.     } catch (e: any) {
17.       setDialogProto({
18.         title:'活动取消失败',
19.         content: e.message,
20.         icon:'frown',
21.       });
22.     }
23.   };
24.   // 活动上线
25.   const onlineActivity = async (id: number) ⇒ {
26.     console.log('上线', id);
27.     try {
28.       await activityStore.onlineActivity({ activityId: id });
29.       setDialogProto({
30.         title:'活动上线成功',
31.         content: ",
32.         icon: 'smile',
```

```
33.       });
34.       setIsOpen(true);
35.     } catch (e: any) {
36.       setDialogProto({
37.         title: '活动上线失败',
38.         content: e.message,
39.         icon: 'frown',
40.       });
41.       setIsOpen(true);
42.     }
43.   };
44.   // 活动下线
45.   const joinActivity = async (id: number) => {
46.     console.log('参与', id);
47.     try {
48.       await activityStore.joinActivity({ activityId: id });
49.       setDialogProto({
50.         title: '活动参与成功',
51.         content: ",
52.         icon: 'smile',
53.       });
54.       setIsOpen(true);
55.     } catch (e: any) {
56.       setDialogProto({
57.         title: '活动参与失败',
58.         content: e.message,
59.         icon: 'frown',
60.       });
61.       setIsOpen(true);
62.     }
63.   };
64. </script>
```

对于查看活动详情功能，使用路由跳转到活动详情页面。在跳转路由之前，改变 activityDisplayInfo 里的值，达到传递对应的活动信息的目的。

```
1.  // src/page/dashboard/main-page/components/ActivityItems.vue
2.  <script setup lang="ts">
3.  ...
4.  // 查看活动详情,跳转到活动显示页面
5.  const viewActivity = (id: number, info: any) => {
6.    console.log('查看', id);
7.    activityDisplayInfo.value = info;
8.    router.push({ name: 'ActivityDisplay', params: { id } });
9.  };
10. </script>
```

活动卡片的页面参照代码 ActivityItems.vue，这样就完成了仪表盘主页的制作。

重新启动应用，单击活动"查看"按钮，会发现页面进行了跳转，但是因为 web/app/src/page/dashboard/activity-display/index.vue 还未制作详情页界面，所以现在没有展示活动具体信息，如图 10-9 所示。

● 图 10-9　单击"查看"按钮已实现页面跳转

▶▶ 10. 2. 3　实现活动详情页

本节编写活动详情页，即单击活动"查看"按钮后跳转的页面，用于展示具体活动信息。相关代码在 src/page/dashboard/activity-display/index.vue。因为在不同的国家，日期通常会以不同的格式显示。例如，2021 年 2 月 1 日可能会在不同国家显示为 02/01/21 或 01/02/21。所以使用 toLocaleDateString 和 toLocaleTimeString 对时间进行本地化处理。toLocaleDateString 和 toLocaleTimeString 可以根据浏览器的区域设置来格式化日期和时间。

```
1.    // web/app/src/page/dashboard/activity-display/index.vue
2.    <script setup lang="ts">
3.    import {activityDisplayInfo} from './activity-display-info'
4.    const enrollmentStartDate=new
Date(activityDisplayInfo.value!.enrollmentStartTime!).toLocaleDateString();
5.    const enrollmentStartTime=new
Date(activityDisplayInfo.value!.enrollmentStartTime!).toLocaleTimeString();
6.    const enrollmentEndDate=new
Date(activityDisplayInfo.value!.enrollmentEndTime!).toLocaleDateString();
7.    const enrollmentEndTime=new
Date(activityDisplayInfo.value!.enrollmentEndTime!).toLocaleTimeString();
8.    </script>
```

展示页面的状态由 src/page/dashboard/activity-display/activity-display-info.ts 的一个 ref 变量进行管理，所以不需要 props，也不需要路由进行变量传递，但是这样做，需要在路由切换前，进行 ref 变量的赋值。此时再单击某一活动"查看"按钮，就可以跳转至具体活动详情页，如图 10-10 所示。

▶▶ 10. 2. 4　实现活动发布页面

本节实现活动发布页面，在主页单击"发布活动"按钮后，会跳转到发布活动页面，如图 10-11 所示。

活动发布页面是个典型的表单应用，除了正常的输入操作外，最重要的是处理海报的上传。按照本书的设计，海报上传到 4.1 节实现的文件服务器中。上传成功后，海报的元数据信息作为活动发布接口需要的信息，一并回传给服务器。

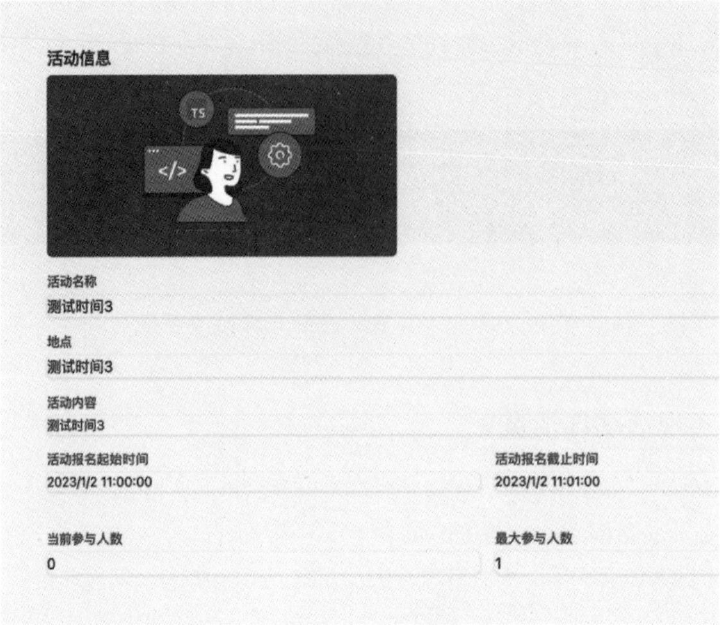

● 图 10-10　活 动 详 情 页

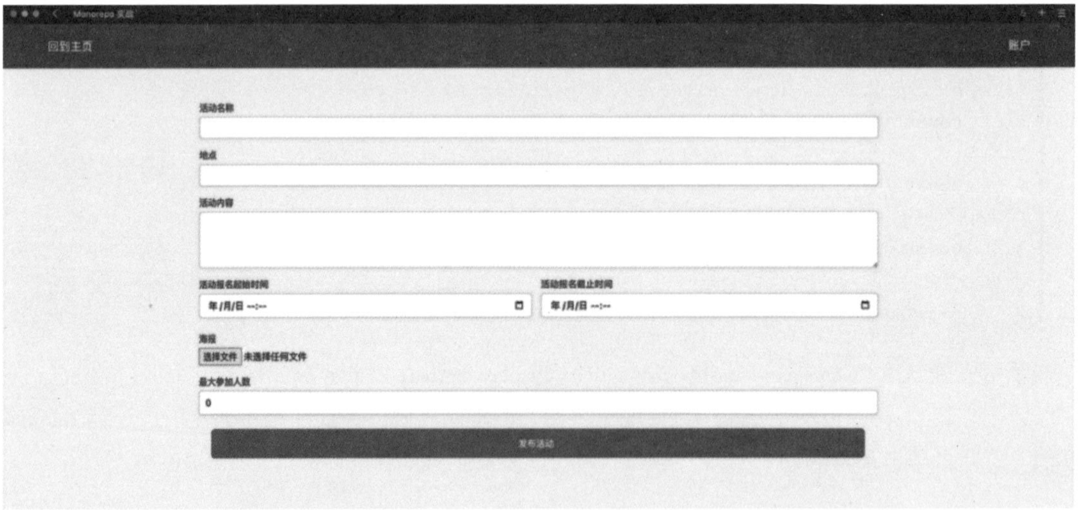

● 图 10-11　活 动 发 布 页 面

　　首先解决页面处理海报部分。声明一个 Vue 的 ref 变量绑定到上传组件 input 上，这样就有了文件的内容，当前页面需要展示上传的图片，也声明一个 ref 变量存储这个图片内容，另外还需要回传生成的元数据信息，在提交表单时进行最后的工作。在 src/utils 下新建 handle-file-upload.ts 文件来放置处理文件上传操作的相关函数。

```
1.   // web/app/src/utils/handle-file-upload.ts
2.   import type { Ref } from 'vue';
3.   import type { FileModel } from '@monorepo/model';
4.   interface HandleFileUploadOptions {
5.     // 绑定在 input 上的 ref,存储着上传文件的状态
6.     poster: Ref<HTMLFormElement | null>;
7.     // 展示的海报信息,也是一个 ref
8.     posterPreview: Ref<string | null>;
9.     // 利用变量作为变量中转
10.    posterFileMeta: FileModel.FileMetaSchema | undefined;
11.    // 生成元数据需要的账户名
12.    userAccountName: string;
13.  }
14.
15.  export function handleFileUpload({
16.    poster,
17.    posterPreview,
18.    posterFileMeta,
19.    userAccountName,
20.  }: HandleFileUploadOptions): FileModel.FileMetaschema | undefined {
21.  let posterFileMeta:FileModel.FileMetaschema | undefined;
22.    console.log('文件上传控件中的文件为', poster.value);
23.    // 如果用户选择了文件
24.    if (poster.value) {
25.      // 获取用户选择的文件
26.      const file = poster.value.files! [0];
27.      console.log('文件信息为', file);
28.      // 获取文件名
29.      const fileName = file.name;
30.      // 创建文件读取器
31.      const reader = new FileReader();
32.      // 读取文件
33.      reader.readAsDataURL(file);
34.      // 使用形如"年/月/日/时分秒"的格式作为海报的文件区分,避免重名问题
35.      const date = new Date().toLocaleString('zh-cn', {
36.        year: 'numeric',
37.        month: '2-digit',
38.        day: '2-digit',
39.      });
40.      const time = new Date()
41.        .toLocaleString('zh-cn', { hour: '2-digit', minute: '2-digit', second: '2-digit' })
42.        .replaceAll(':', '');
43.      const timestampDir = '${date}/${time}';
44.      // 创建海报文件元数据对象
45.      // eslint-disable-next-line no-param-reassign
46.      posterFileMeta = {
47.        // 上传海报文件,目录格式为:user/用户名/activity/poster/年/月/日/时分秒/文件名
48.        url: 'http://localhost:8888/user/${userAccountName}/activity/poster/
${timestampDir}/${fileName}',
```

```
49.        name: fileName,
50.        type: 'PNG',
51.        attributeType: 'ACTIVITY_POSTER',
52.      };
53.      // 当文件读取完成时执行上传操作
54.      reader.addEventListener('load', async () => {
55.        posterPreview.value = reader.result as string;
56.        await fetch(posterFileMeta!.url, {
57.          method: 'put',
58.          body: dataURItoBlob(reader.result?.toString() ?? ''),
59.          headers: {
60.           'Content-Type': 'image/png',
61.           'Access-Control-Allow-Origin': 'http://localhost:8888',
62.          },
63.        });
64.      });
65.    }
66.  return posterFileMeta;
67.  }
68.  /*
69.  将 Data URI 格式的字符串转换为 Blob 对象
70.  @param dataURI Data URI 格式的字符串
71.  @returns 转换后的 Blob 对象
72.  */
73.  function dataURItoBlob(dataURI: string): Blob {
74.    // 使用 atob() 函数将 Data URI 中的字节数据解码为原始字符串
75.    const byteString = atob(dataURI.split(',')[1]);
76.    // 从 Data URI 中提取 MIME 类型
77.    const mimeString = dataURI.split(',')[0].split(':')[1].split(';')[0];
78.    // 创建 ArrayBuffer 对象
79.    const ab = new ArrayBuffer(byteString.length);
80.    // 将 ArrayBuffer 对象与 Uint8Array 对象相关联
81.    const ia = new Uint8Array(ab);
82.    // 将字符串中的每个字符复制到 Uint8Array 对象中
83.    for (let i = 0; i < byteString.length; i++) {
84.      ia[i] = byteString.charCodeAt(i);
85.    }
86.    // 使用原始字符串和 MIME 类型创建 Blob 对象
87.    const blob = new Blob([ab], { type: mimeString });
88.    // 返回转换后的 Blob 对象
89.    return blob;
90.  }
```

有了 Vue 的 ref 变量，可以把页面的关注点转移到 ref 上，对于上传文件的输入，关心的是上传文件的 input 元素、上传以后的展示信息，以及最后生成的 posterFileMeta，这里直接对 posterFileMeta 进行更改，达到返回变量的效果。文件读取以后，需要把 Base64 转为二进制格式传给 Deno 的文件服务。为了简化文件的命名，在上传文件时，添加当前的时间戳作为文件名的目录名，这样做可以保证一定没有名称相同的文件。

然后是发布活动页面的 script 标签部分。第一步声明状态，通过闭包把变量绑定到 handleFileUpload 函数的参数中。

```ts
1.  // web/app/src/page/dashboard/activity-publish/index.vue
2.  <script setup lang="ts">
3.    import { ref } from 'vue';
4.    import * as Yup from 'yup';
5.    import { ErrorMessage, Field, useForm } from 'vee-validate';
6.    import type { FileModel } from '@monorepo/model';
7.    import { useActivityStore, useUserStore } from '../../../store/index';
8.    import { handleFileUpload } from '../../../utils/handle-file-upload';
9.    const userStore = useUserStore();
10.   const userAccountName = userStore.userAccountName;
11.   const poster = ref<HTMLFormElement | null>(null);
12.   const posterPreview = ref<string | null>(null);
13.   let posterFileMeta: FileModel.FileMetaSchema | undefined;
14.
15.   function fileInputChange() {
16.     posterFileMeta = handleFileUpload({
17.       poster,
18.       posterPreview,
19.       userAccountName,
20.     });
21.   }
22.  </script>
```

第二步中声明 VeeValidate 相关代码，表单校验的逻辑和之前相同，使用 yup 定义所填数据的 schema，使用 VeeValidate 的组合式接口获取处理单击事件和正在发送的标志。

```ts
1.  // web/app/src/page/dashboard/activity-publish/index.vue
2.  <script setup lang="ts">
3.    ...
4.  const schema = Yup.object().shape({
5.    name: Yup.string().min(2).max(30).required('活动名称不能为空'),
6.    location: Yup.string().min(2).max(50).required('活动地点不能为空'),
7.    content: Yup.string().min(2).required('活动内容不能为空'),
8.    enrollmentStartTime: Yup.date()
9.      .min(new Date(), '开始报名时间不能早于现在')
10.     .required('报名开始时间不能为空'),
11.   enrollmentEndTime: Yup.date()
12.     .when('enrollmentStartTime', (startDate, schema) => {
13.       if (startDate) {
14.         const dayAfter = new Date(startDate.getTime());
15.         return schema.min(dayAfter, '结束时间必须晚于开始时间');
16.       }
17.       return schema;
18.     })
```

```
19.      .required('报名结束时间不能为空'),
20.    maxParticipants: Yup.number()
21.      .positive('最大参与人数必须大于 0')
22.      .integer('最大参与人数必须为整数')
23.      .required('最大参与人数不能为空'),
24.  });
25.  const { handleSubmit, isSubmitting, meta } = useForm({
26.    validationSchema: schema,
27.    initialValues: {
28.      name: '',
29.      location: '',
30.      content: '',
31.      enrollmentStartTime: new Date(),
32.      enrollmentEndTime: new Date(),
33.      maxParticipants: 0,
34.    },
35.  });
36.  const activityStore = useActivityStore();
37.  const error = ref<string | null>(null);
38.  const onSubmit = handleSubmit(
39.    async ({ name, location, content, enrollmentStartTime, enrollmentEndTime, maxParticipants }) => {
40.      console.log(
41.        '创建活动',
42.        name,
43.        location,
44.        content,
45.        enrollmentStartTime,
46.        enrollmentEndTime,
47.        maxParticipants,
48.      );
49.      try {
50.        await activityStore.createActivity({
51.          name,
52.          location,
53.          content,
54.          enrollmentStartTime: String(enrollmentStartTime),
55.          enrollmentEndTime: String(enrollmentEndTime),
56.          maxParticipants,
57.          poster: posterFileMeta,
58.        });
59.      } catch (e) {
60.        if (e instanceof Error) {
61.          error.value = e.message;
62:        } else {
63.          error.value = '未知错误';
64.        }
65.      }
66.    },
```

```
67.   );
68.   </script>
```

页面样式部分参照代码 activity-publish/index.vue。截止到目前，已完成了报名应用所有代码部分的开发。

10.3 构建工具 Rollup、esbuild、Vite、tsup、tsc 在 Monorepo 项目中的定位

在本书的项目构建中，采用了 Vite、tsup 和 tsc 作为子项目的打包工具。

Vite 是一个前端 UI 项目的打包工具，可以管理最终 App 项目整合的入口。在子项目中，Vite 可以提供浏览器开发的环境。Vite 通过 vue-tsc，以及一些生态插件对纯 TypeScript 项目提供打包支持。从 2023 年开始，越来越多的技术栈，如 TanStack，可以跨越多种视图层框架提供能力，为了更好地支持纯 TypeScript 项目的打包，使用与 Vue 无关的 tsup 打包方案，而不是通过 vue-tsc 和一些生态插件，将是更具前景的选择。Vite 和 tsup 打包的过程略有不同，Vite 打包是使用 Rollup，其中使用的插件主要是 Rollup 的插件，tsup 是使用 esbuild 进行打包，但是类型是使用 Rollup 的插件进行打包。使用 tsup 打包可以获得 esbuild 打包的速度优势，同时也能享受它的输出类型文件，在 Monorepo 项目中，这种类型的分享功能显得尤为重要。

整个项目虽然没有直接使用 Rollup 和 esbuild，但是 Vite 和 tsup 的打包功能实际依赖于 Rollup 和 esbuild。这表明实际打包或开发时，参数的变化会对 Rollup 和 esbuild 的行为产生影响。所以在熟悉了 Vite 以后，尤其是会编写或者调试一些简单的插件，学习 Rollup、esbuild，以及插件的行为是必要的。随着 Vite 的稳定，只有热更新、Vite-node 相关的功能主要和 Vite 有关，很多其他的问题可能需要到上游 Rollup 和 esbuild 寻找答案。所以学习、使用 Vite 和 tsup，仍然要学习 esbuild 和 Rollup。这里推荐开发者可以持续关注 esbuild，在项目中使用 esbuild 能带来很多好处，例如，esbuild 可以立即把一段 TypeScript 代码转换成 JavaScript 代码（实际上 Vite 读取 vite.config.ts 就是这么做的）。本书项目中使用 tsx 作为 TypeScript 在 Node.js 下的运行程序，tsx 就是使用了这一机制直接执行了 TypeScript 脚本，这个特性使得 Node.js 可以和 Deno 一样是一个 TypeScript 的运行时。

有了 tsup、Vite，是不是就不用学 tsc 了？答案是否定的。一方面，无论 Vite 还是 tsup 打包 TypeScript 的类型都依赖 Rollup 或者 Vite 的插件，而这些插件都是社区而不是 TypeScript 官方维护的，如果遇到问题需要等相当长的时间修复，这时候就可以使用 tsc 先绕过去，通常 tsc 都能解决问题，如果解决不了，需要到 TypeScript 官方项目申报 issue。另一方面，随着项目的变大，基于 TypeScript 为核心的 Monorepo 项目，其中会有外部引入与内部构建的类型系统，如果想解决和维护这些问题，都需要对 TypeScript 语言有一定的理解，而学习 TypeScript 其中一个阶段就是对 tsc 参数的理解。在一个持续膨胀的 Monorepo 项目中，维护 tsconfig.json 也是一项需要持续投入的工作。

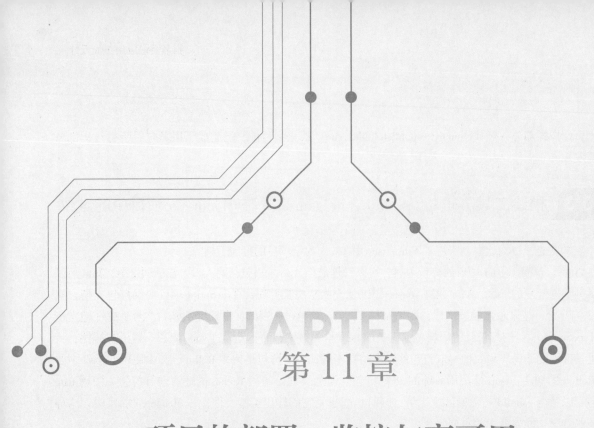

第 11 章

项目的部署、监控与高可用

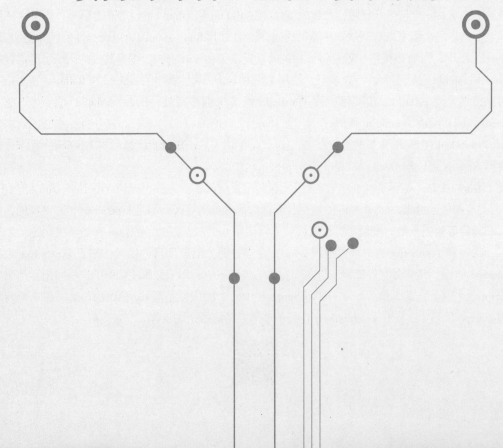

完成之前章节的工作就完成了报名登记应用的代码部分。本章将介绍一些部署、监控与高可用相关的内容。

本章将主要介绍：

- 使用 Docker 部署报名登记应用。
- Prometheus 和 Grafana 的部署。
- Nginx 高可用部署。

11.1 使用 DockerFile 实现后端服务容器化

Docker 可以通过从 Dockerfile 中读取指令来自动构建映像。Dockerfile 是一个文本文档，官方文档地址为 https://docs.docker.com/engine/reference/builder/，它包含了一系列指令和参数，用于指导 Docker 在构建镜像时如何运行命令和配置环境。用户可以在命令行上调用的所有命令来组装镜像。如以 13-alpine 版本的 Node.js 镜像作为基础镜像执行一系列命令（如 COPY、RUN 等），一个接一个地构建所需要的环境，类似于批处理脚本。Dockerfile 的每一个指令执行都会在 Docker 镜像上新建一层，过多无意义的层会造成镜像过大。Dockerfile 作用如图 11-1 所示。

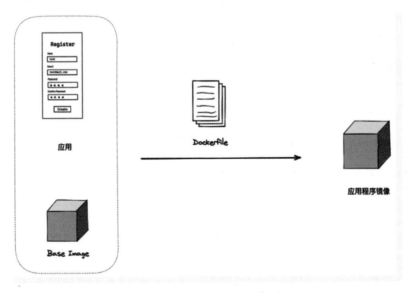

- 图 11-1　Dockerfile 作用

以下面的 Dokerfile 文件为例，一般来说 Dockerfile 主要分为 4 部分：基础镜像、维护者信息、镜像操作指令、容器启动时执行的指令。

```
1.    # 打包@baas/server 项目
2.
3.    # 使用最新的 node 镜像为基础镜像
4.    FROM node:latest
```

```
5.
6.    # 切换到/home/app,相当于 cd /home/app
7.    # 如果文件夹不存在,Docker 会创建
8.    # RUN mkdir -p /home/app
9.    WORKDIR /home/app
10.
11.   # 复制根项目 package.json、pnpm-workspace.yaml、pnpm-lock.yaml
12.   # 到 Docker 镜像的 WORKDIR 文件夹
13.   COPY package.json ./
14.   COPY pnpm-workspace.yaml ./
15.   COPY pnpm-lock.yaml ./
16.
17.   # 将@baas/server 项目复制到 Docker 镜像的 WORKDIR/baas/server
18.   COPY baas/server ./baas/server
19.   # 因为@baas/server 项目依赖于@packages/model
20.   # 所以需要将 packages/model 复制到 Docker 镜像的 WORKDIR/packages/model
21.   COPY packages/model ./packages/model
22.
23.   # 执行 npm i,安装 pnpm
24.   RUN npm i -g pnpm
25.   # 执行 pnpm i,在 docker image 中安装依赖
26.   RUN pnpm install
27.   # 绑定端口
28.   EXPOSE 3000
29.   # 增加健康检查
30.   HEALTHCHECK --interval=10s --timeout=5s CMD curl --fail http://localhost:3000/health
      || exit 1
31.   CMD ["pnpm","baas:server"]
```

- FROM：表明该镜像是以 node：latest 为基础镜像。

```
1.    FROM [--platform=<platform>] <image> [AS <name>]
2.    FROM [--platform=<platform>] <image>[:<tag>] [AS <name>]
3.    FROM [--platform=<platform>] <image>[@<digest>] [AS <name>]
```

- WORKDIR：为后续 RUN、CMD、COPY 等命令指明了工作目录，如果目录不存在，则会创建。
- COPY：会将 src-path 中的内容复制到镜像目录 destination-path，Docker 镜像与本地环境可以看成是两个独立的环境。COPY 命令将镜像需要的上下文内容都已复制到 Docker 镜像的 app 文件夹。

```
1.    COPY <src-path> <destination-path>
```

- RUN：Docker 镜像中执行的命令，格式如下：

```
1.    RUN <command>              # <command>是 shell 命令和脚本
2.    RUN ["executable", "param1", "param2"] # exec form
```

- ENV：设置 Docker 镜像中的环境变量。

- EXPOSE：用于设置在运行时开放哪些端口。该指令不会直接将端口映射到主机，需要在启动容器时使用-p 参数映射端口。
- HEALTHCHECK：用于检查应用程序的运行情况，以确定该资源是否在正常运行。当应用程序可以运行，但由于陷入无限循环而无法处理新请求时，检查运行状况非常有用。

每一个 Dockerfile 中只能有一条 HEALTHCHECK 指令。如果列出多个 HEALTHCHECK，则只有最后一条 HEALTHCHECK 生效。使用 curl 命令向 localhost:3000/health 发出请求，检查 baas-server 容器是否正常。如果请求返回 200，它将返回 0；如果应用程序崩溃，它将返回退出代码 1。

--interval＝DURATION：指定应用程序容器健康检查的时间间隔，默认为 30s。

--timeout＝DURATION：指定健康检查等待响应时间。例如，timeout＝30s，而服务器在30s 内没有响应，那么就认为它失败了，默认为 30s。

--start-period＝DURATION：指定容器启动所需的秒数，在此期间的探测失败将不计入最大重试次数。但是，如果在启动期间健康检查成功，则认为容器已启动，所有连续失败将计入最大重试次数。默认值为 0。

--retries＝N：指定声明容器状态为不正常所需的连续运行状况检查失败次数。运行状况检查将只尝试指定的重试数。如果服务器连续失败到指定的次数，则认为它不健康，默认值为 3。

在 server.ts 文件中增加 health 检查端点。

```
1.    // baas/server/src/server.ts
2.    ...
3.      server.get('/health', async () ⇒ {
4.        return 'OK';
5.      });
6.    ...
```

- CMD：指定镜像启动时的命令，在镜像构建过程结束后执行。每个 Dockerfile 只有一条 CMD 命令，如果指定了多条，只有最后一条会被执行。

```
1.    CMD <shell 命令>
2.    CMD ["<可执行文件或命令>","<param1>","<param2>",...]
3.    CMD ["<param1>","<param2>",...]    # 该写法是为 ENTRYPOINT 指令指定的程序提供默认参数
```

这里的 baas:server 是 Monorepo 根项目 package.json 中的脚本。

```
1.    "baas:server": "pnpm --filter @baas/server -- run prisma:generate && pnpm --filter @baas/server -- run start"
```

将 Dockerfile 文件放到 Monorepo 项目的根目录，新建.dockerignore 文件，用于告诉 Docker 在构建过程中忽略哪些文件。在构建镜像的过程中，Docker 会将当前目录及其子目录中的所有文件压缩成一个镜像层。如果存在一些大型文件或不必要的文件，它们将使镜像变得很大，并增加了构建时间。如下配置.dockerignore 文件，即在构建 Docker 镜像时忽略任何名为 node_modules 和 test 的文件夹。

```
1.    ** /node_modules
2.    ** /test
```

注意，需要安装 is-docker 包，判断程序是否在 Docker 环境中运行。

```
1.    pnpm i is-docker --filter @baas/server
```

修改@ baas/server 项目的 main.ts 文件，添加如下配置，当使用 Docker 部署时，确保监听所有
接口。

```
1.    // baas/server/src/main.ts
2.    ...
3.    import isDocker from 'is-docker';
4.    ...
5.       await server.listen({
6.         port: 3000,
7.         host:(isDocker() === true) ?'0.0.0.0':'127.0.0.1'});
8.    ...
```

在根目录执行 docker build 命令，可以根据 Dockerfile 生成所需的映像。"-t" 参数用于指定生成的
镜像名称。"." 表明是当前目录的 Dockerfile。

```
1.    docker build -t baas-server:1.0.0 .
```

使用 docker images 命令查看生成的镜像信息。

```
1.    $docker images
2.    REPOSITORY    TAG      IMAGE ID     CREATED      SIZE
3.    baas-server   1.0.0    9efb1fd65f1c 2 hours ago  1.37GB
```

运行 baas-server 镜像。

```
1.    $docker run -p 3000:3000 baas-server:1.0.0
2.    ...
3.    [13:10:29 UTC] INFO: Fastify 完成启动!
4.    [13:10:30 UTC] INFO: Server listening at http://0.0.0.0:3000
```

使用 docker ps 命令可以看到健康检查的结果，刚开始启动时状态是 health：starting。等待几秒钟
后，再次执行 docker ps，就会看到健康状态变为了 healthy。

11.2　Docker Compose 工具

如果要完整部署报名登记应用程序，需要依次启动 MySQL 容器、baas 容器等，未免太过烦琐。
Docker 提供了 Compose 工具，借助 docker-compose.yaml 文件，开发者可以定义一组相关服务和相关的
环境要求。然后，使用 docker compose up 命令创建并启动配置中的所有服务，并将其部署为整个应用
程序。Docker Compose 项目是 Docker 官方的开源项目，前身是 Fig 项目。

对于 Windows 和 macOS 平台，在安装 Docker Desktop 时，Docker Compose 也会安装。

在 Linux 平台，首先需要在 https://github.com/docker/compose/releases 下载二进制安装包，并将

其移动到 $HOME/.docker/cli-plugins，使用 chmod +x 修改权限，就完成了安装。或是将其放到以下目录中，就实现了全局安装。

- /usr/local/lib/docker/cli-plugins 或/usr/local/libexec/docker/cli-plugins。
- /usr/lib/docker/cli-plugins /usr/libexec/docker/cli-plugins。

```
1.    version: "3.9"
2.    services:
3.      baas:
4.        image: baas-server:1.0.0
5.        ports:
6.          - 3000:3000
7.        networks:
8.          - back
9.    mysql:
10.     image: mysql
11.     container_name: mysql
12.     ports:
13.       - 3306:3306
14.     environment:
15.       - MYSQL_ROOT_PASSWORD=123456
16.     volumes:
17.       - db-data:/var/lib/mysql
18.     networks:
19.       - back
20.   sqlpad:
21.     image: sqlpad/sqlpad
22.     container_name: sqlpad
23.     ports:
24.       - 3005:3000
25.     environment:
26.       - SQLPAD_ADMIN=admin@test.com
27.       - SQLPAD_ADMIN_PASSWORD=123456
28.     networks:
29.       - back
30.
31.   volumes:
32.     db-data:
33.       driver: local
34.   networks:
35.     back:
36.       name: mysql-network
37.       external: true
```

以上面的 docker-compose.yaml 文件为例，文件中定义了三项服务：baas 服务、mysql 服务和 sqlpad 服务，每项服务都将部署为对应的容器。SQLPad 是一款用于编写和运行 SQL 查询并可视化结果的 Web 应用程序。

- version 是指 docker compose 的最新版本，在大多数情况下，最好使用支持的最新版本。有关当前架构版本和兼容性矩阵，请参阅 Compose 文档 https://docs.docker.com/compose/compose-file/。

- baas、mysql 和 sqlpad：是服务名字。服务是一个抽象概念，每一个服务都将部署为一个容器，因此服务包含每个容器的配置参数，如 Docker 镜像、环境变量、端口等。
- ports：对应端口映射［host port］:［container port］。
- environment：用于定义特定容器内的环境变量。
- network：用于指定网络配置。如果不定义，docker compose 会自动创建。
- volumes：用于指定数据持久化存储路径。

使用 docker-compose up 命令生成并运行 Docker 应用程序，"-f" 参数用于指定 docker-compose.yaml 文件。

```
1.    docker-compose -f docker-compose.yaml up
2.    [+] Running 4/1
3.    :: Network sourcecodeworkspace_default    Created      0.0s
4.    :: Container sourcecodeworkspace-baas-1    Created      0.1s
5.    :: Container sourcecodeworkspace-mysql-1   Created      0.1s
6.    :: Container sourcecodeworkspace-sqlpad-1  Created      0.1s
7.    ...
```

使用 docker ps 命令查看当前容器运行状态，可以看到新起动的三个容器都和 docker compose 文件中配置的一样，端口映射也是"3000"→"3000""3306"→"3306""3005：3000"。运行 docker network 命令，可以看到 mysql-network 网络。

```
1.    docker network ls
2.    NETWORK ID    NAME                        DRIVER    SCOPE
3.    11cda8c29263 mysql-network                bridge    local
```

docker-compose down 命令用于关闭和删除运行的容器、网络和卷。

```
1.docker-compose -f docker-compose.yaml down
2.
3.    [+] Running 4/3
4.    :: Container sourcecodeworkspace-baas-1    Removed      0.4s
5.    :: Container sourcecodeworkspace-mysql-1   Removed      1.0s
6.    :: Container sourcecodeworkspace-sqlpad-1  Removed      0.4s
7.    :: Network sourcecodeworkspace_default     Removed      0.1s
```

11.3 服务监控原理与部署

当应用程序需要进行上线前的压力测试或已经投入生产，作为运维人员需要及时了解当前应用程序占用的内存、CPU 等资源情况、数据库连接数及服务响应时长等指标。这些指标可以帮助开发者及时调整配置，使应用程序处于最优状态。另一方面，现在一个应用程序往往有 100+ 个进程在运行，这些进程还相互交互，避免异常几乎是不可能的。当应用程序出现异常时，运维人员需要快速定位是硬件层面（如网络异常、硬盘 IO 争抢等）的问题还是应用层面（如过载、内存溢出等）的问题。为了解决这些问题，需要使用监控软件。本节将以 Prometheus 和 Grafana 为例，讲解服务监控的原理和部署。

▶▶ 11.3.1　Prometheus 简介

Prometheus 是一个开源的系统监控和警报解决方案，受到谷歌 Borgmon 的启发，于 2012 年在 SoundCloud 上构建。Prometheus 于 2016 年加入了云原生计算基金会（Cloud Native Computing Foundation，CNCF），成为继 Kubernetes 之后的第二个托管项目，2018 年正式毕业。作为一种强大的监控工具，Prometheus 可以帮助用户实时监测系统的各项指标，如 CPU、内存、网络等资源使用情况，同时还可以提供强大的警报机制，帮助用户快速发现并解决系统问题。自问世以来，许多公司、组织都应用了 Prometheus。现在 Prometheus 已成为容器和微服务等架构的主流监控工具。当然 Prometheus 也支持数据库、Linux/Windows 服务器的监控。Prometheus 详情如表 11-1 所示。

表 11-1　Prometheus 详情

GitHub	https://github.com/prometheus/prometheus	官网	https://prometheus.io/	标志	
Stars	47000	上线时间	2012 年 11 月	维护者	Julius Volz 等
协议	Apache-2.0 license	语言	Go、TypeScript		

Prometheus 架构如图 11-2 所示，通过服务发现识别需要监视的目标。这些目标可以是自己的应用程序，也可以是三方应用程序。Prometheus 通过拉取的方式定期轮询目标获取监控数据，解决了 push 的瓶颈问题，并且可及时获取目标端状态。Prometheus 将拉取的数据存储在本地时序数据库中，运维人员可以直接使用 PromQL 查询，也可以通过 Grafana 仪表板查看。Prometheus 还支持配置告警规则，定期评估收集到的数据，发送警报到 AlertManager，并将通知分组/发送到不同的通知系统，如电子邮件、Slack 等。

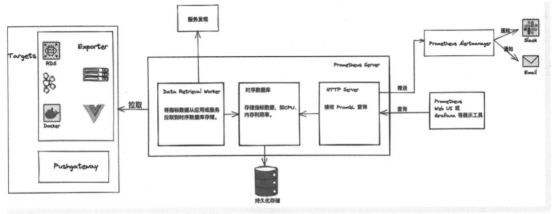

● 图 11-2　Prometheus 架构

- Prometheus Server：是 Prometheus 的主要组成部分，直接或通过 push gateway 从目标中采集指标数据并存储在本地，且对外提供数据查询支持。包含三部分，即 Data Retrieval Worker、存储、Web Server。
  - Data Retrieval Worker：负责从目标端，如 Linux 服务器、数据库、应用程序等，拉取或接收指标。
  - 存储：负责以时间序列数据的形式存储度量值，即度量值信息与记录的时间戳一起存储，并与称为标签的可选键值对一起存储。
  - Web Server：负责接收数据查询请求。
- Exporter：负责从目标获取监控数据，向 Prometheus server 提供标准格式的监控数据。Prometheus 目前支持的 Exporter 可以在 https://prometheus.io/docs/instrumenting/exporters/中查看。
- PushGateway：因为 Prometheus 采用的是拉取的方式获得监控指标，需要目标与 Prometheus Server 网络联通，当网络条件无法满足时，需要使用 PushGateway 中转监控数据。通常，Pushgateway 用于获取批处理作业的监控数据。这样的作业与特定机器或实例无关，且生命周期短。
- Prometheus Alertmanager：用于接收告警，处理告警，然后将按照规则使用电子邮件、Slack 等通信工具通知用户。

▶▶ 11.3.2　Grafana 简介

Grafana 是一款强大的开源可视化和分析软件，可以帮助用户通过仪表盘展示各种数据。Grafana 不存储任何数据，而是依赖于多种数据源，如 Prometheus、Graphite、InfluxDB、ElasticSearch 等。通过这些数据源，用户可以快速、直观地查看系统的各项指标，如 CPU、内存、网络等资源使用情况，以及各种业务数据。此外，Grafana 还提供了基于各种阈值发送通知和邮件警报的功能，帮助用户及时发现并解决问题。在 Grafana Labs 中，用户可以下载其他开发者制作的仪表盘模板，帮助他们更快地构建和展示自己的数据视图，提高生产效率和决策能力。Grafana 详情如表 11-2 所示。

表 11-2　Grafana 详情

GitHub	https://github.com/grafana/grafana	官网	https://grafana.com/	标志	
Stars	54200	上线时间	2013 年 5 月	创建者	Torkel Ödegaard
协议	https://github.com/grafana/grafana/blob/main/LICENSE			语言	TypeScript、Go

▶▶ 11.3.3　安装 Prometheus 与 Grafana

使用 docker pull 命令下载 MySQL Server Exporter Docker、Prometheus、Grafana 镜像，使用 docker image 命令确认镜像下载成功。

```
1.   docker image ls
2.   REPOSITORY              TAG        IMAGE ID      CREATED        SIZE
```

3.	grafana/grafana	latest	7bdf5d759d27	3 days ago	287MB
4.	prom/prometheus	latest	3502a292b3a7	10 days ago	211MB
5.	prom/mysqld-exporter	latest	4b54c2504a0e	5 months ago	17.5MB

在 MySQL 容器中创建 exporter 用户，用于监控并赋权，可以通过 SQLPad 连接数据库执行 SQL，也可以使用 docker exec -it 命令连接 Docker 容器。建议为用户 exporter 设置最大连接限制，以避免在重负载下使用监视刮片造成服务器超载。另外 mysql-exporter 并不支持所有的 MySQL 版本，使用前请查看 https://registry.hub.docker.com/r/prom/mysqld-exporter/。

```
1.   CREATE USER 'exporter'@'%' IDENTIFIED BY '123456' WITH MAX_USER_CONNECTIONS 3;
2.   GRANT PROCESS, REPLICATION CLIENT ON *.* TO 'exporter'@'%';
3.   GRANT SELECT ON performance_schema.* TO 'exporter'@'%';
```

修改 docker-compose.yaml 文件如下，新增 prometheus 服务、grafana 服务、mysql-exporter 服务。

```
1.   services:
2.   baas:
3.     image: baas-server:1.0.0
4.     ports:
5.       - 3000:3000
6.     networks:
7.       - back
8.   mysql:
9.     container_name: mysql
10.    image: mysql
11.    ports:
12.      - 3306:3306
13.    environment:
14.      - MYSQL_ROOT_PASSWORD=123456
15.    volumes:
16.      - db-data:/var/lib/mysql
17.    networks:
18.      - back
19.   sqlpad:
20.    container_name: sqlpad
21.    image: sqlpad/sqlpad
22.    ports:
23.      - 3005:3000
24.    environment:
25.      - SQLPAD_ADMIN=admin@test.com
26.      - SQLPAD_ADMIN_PASSWORD=123456
27.    networks:
28.      - back
29.   prometheus:
30.    container_name: prometheus
31.    image: prom/prometheus
32.    command:
33.      - '--config.file=/etc/prometheus/prometheus.yml'
```

```yaml
34.      ports:
35.        - 9090:9090
36.      restart: unless-stopped
37.      volumes:
38.        - ./prometheus:/etc/prometheus
39.        - prom_data:/prometheus
40.      networks:
41.        - monitor
42.    grafana:
43.      container_name: grafana
44.      image: grafana/grafana
45.      ports:
46.        - 4000:3000
47.      restart: unless-stopped
48.      environment:
49.        - GF_SECURITY_ADMIN_USER=admin
50.        - GF_SECURITY_ADMIN_PASSWORD=grafana
51.      volumes:
52.        - ./grafana:/etc/grafana/provisioning/datasources
53.      networks:
54.        - monitor
55.    mysql-exporter:
56.      container_name: mysql-exporter
57.      image: prom/mysqld-exporter
58.      ports:
59.        - 49731:9104
60.      environment:
61.        - DATA_SOURCE_NAME=exporter:123456@(mysql:3306)/
62.      command:
63.        --collect.info_schema.processlist
64.        --collect.info_schema.innodb_metrics
65.        --collect.info_schema.tablestats
66.        --collect.info_schema.tables
67.        --collect.info_schema.userstats
68.        --collect.engine_innodb_status
69.      networks:
70.        - monitor
71.        - back
72.  volumes:
73.    prom_data:
74.    db-data:
75.      driver: local
76.  networks:
77.    back:
78.      name: mysql-network
79.      external: true
80.    monitor:
81.      name: monitor-network
82.      external: true
```

需要注意的是，--network monitor-network 参数表明 mysql-exporter 容器与 Grafana、Prometheus 容器都位于 monitor-network 内。整个应用分为前端、后端和监控区域，从网络架构上建议将三者分开以保证系统安全。读者可以根据自己配置修改 baas 服务的数据库连接串。

1. Prometheus 服务配置

command：指定了容器启动时运行的命令。在 docker-compose.yaml 文件中，指定了运行 Prometheus 使用/etc/prometheus/prometheus.yml 文件作为配置文件的命令。

restart：指定了重启策略为"unless-stopped"。这意味着，除非手动停止容器，否则容器将始终保持运行。

volumes：挂载了两个卷。第一个卷是主机上的./prometheus 目录，映射到容器内的/etc/prometheus 目录，这样就可以在主机上编辑 Prometheus 配置文件，而无须重启容器；第二个卷是 prom_data，这是一个命名卷，它会被创建并且存储 Prometheus 的数据。

新建 prometheus/prometheus.yml 文件，内容如下。

```
1.   global:
2.     scrape_interval: 15s
3.     scrape_timeout: 10s
4.     evaluation_interval: 15s
5.   alerting:
6.     alertmanagers:
7.       - static_configs:
8.           - targets: []
9.         scheme: http
10.        timeout: 10s
11.        api_version: v1
12.  scrape_configs:
13.    - job_name: prometheus
14.      honor_timestamps: true
15.      scrape_interval: 15s
16.      scrape_timeout: 10s
17.      metrics_path: /metrics
18.      scheme: http
19.      static_configs:
20.        - targets:
21.            - localhost:9090
22.
23.    - job_name: mysql
24.      static_configs:
25.        - targets:
26.            - mysql-exporter:9104
27.  rule_files:
28.  - "alerting_rules.yaml"
```

global：全局配置，定义了 Prometheus 的采集周期（scrape_interval）、采集超时（scrape_timeout）、评估周期（evaluation_interval）。

Alertmanagers：接收报警的 Alertmanager 实例。

rule_files：具体报警配置。这里使用官方 MySQL 监控报警 YAML 配置文件，下载地址为 https://grafana.com/oss/prometheus/exporters/mysql-exporter/?tab=alerting-rules。

将 alerting_rules.yaml 放到 prometheus 目录下，在 http://localhost:9090/alerts?search=界面就能看到配置的告警。关闭 MySQL 容器，就会触发 YAML 文件中配置的 MySQLDown 告警规则，如图 11-3 所示。

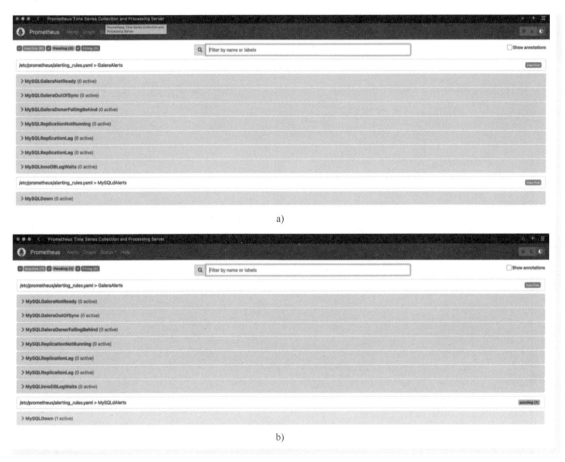

● 图 11-3　Prometheus 告警

a）正常情况下无告警　b）MySQL 容器关闭，触发告警

scrape_configs：定义了 Prometheus 采集的配置，列出了 Prometheus 采集的每个任务的名称（job_name）、采集周期（scrape_interval）、采集超时（scrape_timeout）、Metrics 路径（metrics_path）、协议（scheme）和采集目标（static_configs）。

在这个配置文件中，有两个任务：prometheus 和 mysql。prometheus 任务将采集本地主机上的 Prometheus 实例；mysql 任务将采集 mysql-exporter 上的 MySQL Exporter。

2. Grafana 服务配置

environment：用于设置 Grafana 登录的用户名和密码。

volumes：用于挂载./grafana 目录到容器的/etc/grafana/provisioning/datasources 路径，作为 Grafana 的配置文件。

新建 grafana/datasource.yml 文件，内容如下。

```
1.    apiVersion: 1
2.
3.    datasources:
4.    - name: Prometheus
5.      type: prometheus
6.      url: http://prometheus:9090
7.      isDefault: true
8.      access: proxy
9.      editable: true
```

上述配置告诉 Grafana，使用名为 Prometheus 的数据源连接到在本地运行的 Prometheus 实例。

isDefault：设置为 true，表示该数据源为 grafana 默认数据源。

access：访问数据源的方式。这里设置为 proxy，表示 grafana 代理访问 Prometheus 实例。

editable：设置为 true，用户可以在 grafana UI 中编辑数据源配置。

3. mysql-exporter 服务配置

DATA_SOURCE_NAME：用于配置连接的 MySQL 服务器信息，该参数配置格式为[username[：password]@][protocol[(address)]]/dbname[?param1=value1&...&paramN=valueN]，具体详见 https://github.com/go-sql-driver/mysql#dsn-data-source-name。

--collect.info_schema.processlist、--collect.info_schema.innodb_metrics 等是需要收集的指标。更多的监控指标可以在 https://registry.hub.docker.com/r/prom/mysqld-exporter/查看。

networks：定义了该容器连接 monitor 和 back 两个网络。因为 mysql-exporter 既要与 mysql 容器通信，又要与 prometheus 容器通信。使用 docker inpect 命令查看 mysql-exporter 容器的网络配置，有两个网卡，分别属于 monitor 和 back 网络。

```
1.    "Networks": {
2.            "monitor-network": {
3.                ...
4.                "Gateway": "172.27.0.1",
5.                "IPAddress": "172.27.0.2",
6.                "IPPrefixLen": 16,
7.                "IPv6Gateway": "",
8.                "GlobalIPv6Address": "",
9.                "GlobalIPv6PrefixLen": 0,
10.               "MacAddress": "02:42:ac:1b:00:02",
11.               "DriverOpts": null
12.           },
13.           "mysql-network": {
```

```
14.              ...
15.                  "Gateway": "172.18.0.1",
16.                  "IPAddress": "172.18.0.5",
17.                  "IPPrefixLen": 16,
18.                  "IPv6Gateway": "",
19.                  "GlobalIPv6Address": "",
20.                  "GlobalIPv6PrefixLen": 0,
21.                  "MacAddress": "02:42:ac:12:00:05",
22.                  "DriverOpts": null
23.              }
24.          }
```

使用浏览器打开 http://localhost:49731/metrics 可以看到 exporter 接收到的监控指标，如图 11-4 所示。

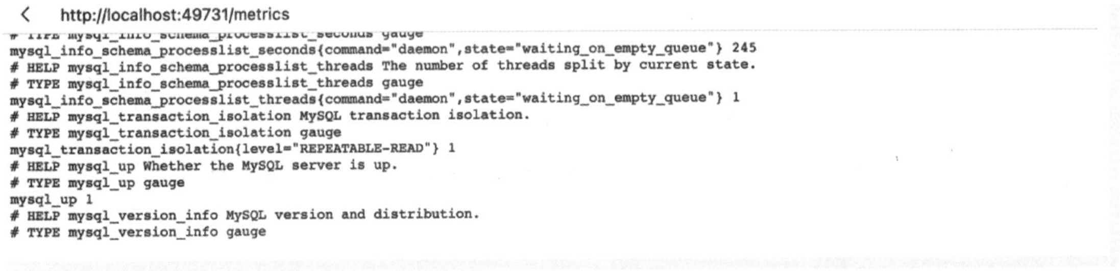

```
<  http://localhost:49731/metrics
# TYPE mysql_info_schema_processlist_seconds gauge
mysql_info_schema_processlist_seconds{command="daemon",state="waiting_on_empty_queue"} 245
# HELP mysql_info_schema_processlist_threads The number of threads split by current state.
# TYPE mysql_info_schema_processlist_threads gauge
mysql_info_schema_processlist_threads{command="daemon",state="waiting_on_empty_queue"} 1
# HELP mysql_transaction_isolation MySQL transaction isolation.
# TYPE mysql_transaction_isolation gauge
mysql_transaction_isolation{level="REPEATABLE-READ"} 1
# HELP mysql_up Whether the MySQL server is up.
# TYPE mysql_up gauge
mysql_up 1
# HELP mysql_version_info MySQL version and distribution.
# TYPE mysql_version_info gauge
```

● 图 11-4　exporter 监控指标

使用浏览器打开 Prometheus 的控制台 localhost:9090，如图 11-5 所示。用户能直观地看到 Prometheus 当前的配置，监控任务运行状态等。通过 Graph 面板，用户还能直接使用 PromQL 实时查询监控数据，单击 status-target 按钮，可以看到 Targets 里新增了 MySQL，状态为 up。

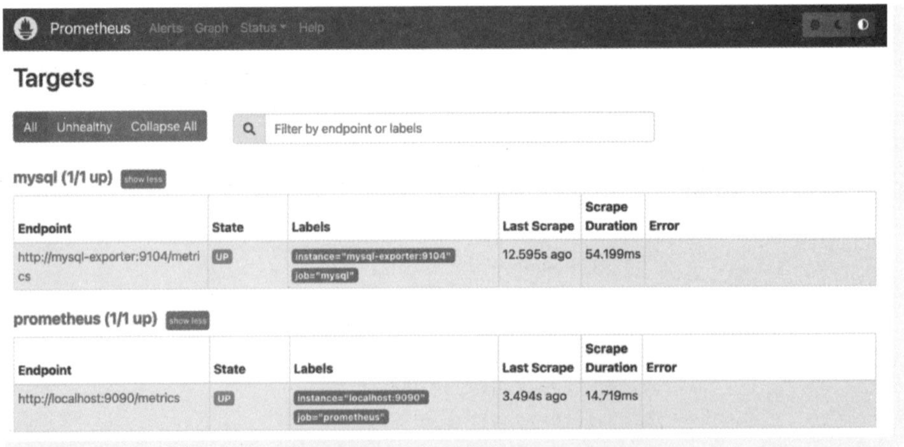

● 图 11-5　Prometheus Targets

登录 Grafana 管理界面 http://localhost:4000/输入配置用户名和密码，在 https://grafana.com/oss/

prometheus/exporters/mysql-exporter/?tab = dashboards 可以下载 MySQL 的 dashboard，也可通过 ID：14057 加载，还可以通过下载 JSON 文件后上传，如图 11-6 所示。

● 图 11-6　Grafana 新增 MySQL Dashboard

一切就绪后，就可以在 Grafana 中看到 MySQL 的各项监控指标了，如图 11-7 所示。

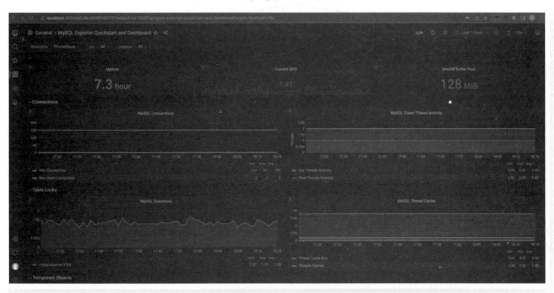

● 图 11-7　MySQL 监控界面

11.4　高可用的部署方式

目前已经实现了应用的单点部署，但是如果系统要上线，当前的配置是远远不够的。系统缺少高可用、弹性扩展等能力，一旦遇到流量增加或硬件故障，系统基本上就会崩溃。因此，在系统上线前，需要实现高可用。从整个系统的层面来看，高可用需要在系统的各个层面加以配置，因为任何节点的故障都可能造成系统的崩溃。例如，数据库、交换机硬件损坏都可能会导致数据无法访问，甚至是数据丢失。MySQL 数据库可以使用 binlog 实现主从数据库的同步。防火墙、交换机故障可以使用堆叠、VRRP 等技术实现多台设备的主备。应用层可通过部署多个实例实现高可用，有两种方式：一种是传统的部署方式，基于 F5 或 Nginx 实现负载均衡和高可用性；另一种是容器化的部署方式，使用 Kubernetes 的功能来实现。总体的架构如图 11-8 所示，本节将以 Nginx 为例，讲解应用层高可用的部署方式。

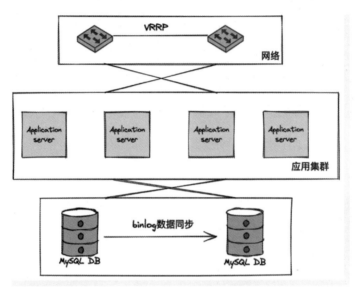

● 图 11-8　高可用架构

▶▶ 11.4.1　Nginx 简介

Nginx 是当前流行的轻量级、高性能、开源的 HTTP 和反向代理服务器。Nginx 由 Igor Sysoev 于 2001 年开发，为解决网络服务器无法跟上不断增长的请求数量的问题。2011 年，Nginx 公司成立，2019 年被 F5 网络公司收购。

▶▶ 11.4.2　正向代理和反向代理

无论是正向代理还是反向代理，都是位于客户端和服务器之间的服务，根据代理的对象不同，分为正向代理和反向代理。

正向代理如图 11-9 所示，代理客户端为了从服务器取得内容，客户端向代理发送一个请求并指定目标服务器，然后代理向原始服务器转交请求并将获得的内容返回给用户。正向代理类似于跳板机，主要用途就是帮助用户访问原来无法访问的资源，如 VPN，对外隐藏用户信息。

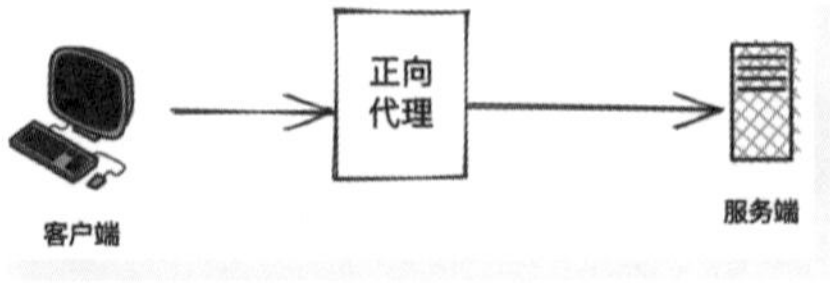

● 图 11-9　正向代理

反向代理如图 11-10 所示是以代理服务器来接受外部的请求，然后将请求转发给内部网络上的应用服务器，并将从服务器上得到的结果返回给 Internet 上请求连接的客户端，此时代理服务器对外就表现为一个服务器。反向代理的作用有：保证内网的安全，阻止 Web 攻击；负载均衡和高可用，通过反向代理服务器来优化网站的负载。

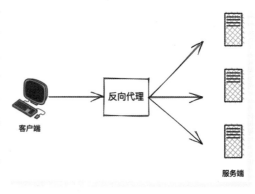

● 图 11-10　反向代理

在实际的生产环境中，基于安全考虑，应用网络分为内部和外部，内部网络中包括数据库、应用服务器、监控等，外部网络通常指用户端网络，一般为互联网。内部网络和外部网络通常是不通的，这就需要一台既能够访问内网又能够访问外网的服务器来做中转，这种服务器就是反向代理服务器。Nginx 作为反向代理，将内部应用映射为一个地址对外提供服务，在接收到外部请求时，又通过轮询等不同的算法规则转发到内部的应用服务器上。

▶▶ 11.4.3　部署 Nginx

本节将介绍以 Docker 的方式安装和配置 Nginx。为了方便说明，本节的例子使用 Nginx 负载两台网页服务器。

1）拉取 Nginx 镜像，本书使用的是 Docker 官方镜像 https://hub.docker.com/_/nginx。

```
1.   docker pull nginx
2.   Using default tag: latest
3.   latest: Pulling from library/nginx
4.   ...
5.   717bf61a04cf: Pull complete
6.   Digest: sha256:b95a99...58e839ea6914f
7.   Status: Downloaded newer image for nginx:latest
8.   docker.io/library/nginx:latest
```

2）配置 Nginx，实现负载均衡功能。通过负载均衡，实现服务的水平扩缩容，使应用具备高可用能力。当 Nginx 收到一个 HTTP 请求后，会根据负载策略将请求转发到不同的后端服务器上。例如，应用部署在两台服务器 A 和 B 上，当请求到达 Nginx 后，Nginx 会根据 A 和 B 服务器上的负载情况，将请求转发到负载较小的那台服务器上。新建 nginx.conf 文件，配置如下。

```
1.   # 设置 HTTP 服务器
2.   http {
3.       server {
4.           # Nginx 服务监听端口
5.           listen 8080;
6.           # 设置 7 层负载均衡,对 all 启用反向代理
7.           location / {
```

```
8.             # 转发路径
9.               proxy_pass http://all/;
10.          }
11.       }
12.       # 配置 upstream 服务,名为 all,这里名称可以自定义,只需要与 proxy_pass 后引用名称一致
13.       upstream all {
14.         # 具体的应用服务可以设置 weight 权重,表示被分配到的概率,weight 越大,被访问的概率越大
15.         server 192.168.50.96:3124 weight=10;
16.         server 192.168.50.96:3125 weight=10;
17.       }
18.
19.    }
20.    events {}
```

proxy_pass：当 Nginx 转发到 http://all/ 域名时，会从 all upstream 配置的后端列表中根据负载均衡策略选取一个后端，并将请求转发过去。

3）配置 Dockerfile 文件，修改基础镜像 nginx，用本地的 nginx.conf 配置来替换 nginx 镜像里的默认配置，配置如下。

```
1.    # 设置基础镜像
2.    FROM nginx
3.    # 用本地的 nginx.conf 配置来替换 nginx 镜像里的默认配置
4.    COPY nginx.conf /etc/nginx/nginx.conf
```

4）生成镜像。

```
1.    docker build -t nginx-test.
2.    [+] Building 0.1s (7/7) FINISHED
3.    ⇒ [internal] load build definition from Dockerfile        0.0s
4.    ⇒ ⇒ transferring dockerfile: 37B                          0.0s
5.    ⇒ [internal] load .dockerignore                           0.0s
6.    ⇒ ⇒ transferring context: 2B                              0.0s
7.    ⇒ [internal] load metadata for docker.io/library/nginx:latest    0.0s
8.    ⇒ [internal] load build context                           0.0s
9.    ⇒ ⇒ transferring context: 596B                            0.0s
10.   ⇒ CACHED [1/2] FROM docker.io/library/nginx              0.0s
11.   ⇒ [2/2] COPY nginx.conf /etc/nginx/nginx.conf            0.0s
12.   ⇒ exporting to image                                      0.0s
13.   ⇒ ⇒ exporting layers                                      0.0s
14.   ⇒ ⇒ writing image sha256:ae1f9e...cbb356a18db             0.0s
15.   ⇒ ⇒ naming to docker.io/library/test
```

使用 docker image 命令检查镜像。

```
1.    docker image ls
2.    REPOSITORY        TAG        IMAGE ID        CREATED          SIZE
3.    nginx-test        latest     ae1f9e14889a    3 minutes ago    135MB
```

5）使用 docker run 命令启动 nginx 镜像。

```
1.    docker run -p 8080:8080 nginx-test
```

现在已经启动了 nginx 容器，需要测试是否成功。用 curl 命令请求 http：//localhost：8080 后，正确的流程实际上是这样的：Nginx 在收到请求后，会根据请求域名去匹配 Nginx 的 server 配置，匹配到 server 后，把请求转发到该 server 的 proxy_pass 路径，等待 API 服务器返回结果，并返回客户端。

```
1.    $curl http://localhost:8080
2.    <! DOCTYPE html>
3.    <html lang="en">
4.    <script type="module" src="/@vite/client"></script>
5.
6.      <body>
7.        <h1>HelloWorld from 3125</h1>
8.      </body>
9.    </html>
10.   $curl http://localhost:8080
11.   <! DOCTYPE html>
12.   <html lang="en">
13.   <script type="module" src="/@vite/client"></script>
14.
15.      <body>
16.        <h1>HelloWorld from 3124</h1>
17.      </body>
18.   </html>
19.   $curl http://localhost:8080
20.   <! DOCTYPE html>
21.   <html lang="en">
22.   <script type="module" src="/@vite/client"></script>
23.
24.      <body>
25.        <h1>HelloWorld from 3125</h1>
26.      </body>
27.   </html>
```

多次执行 curl 命令会发现请求被轮询负载到两个应用服务上，说明配置成功。

CHAPTER 12

第 12 章

开源项目的Monorepo实践

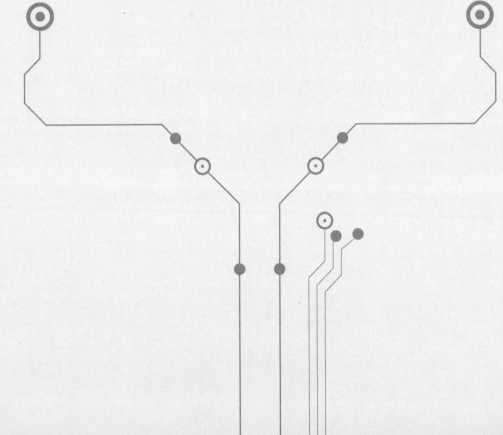

有很多优秀的开源项目使用 Monorepo 来组织代码，本章选取 4 个开源项目来介绍 Monorepo 组织情况。

本章将主要介绍 Vue.js、Vite、Astro、Prisma 的 Monorepo 架构。

12.1 开源渐进式 JavaScript 框架 Vue.js

Vue 3 项目是一个用 pnpm 管理的 Monorepo 项目。下载其源代码执行 pnpm install 命令。

```
1.    Scope: all 17 workspace projects
2.    Lockfile is up to date, resolution step is skipped
3.    Packages: +850
```

可以看到 Vue 项目通过 pnpm 管理了 17 个子项目，共有 850 个外部依赖包。其根目录文件（忽略 Markdown 文件、公有云配置文件和文档生成配置文件）如下。

```
1.    .
2.    ├── packages              // 包目录
3.    ├── scripts               // 脚本目录
4.    ├── test-dts              // TypeScript 类型测试目录
5.    ├── package.json
6.    ├── pnpm-lock.yaml        // pnpm 锁文件
7.    ├── pnpm-workspace.yaml   // pnpm 工作空间文件
8.    ├── rollup.config.mjs     // Rollup 打包器配置文件
9.    ├── tsconfig.json
10.   ├── vitest.config.ts      // Vitest 配置文件
11.   ├── vitest.e2e.config.ts  // Vitest 端到端测试配置文件
12.   └── vitest.unit.config.ts // Vitest 单元测试配置文件
```

pnpm 工作空间文件如下，即 Vue 只有 packages 以下的目录会纳入 pnpm 进行管理。

```
1.    // pnpm-workspace.yaml
2.    packages:
3.    -'packages/*'
```

Vue 在 3.0 版本对 TypeScript 支持做了很多工作，相应增加了很多关于 TypeScript 类型的测试，这一部分代码都放在根目录的 test-dts 文件夹。测试类型时，会使用 tsc 对 test-dts 文件夹进行编译，如果编译通过，则完成 TypeScript 的类型测试。

packages 目录的内容如下。

```
1.    ├── compiler-core
2.    ├── compiler-dom
3.    ├── compiler-sfc
4.    ├── compiler-ssr
5.    ├── reactivity
6.    ├── reactivity-transform
7.    ├── runtime-core
```

```
8.    ├── runtime-dom
9.    ├── runtime-test
10.   ├── server-renderer
11.   ├── sfc-playground
12.   ├── shared
13.   ├── size-check
14.   ├── template-explorer
15.   ├── vue
16.   ├── vue-compat
17.   └── global.d.ts   // 公共类型文件
```

Vue 的子项目中没有 tsconfig.json 文件，所有项目共享根目录的 tsconfig.json。在 packages 目录下创建了 global.d.ts 公共类型文件，统一一些变量的类型声明，其部分 global.d.ts 如下。

```
1.    // global.d.ts
2.    /// <reference types="vite/client" />
3.
4.    // Global compile-time constants
5.    declare var __DEV__: boolean
6.    declare var __TEST__: boolean
7.    ...
8.
9.    // Feature flags
10.   declare var __FEATURE_OPTIONS_API__: boolean
11.   ...
```

这样，Vue 通过 Rollup 定义的全局变量就都有了类型。

Vue 创建了一个@vue/shared 子项目，用于存放所有 Vue 项目使用的公用工具。下面以 Vue 子项目为例来介绍一个子项目的规划。

```
1.    ├── __tests__
2.    ├── compiler-sfc
3.    ├── examples
4.    ├── server-renderer
5.    ├── src
6.    ├── LICENSE
7.    ├── README.md
8.    ├── api-extractor.json
9.    ├── index.js
10.   ├── index.mjs
11.   ├── macros-global.d.ts
12.   ├── macros.d.ts
13.   ├── package.json
14.   └── ref-macros.d.ts
```

- tests 文件夹存放每个子项目的测试。端到端测试放置在 tests/e2e 文件夹，单元测试放置在 tests 文件夹下。

- examples 目录放置对应子项目的样例代码。
- server-renderer 文件夹放置和服务器渲染相关的导出代码，实际代码在 @ vue/server-renderer 子项目。
- src 存放最终的导出文件，Vue 3.0 做了非常好的模块化，Vue 的每一部分都被拆分成一个独立的部分，所以 src 中的代码非常简洁，基本是一些导出代码。

在构建的过程，Vue 创建了 srcipts/build.mjs 脚本，在每个子项目的 package.json 中存储了 buildOptions，build 脚本负责收集每个项目的 buildOptions 参数，最终会调用 Rollup 进行打包操作。

使用 Monorepo 架构是非常容易扩展一些内置功能的，例如，packages 目录下的 sfc-playground 提供了 Vue SFC 的 Playground，这个 Playground 会持续部署到线上。实际这个 Playground 项目是和 Vue 主项目依赖无关的项目，这个项目虽然也使用了 Vue，但是并不是使用 Monorepo 中构建的版本，而是使用 npmjs.com 上发布的版本。

Vue 项目是一个和大多数生产项目有区别的项目，因为 Vue 最终的目的是为了提供一个库给其他开发者使用。生产项目的最终产物是应用。在 Vue 的根工作空间 package.json 中，只使用了 devDependencies，这里只有开发使用的依赖，主要是编译、打包、测试等工具依赖。最终打包到 Vue 库中的依赖被内敛到 Vue 的子项目中，以 @ vue/compiler-core 子项目为例，其依赖如下。

```
1.    "dependencies": {
2.        "@vue/shared": "3.2.45",
3.        "@babel/parser": "^7.16.4",
4.        "estree-walker": "^2.0.2",
5.        "source-map": "^0.6.1"
6.    },
```

这些依赖会被最终打包入 Vue 的库文件中。

Vue 创建了一系列的工具脚本来管理整个 Monorepo 项目。

```
1.    ├── bootstrap.mjs
2.    ├── build.mjs
3.    ├── dev.mjs
4.    ├── preinstall.mjs
5.    ├── release.mjs
6.    ├── utils.mjs
7.    └── verifyCommit.mjs
```

- bootstrap.mjs：给一个子项目创建初始的 pakcage.json 和 README。
- build.mjs：生产构建，使用 Rollup 对整个 Vue 项目进行并行构建。
- dev.mjs：开发构建，使用 esbuild 进行更快速的构建，因为 Rollup 产生的包更小，代码裁剪做得更好。
- preinstall.mjs：守卫脚本，防止非 pnpm 包管理工具管理项目。
- release.mjs：交互式发布脚本。
- utils.mjs：脚本内部工具函数文件。
- verifyCommit.mjs：对 commit 的信息检查的脚本。

最后，介绍一下 Vue 的 ESLint 配置。ESLint 的相关配置设计是集中的，在根工作空间编写了.es-lintrc.js，文件内容如下。

```
1.    const DOMGlobals = ['window', 'document']
2.    const NodeGlobals = ['module', 'require']
3.
4.    module.exports = {
5.      parser: '@typescript-eslint/parser',
6.      parserOptions: {
7.        sourceType: 'module'
8.      },
9.      plugins: ['jest'],
10.     rules: {
11.       // 基础规则
12.       ...
13.     },
14.     overrides: [
15.       // tests, no restrictions (runs in Node / jest with jsdom)
16.       {
17.         files: ['**/__tests__/**', 'test-dts/**'],
18.         rules: {
19.           // 测试的 eslint 规则
20.         }
21.       },
22.       // shared, may be used in any env
23.       {
24.         files: ['packages/shared/**'],
25.         rules: {
26.           // 共享库的 eslint 规则
27.         }
28.       },
29.       // Packages targeting DOM
30.       {
31.         files: ['packages/{vue,vue-compat,runtime-dom}/**'],
32.         rules: {
33.           // 共享库的 vue、vue-compat、runtime-dom 的规则
34.         }
35.       },
36.       // Packages targeting Node
37.       {
38.         files: [
39.   'packages/{compiler-sfc,compiler-ssr,server-renderer,reactivity-transform}/**'
40.         ],
41.         rules: {
42.           // compiler-sfc、compiler-ssr、server-renderer、reactivity-transform 的规则
43.         }
44.       },
45.       // Private package, browser only + no syntax restrictions
```

```
46.      {
47.        files: ['packages/template-explorer/ ** ', 'packages/sfc-playground/ ** '],
48.        rules: {
49.          // sfc-playground 的规则
50.        }
51.      },
52.      // Node scripts
53.      {
54.        files: [
55.          'scripts/ ** ',
56.          './ * .js',
57.          'packages/ ** /index.js',
58.          'packages/size-check/ ** '
59.        ],
60.        rules: {
61.          // Node 脚本的规则
62.        }
63.      }
64.    ]
65.  }
```

这里只关心文件的结构。首先设置基础的规则，然后使用 ESLint 的 overrides 选项对匹配到的项目有针对地增加规则，相当于实现了一种继承关系。

12.2 新一代前端构建工具 Vite

Vite 也是一个 pnpm 管理的 Monorepo 项目，下载源代码并执行 pnpm install 命令。

```
1.  Scope: all 148 workspace projects
2.  Lockfile is up to date, resolution step is skipped
3.  Packages: +1053
```

可以看到 Vite 使用 pnpm 管理了 148 个子项目，一共有 1053 个外部依赖。其根目录文件的简化版本如下。

```
1.    ├──── .github
2.    ├──── docs            // 文档目录
3.    ├──── packages        // 包目录
4.    ├──── playground      // 包目录
5.    ├──── scripts         // 脚本目录
6.    ├──── .eslintignore
7.    ├──── .eslintrc.cjs
8.    ├──── .gitignore
9.    ├──── .npmrc          // .npmrc
10.   ├──── .prettierignore
11.   ├──── .prettierrc.json
```

```
12.     ├── package.json
13.     ├── pnpm-lock.yaml              // pnpm 锁文件
14.     ├── pnpm-workspace.yaml         // pnpm 工作空间文件
15.     ├── vitest.config.e2e.ts        // Vitest 配置文件
16.     └── vitest.config.ts            // Vitest 端到端测试配置文件
```

Vite 的 pnpm 工作空间文件内容为。

```
1.     // pnpm-workspace.yaml
2.     packages:
3.       -'packages/*'
4.       -'playground/**'
```

packages 和 playground 都是 pnpm 管理的包目录。虽然管理的子项目个数比较多，但是实际和 Vite 主项目紧密相关的只有 packages 目录下的 3 个项目。

由于 pnpm 在 V7 更改了提升规则，对 Vite 的构建产生了一些问题，Vite 也相应地更改了.npmrc 中和 pnpm 相关的参数。以下是 Vite 的.npmrc 文件的内容。

```
1.     // .npmrc
2.     hoist-pattern[]=*eslint*
3.     hoist-pattern[]=*babel*
4.     hoist-pattern[]=@emotion/*
5.     hoist-pattern[]=postcss
6.     hoist-pattern[]=pug
7.     hoist-pattern[]=source-map-support
8.     hoist-pattern[]=ts-node
9.     strict-peer-dependencies=false
10.    shell-emulator=true
11.    auto-install-peers=false
```

- hoist-pattern 把所列的依赖提升到了根工作空间。
- 关闭 strict-peer-dependencies，防止 pnpm 因为 peer-dependencies 缺失导致的报错，pnpm 在 V7 的一部分版本为了提升严格性默认打开了这个参数，但是 V7.13.5 之后又关闭了。
- 打开 shell-emulator，使用 JavaScript 的执行器来运行脚本，这样可以在非 POSIX 兼容系统上一样运行脚本命令。
- 关闭 auto-install-peers，防止 pnpm 自动安装缺失的 auto-install-peers，默认就是 false。

在 packages 目录下，放置和 Vite 工具相关的代码。

```
1.     // packages
2.     ├── create-vite
3.     ├── plugin-legacy
4.     └── vite
```

- create-vite：存放了使用 pnpm create vite 命令交互式创建 Vite 模板时的交互式代码和模板代码。
- @ vitejs/plugin-legacy：Vite 支持老版本浏览器的插件。
- vite：Vite 的主代码。

在根工作目录的 package.json 中，Vite 作为依赖安装在里面。

```
1.    {
2.      "name": "@vitejs/vite-monorepo",
3.      ...
4.      "devDependencies": {
5.        ...
6.        "vite": "workspace: * ",
7.      }
8.    }
```

这样，playground 文件夹下的项目就不需要安装 Vite 的依赖，使用的是根目录安装的依赖，也就是当前 Vite 修改以后构建好的本地版本。这样，Vite 的贡献者就可以通过 playground 里的项目去查看自己正在修改的代码情况。

虽然整个项目有很多子目录，但是 Vite 本身是一个独立的项目。这个项目的构建脚本没有像 Vue 一样统一放在根目录，而是放在各自子项目中，playground 里面的项目不需要构建，所以基本没有构建脚本；packages 里面的项目需要构建。create-vite 子项目较为简单，Vite 使用 unbuild 作为打包工具，unbuild 是和 tsup 提供功能类似的打包器。Vite 项目较为复杂，使用 Rollup 进行打包，相关配置内敛在 Vite 子项目文件夹中。

Vite 项目的构建过程较为复杂，不仅使用了 Rollup 的 @ rollup/plugin-typescript 插件生成了类型，也使用 tsc 生成了类型。在生成类型时，还编写了 checkBuiltTypes.ts 脚本，用来检查最后生成类型不会依赖外部类型，确保 Vite 的类型自闭在自己的类型系统中。

Vite 项目使用 vitepress 构建了 Vite 的官方文档，维护在 docs 目录中。

最后，介绍一下 Vite 项目的 scripts 目录。

```
1.    ├── docs-check.sh
2.    ├── publishCI.ts
3.    ├── release.ts
4.    ├── releaseUtils.ts
5.    ├── tsconfig.json
```

- docs-check.sh：检查两次提交的文档变化的脚本。
- publishCI.ts：发布任务及运行相关的流水线任务。
- releaseUtils.ts：发布工具，从 Vue 项目转移而来。
- release.ts：交互式发布脚本。
- tsconfig.json：当前目录的 TypeScript 配置文件。

Vite 的 ESLint 配置和 Vue 一样，也是集中式的。

```
1.    module.exports = defineConfig({
2.      root: true,
3.      extends: [
4.        'eslint:recommended',
5.        'plugin:node/recommended',
6.        'plugin:@typescript-eslint/recommended',
```

```
7.       'plugin:regexp/recommended',
8.     ],
9.     plugins: ['import', 'regexp'],
10.    parser: '@typescript-eslint/parser',
11.    parserOptions: {
12.      sourceType: 'module',
13.      ecmaVersion: 2021,
14.    },
15.    rules: {
16.      // ESLint 的基础规则
17.    },
18.    overrides: [
19.      {
20.        files: ['packages/**'],
21.        excludedFiles: '**/__tests__/**',
22.        rules: {
23.          // packages 目录下的 ESLint 规则
24.        },
25.      },
26.      {
27.        files: 'packages/vite/**/*.*',
28.        rules: {
29.          // Vite 的 ESLint 规则
30.        },
31.      },
32.      {
33.        files: ['packages/vite/src/node/**'],
34.        rules: {
35.          // vite/src/node 的 ESLint 规则
36.        },
37.      },
38.      {
39.        files: ['packages/vite/src/types/**', '*.spec.ts'],
40.        rules: {
41.          // vite/src/types 的 ESLint 规则
42.        },
43.      },
44.      {
45.        files: ['packages/create-vite/template-*/**',
'**/build.config.ts'],
46.        rules: {
47.          // create-vite 的 ESLint 规则
48.        },
49.      },
50.      {
51.        files: ['playground/**'],
52.        rules: {
53.          // playground 的 ESLint 规则
54.        },
```

```
55.      },
56.      {
57.        files: ['playground/**'],
58.        excludedFiles: '**/__tests__/**',
59.        rules: {
60.        // playground 的 ESLint 规则
61.        },
62.      },
63.      {
64.        files: [
65.          'playground/tsconfig-json/**',
66.          'playground/tsconfig-json-load-error/**',
67.        ],
68.        excludedFiles: '**/__tests__/**',
69.        rules: {
70.          // playground/tsconfig-json 的 ESLint 规则
71.        },
72.      },
73.      {
74.        files: ['*.js', '*.mjs', '*.cjs'],
75.        rules: {
76.          // JavaScript 文件的 ESLint 规则
77.        },
78.      },
79.      {
80.        files: ['*.d.ts'],
81.        rules: {
82.          // 类型文件的 ESLint 规则
83.        },
84.      },
85.    ],
86.    reportUnusedDisableDirectives: true,
87.  })
```

这里只关注其结构，首先继承了 ESLint 的一些预置规则包和插件，然后设置基础规则，最后使用 overrides 对匹配到的子项目进行单独设置。

12.3 island 架构框架 Astro

Astro 是一个 island 架构的框架，项目托管在 https://github.com/withastro/astro。Astro 项目使用 pnpm 管理，下载其源代码，并执行 pnpm install 命令安装依赖。

```
1.  Scope: all 309 workspace projects
2.  Lockfile is up to date, resolution step is skipped
3.  Packages: +1538
```

可以看到 Astro 使用 pnpm 管理了 309 个子项目，一共有 1538 个外部依赖，简化的根目录结构如下。

```
1.    ├── assets              // 资源目录
2.    ├── examples            // 样例目录
3.    ├── packages            // 包目录
4.    ├── scripts             // 脚本目录
5.    ├── .Dockerfile
6.    ├── .editorconfig
7.    ├── .eslintignore
8.    ├── .eslintrc.cjs
9.    ├── .npmrc
10.   ├── .nvmrc
11.   ├── .prettierignore
12.   ├── .prettierrc.js
13.   ├── pnpm-lock.yaml
14.   ├── pnpm-workspace.yaml
15.   ├── package.json
16.   ├── tsconfig.base.json
17.   ├── tsconfig.json
18.   └── turbo.json
```

Astro 的 300 多个子项目中有很多都是测试项目和样例项目，因为 Astro 是一个框架，它在测试中模拟了很多新项目安装 Astro 后的测试场景，在 examples 文件夹下给出了很多样例项目。Astro 子项目的规模只有 packages 下面 7 个子项目，以及 packages/integrations 下的十几个插件。

Astro 的 pnpm-workspace.yaml 文件中定义了 4 个区域。

```
1.    packages:
2.      -'packages/**/*'
3.      -'examples/**/*'
4.      -'smoke/**/*'
5.      -'scripts'
```

scripts 不包含子文件夹。其中 smoke 是测试生成的目录，examples 是样例目录，packages 是包目录。

Astro 对.npmrc 做了一些设置。

```
1.    # Important! Never install 'astro' even when new version is in registry
2.    prefer-workspace-packages=true
3.    link-workspace-packages=true
4.    # This prevents the examples to have the 'workspace:' prefix
5.    save-workspace-protocol=false
6.    auto-install-peers=false
7.
8.    #'github-slugger' is used by 'vite-plugin-markdown-legacy'.
9.    # Temporarily hoist this until we remove the feature.
10.   public-hoist-pattern[]=github-slugger
11.   # Vite's esbuild optimizer has trouble optimizing '@astrojs/lit/client-shim.js'
```

```
12.    # which imports this dependency.
13.    public-hoist-pattern[]=@webcomponents/template-shadowroot
14.    # There's a lit dependency duplication somewhere causing multiple Lit versions error.
15.    public-hoist-pattern[]=*lit*
```

- prefer-workspace-packages，打开此选项，会优先使用项目中的本地包。默认为 false。
- link-workspace-packages，打开此选项，本地可用的包会被链接到 node_modules 中。默认为 true。
- save-workspace-protocol，关闭此选项，pnpm 在安装 Monorepo 内部依赖时，不会添加 workspace 前缀。
- public-hoist-pattern，增加提升到根工作空间的依赖。

Astro 项目在根工作空间目录的 package.json 添加了一些 pnpm 的配置。

```
1.    "pnpm": {
2.    "packageExtensions": {
3.    "svelte2tsx": {
4.    "peerDependenciesMeta": {
5.    "typescript": {
6.    "optional": true
7.    }
8.    }
9.    }
10.   },
11.   "overrides": {
12.   "tsconfig-resolver>type-fest": "3.0.0"
13.   },
14.   "peerDependencyRules": {
15.   "ignoreMissing": [
16.   "rollup",
17.   "@babel/core",
18.   "@babel/plugin-transform-react-jsx",
19.   "vite",
20.   "react",
21.   "react-dom",
22.   "@types/react"
23.   ],
24.   "allowAny": [
25.   "astro"
26.   ]
27.   },
28.   "patchedDependencies": {
29.   "@changesets/cli@2.23.0": "patches/@changesets__cli@2.23.0.patch"
30.   }
31.   },
```

- packageExtensions，提供修改安装的包的依赖信息的能力。该设置把 svelte2tsx 的 peerDependencies 里的 typescript 改为可选依赖。

- overrides，全局安装依赖时，使用此处声明的版本。"＞" 是一个选择器，例子中的含义是 type-fest 的 tsconfig-resolver 依赖的版本改为 3.0.0，如果其他包有 tsconfig-resolver，不会修改相关版本。
- peerDependencyRules，指定项目中的依赖关系。
  - ignoreMissing，忽略列表里的依赖。
  - allowAny，允许任意版本的依赖。
- patchedDependencies，pnpm 提供了和 yarn 一样对任何包打临时补丁的能力，使用 pnpm patch 命令进行操作，最后生成的补丁文件存在 *.patch 中。更多详细的内容见链接 https://pnpm.io/zh/cli/patch。

Astro 是一个比较复杂的项目，构建工具并不是简单地在根目录直接写脚本，而是在根目录把脚本写成了命令行工具项目 astro-scripts，然后在内部包安装了这个依赖，在构建时，每一个项目填写 astro-scripts 命令行工具的参数。以 astro 为例，这个子项目的 build 命令如下。

```
1.    ...
2.    "prebuild": "astro-scripts prebuild --to-string
\\"src/runtime/server/astro-island.ts\\"
\\"src/runtime/client/{idle,load,media,only,visible}.ts\\"",
3.    "build": "pnpm run prebuild && astro-scripts build \\"src/**/*.ts\\" && tsc",
```

在复杂的 Monorepo 项目中，构建一些命令行工具来统一多个项目的构建工作流是一种常见模式。也可以把公共的方法做成一个子项目共享，然后在每个需要构建的子项目中编写脚本。直接编写脚本的优点是不需要处理配置文件，在脚本中任意编写即可。

Astro 使用 Turborepo 来管理构建系统，Turborepo 是一个 JavaScript 和 TypeScript 构建流管理工具，详情如表 12-1 所示。

表 12-1　Turborepo 详情

GitHub	https://github.com/vercel/turbo	官网	https://turbo.build/repo/docs	标志	
Stars	19100	上线时间	2019 年 8 月	主力维护者	Jared Palmer 等
npm 包月下载量	300 万次	协议	MIT	语言	Go

Turborepo 使用配置文件来描述一个 Monorepo 子项目之间的构建关系。以 Astro 项目的 turbo.json 为例。

```
1.    {
2.      "$schema": "https://turborepo.org/schema.json",
3.      "baseBranch": "origin/main",
4.      "pipeline": {
5.        "build": {
6.          "dependsOn": ["^build"],
7.          "outputs": ["dist/**/*", "!vendor/**", "mod.js", "mod.js.map"]
8.        },
```

```
9.      "build:ci": {
10.       "dependsOn": ["^build:ci"],
11.       "outputs": ["dist/**/*", "!vendor/**", "mod.js", "mod.js.map"]
12.     },
13.     "dev": {
14.       "cache": false
15.     },
16.     "test": {
17.       "outputs": [],
18.       "dependsOn": ["$RUNNER_OS", "$NODE_VERSION"]
19.     },
20.     "benchmark": {
21.       "dependsOn": ["^build"],
22.       "outputs": []
23.     },
24.     "lint": {
25.       "outputs": []
26.     }
27.   }
28. }
```

- $schema，存储了 Turborepo 的 JSON Schema 文件。
- baseBranch，存储了当前 Git 主分支的名称。
- pipeline，存储了 Turborepo 的任务名称，里面每一个 key 的名字代表了一个 package.json scripts 字段中的任务名称的命令。
  - dependsOn 字段：Turborepo 有当前项目的依赖图信息，如果在 dependsOn 字段中填写任务名称，任意任务执行时会去依赖图上查看前一任务的相关任务是否运行。只填写任务名称是指在工作空间级别，执行任务的先后顺序依赖关系。$名称代表一个环境变量。此写法在新版本已改为 env 字段。
  - outputs 字段：输出目录，Turborepo 会构建缓存，加速构建过程。

Astro 项目在根目录放置了一个空的 tsconfig.json，在里面注明了这么做是为了防止 TypeScript 自动往上寻找 tsoncofig.json 文件，以出现不可预期的 Bug，想必是在一次奇怪的 debug 之后加上的措施。一个复杂的 Monorepo 中会有很多这样类似的问题，通常网上是找不到直接的解决方案的，需要开发者对自己的 Monorepo 足够熟悉，才能一步步排查一些较为复杂的问题。

12.4 下一代 TypeScript ORM 框架 Prisma

Prisma 的项目托管在 https://github.com/prisma/prisma。Prisma 项目使用 pnpm 管理，下载其源代码，并执行 pnpm install。

```
1.   pnpm install
2.   Scope: all 14 workspace projects
```

```
3.    Lockfile is up to date, resolution step is skipped
4.    Packages: +1509
```

可以看到 Prisma 使用 pnpm 管理了 14 个子项目，一共有 1509 个外部依赖。简化的根目录结构如下。

```
1.    ├── examples                // 样例目录
2.    ├── graphs                  // 资源目录,存放 MarkDown 需要的图片
3.    ├── helpers                 // 工具函数目录
4.    ├── packages                // 包目录
5.    ├── patches                 // 补丁目录
6.    ├── reproductions           // playground 测试目录
7.    ├── scripts                 // 脚本目录
8.    ├── .eslintignore
9.    ├── .eslintrc.js
10.   ├── .prettierrc.yml
11.   ├── ARCHITECTURE.md
12.   ├── CODE_OF_CONDUCT.md
13.   ├── CONTRIBUTING.md
14.   ├── README.md
15.   ├── SECURITY.md
16.   ├── TESTING.md
17.   ├── LICENSE
18.   ├── package.json
19.   ├── .npmrc
20.   ├── pnpm-lock.yaml
21.   ├── pnpm-workspace.yaml
22.   ├── tsconfig.build.bundle.json
23.   ├── tsconfig.build.regular.json
24.   └── tsconfig.json
```

Prisma 的 pnpm-workspace.yaml 文件较为简单。

```
1.    // pnpm-workspace.yaml
2.    packages:
3.      - 'packages/*'
```

Prisma 项目的 examples 文件夹之前存放着一些样例项目，在某个版本移走了，目前这个文件夹下放置的是 README.md。

```
1.    // examples/README.md
2.    Examples
3.    The Prisma examples have been moved to
https://www.prisma.io/docs/about/prisma/example-projects
```

在 Monorepo 项目演进中，如果出现比较大的目录变更，也可以采用这种方式，对于使用人数比较多的子项目，如果要移出主项目，可以放置一个文档来指明所做的操作。

patches 目录存放了 Prisma 项目使用 pnpm 的 patch 功能对 node-fetch 打的本地补丁文件。

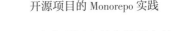

reproductions 目录是 Prisma 给贡献者提供调试 Prisma 项目的 Playground。这个项目中的依赖引入使用相对路径引入，以 reproductions/tracing 为例，其 package.json 内容如下。

```
1.    // reproductions/tracing/package.json
2.    {
3.    ...
4.    "dependencies": {
5.      "@prisma/client": "../../packages/client",
6.      "@prisma/instrumentation": "../../packages/instrumentation"
7.    }
8.    ...
9.    }
```

reproductions/tracing 目录下的 package.json 并没有包名字，是一个匿名包，此包并没有使用 pnpm 的功能，而是当作一个独立的 Node.js 项目，直接使用文件目录去获取需要的引用。为了实现这种关系，Prisma 子项目的根目录都有 index.js 作为导出入口，以便其他项目可以直接引用。

Prisma 并没有把脚本和工具做成单独的子项目进行管理，而是只放置在根目录的文件夹中，并且这些脚本和工具只会在 Prisma 的编译、打包和测试中使用，即不会打入最终发布的项目中。

以/helpers/blaze/matrix 为例，其消费方为 packages/client/tests/functional/_utils/getTestSuiteInfo.ts，引用方式如下。

```
1.    import { matrix } from '../../../../../helpers/blaze/matrix'
```

packages/client/tests/functional/_utils 是 Prisma 客户端项目的测试需要的一些工具函数。

Prisma 在 Monorepo 中使用了 tsconfig 的 Monorepo 功能区分了不同情况下的文件分类。Prisma 在根目录放置了三个 tsconfig，分别为 tsconfig.json、tsconfig.build.bundle.json 和 tsconfig.build.regular.json。其中 tsconfig.build.regular.json 为所有 tsconfig 配置文件的继承链起点，其中设定了绝大部分 TypeScript 的限制配置，并且设置了 exclude 字段，移除了项目不关注的目录。tsconfig 的继承链的第二个配置是根目录的 tsconfig.build.bundle.json，这个配置文件供构建阶段的脚本使用。tsconfig 的继承链的第三个配置文件是 tsconfig.json。这三个文件并不是最终打包发布出的库项目的 tsconfig，而是最终打包发布出库项目的 tsconfig 的基础 tsconfig。

以 Prisma 子项目为例，其目录下的 tsconfig.json 如下。

```
1.    // packages/cli/tsconfig.json
2.    {
3.      "extends": "../../tsconfig.json"
4.    }
```

其 tsconfig.build.json 如下。

```
1.    // packages/cli/tsconfig.build.json
2.    {
3.      "extends": "../../tsconfig.build.bundle.json",
4.      "compilerOptions": {
5.        "outDir": "dist"
```

```
6.       },
7.       "include": ["src"]
8.    }
```

tsconfig.json 中并没有增加任何规则，此时如果要在其中添加一些 tsconfig.json 的配置只会影响 prisma 子项目被打包为库的代码。tsconfig.build.json 也是类似的，只增加了输出目录和影响的文件两个参数，只是影响范围是构建脚本。

Prisma 的 tsconfig 设计并没有使用 pnpm 的功能，对于 tsconfig 来说，并没有包之间的信息，只是文件夹之间的信息，所以 packages/cli/tsconfig.json 中 extends 的地址是一个相对目录地址。这样设计的好处是，所有 tsconfig 文件中可以设置与路径相关的参数，如果把一些基础配置做成一个单独的包，则做成单独包的配置不可以使用与路径相关的参数。但是 prisma 这样设计的缺陷是，要维护这些相对路径，如果子项目的目录结构发生变化，则可能引入 Bug。

在 TypeScript 流行之前，Monorepo 就有一些应用了，但是单纯的 JavaScript 项目有一个问题，在一个复杂的 JavaScript 项目中，很难区分脚本的运行时是在 Node.js 还是浏览器，通常是通过文件夹去划分。在使用 TypeScript 之后，TypeScript 的 tsconfig.json 可以区分不同代码的用途及运行的运行时。Prisma 的这个例子就给出了一个使用 tsconfig.json 来区分一个 Monorepo 项目中不同用途和运行时代码的样例。